U0805883

普 通 高 等 教 育“ 十 一 五 ”国 家 级 规 划 教 材
教育部高等学校高职高专测绘类专业教学指导委员会组织编写

地籍调查与测量

（第2版）

主　编　梁玉保
副主编　王建设
主　审　赵文亮　王　侬

黄河水利出版社
·郑州·

内容提要

本书根据作者多年的教学及实践经验，参阅了大量的文献资料编写而成。全书共分12章，第一章绪论部分介绍了地籍、地籍调查、地籍测量的基本理论；第二、三、四、五章阐述了土地权属调查、土地利用现状调查、土地等级调查及房产调查的基本理论和方法；第六、七、八章阐述了地籍控制测量、地籍细部测量及土地面积量算的基本理论和方法；第九、十、十一、十二章依次阐述了日常地籍管理、数字地籍测量、地籍调查与测量的组织实施及现代测绘技术在地籍中的应用。

本书为专科地籍测量基本教材，也可作为成人教育地籍测量教材。本书还可作为工程类有关专业（GIS、大地测量、测绘工程、测量工程、航测与遥感、土木等专业）以及土地、房地产管理等专业的选修或参考教材。

图书在版编目(CIP)数据

地籍调查与测量/梁玉保主编. —2版. —郑州：黄河水利出版社，2010.7

普通高等教育"十一五"国家级规划教材

ISBN 978-7-80734-848-1

Ⅰ.①地… Ⅱ.①梁… Ⅲ.①地籍调查-高等学校-教材 ②地籍测量-高等学校-教材 Ⅳ.①P27

中国版本图书馆CIP数据核字(2010)第121939号

出 版 社：黄河水利出版社

地址：河南省郑州市顺河路黄委会综合楼14层　　邮政编码：450003

发行单位：黄河水利出版社

发行部电话：0371-66026940、66020550、66028024、66022620（传真）

E-mail：hhslcbs@126.com

承印单位：黄河水利委员会印刷厂

开本：787 mm×1 092 mm　1/16

印张：14.75

字数：341千字　　印数：6 001—10 100

版次：2006年8月第1版　　印次：2010年7月第3次印刷

2010年7月第2版

定价：29.00元

教育部高等学校高职高专测绘类专业教学指导委员会
规划教材审定委员会

名誉主任 宁津生

顾　　问 陶本藻　王　依

主　　任 赵文亮

副 主 任 李生平　李骏元　韩力援

委　　员 邹自力　陈传胜　黄华明　邹晓军　张晓东
李天和　靳祥升　薄志义　全志强　张保民
王根虎　周　园　李青海　赵　敏　张彦东
赵东明

序

我国的高职高专教育经历了十余年的蓬勃发展，获得了长足的进步，如今已成为我国高等教育的重要组成部分，在国家的经济、社会和科技发展中发挥着积极的服务作用，测绘类专业的高职高专教育也是如此。为了加深高职高专教育自身的改革，并使其高质量地向前发展，教育部决定组建高职高专教育的各学科专业指导委员会。国家测绘局受教育部委托，负责组建和管理高职高专教育测绘类专业指导委员会，并将其设置为高等学校测绘学科教学指导委员会下的一个分委员会。第一届分委员会成立后的第一件事就是根据教育部的要求，研讨和制定了我国高职高专教育的测绘类专业设置，新设置的专业目录已上报教育部和国家测绘局。随后组织委员和有关专家按照新的专业设置制订了“十五”期间相应的教材规划。在广泛征集有关高职高专院校意见的基础上，确定了规划中各本教材的主编和参编院校及其编写者，并规定了完成日期。为了保证教材的学术水平和编写质量，教学指导分委员会还针对高职高专教材的特点制定了严格的教材编写、审查及出版的流程和规定，并将其纳入高等学校测绘学科教学指导委员会统一管理。

经过各相关院校编写教师们的努力，现在第一批规划教材正式出版发行，其他教材也将会陆续出版。这些规划教材鲜明地突出了高职高专教育中专业设置的职业性和教学内容的应用性，适应高职高专人才的职业需求，必定有别于高等教育的本科教材，希望在高职高专教育的测绘类专业教学中发挥很好的作用。

这里要特别指出，黄河水利出版社在获悉我们将出版一批规划教材后，为了支持和促进测绘类专业高职高专教育的发展，经与教学指导委员会协商，今后高职高专测绘类专业的全部规划教材都将由该社统一出版发行。这里谨向黄河水利出版社表示感谢。

由教学指导委员会按照新的专业目录，组织、规划和编写高职高专测绘类专业教材还是初次尝试，希望有测绘类专业的各高职高专院校能在教学中使用这些规划教材，并从中发现问题，提出建议，以便修改和完善。

高等学校测绘学科教学指导委员会主任
中国工程院院士
宁津生

2005 年 7 月 10 日于武汉

再版前言

本书是普通高等教育“十一五”国家级规划教材，是根据《国务院关于大力发展职业教育的决定》、教育部《关于全面提高高等职业教育教学质量的若干意见》等文件精神，以及教育部对普通高等教育“十一五”国家级规划教材建设的具体要求组织编写的。

《地籍调查与测量》自2006年出版以来，广泛应用于教学、科研和生产。随着近几年测绘科学技术的发展，地籍调查与测量与“3S”技术的结合更加紧密；同时，国家或行业的相关规范规程也进行了更新。因此，我们对原教材进行了修改和完善，以使地籍调查与测量内容的先进性、科学性和新颖性得到更好的体现。

在修编时，去掉了原教材中篇章的形式，按章进行叙述。修改的主要内容有：

(1)第二章“土地权属调查”，按照新规范进行了更新修改，并对地籍调查表进行了完善，使其内容更贴近于生产实践。

(2)第三章“土地利用现状调查”，与原教材相比有较大的改变，在教材中结合第二次全国土地调查的相关内容，更新了土地利用现状分类，增加了土地利用现状调查地类的认定、田坎系数测算等内容。

(3)第五章“房产调查”，完善了房产调查的体系，将房屋调查和房屋用地调查分节进行阐述，同时增加了房屋面积测算及相关技术规定。

(4)第七章“地籍细部测量”，增加了土地利用现状图的编制。

(5)第八章“土地面积量算”，在原第七章第五节的基础上，增加了面积量算的误差及精度要求，并在第二次全国土地调查相关内容的基础上，增加了土地面积统计汇总的内容。

(6)第九章“日常地籍管理”，将原来教材中第八章变更地籍的内容修改后进行了调整，增加了地籍档案管理的内容。

(7)第十章“数字地籍测量”，在原教材第十一章的基础上进行了更新，增加了地籍数据库建设及地籍管理信息系统的相关内容。

(8)第十一章“地籍调查与测量的组织实施”，在原教材第十二章的基础上进行了完善，增加了成果资料的整理、检查验收、报告编写等内容，使本章所述体系更加完善。

(9)第十二章“现代测绘技术在地籍中的应用”，在原教材第九、十章的基础上进行了个别的修改，增加了三维激光扫描技术在地籍测量中的应用。

(10)原教材第十三章的内容删除。

本教材由梁玉保(河南城建学院)任主编，王建设(郑州测绘学校)任副主编。第一、十一(第二、五节)、十二(第一、二、三节)章由梁玉保编写；第二、四章由马臣领编写；第三、五、七(第五节)、九(第四节)、十、十一(第一、三、四节)章由王建设编写；第六章由高润喜编写；第七章(第一、二、三、四节)及第九章(第一、二、三节)由马千里编写；第八章及

第十二章(第四节)由时东玉编写。全书统稿由王建设、梁玉保完成。

书稿完成后,由高等学校测绘学科教学指导委员会高职高专规划教材审定委员会组织审稿,赵文亮教授、王依教授任主审。在此,对两位教授的辛勤劳动和精心指导表示感谢。

由于测绘技术发展很快,要编好《地籍调查与测量》这本教材难度较大,我们恳请使用本教材的广大教师和读者对本教材提出宝贵意见,以便再版时修改。

本教材在编写中,部分内容参考了互联网上收集的文献资料,由于互联网中相关信息不完善无法在参考文献中一一列出,在此对相关文献资料的作者表示感谢!

编　者

2010 年 5 月

前　言

本书是在高等学校测绘学科教学指导委员会的统一要求和指导下，根据多年的教学、实践经验，收集、参阅了大量的有关土地管理、地籍测量等最新文献资料编写而成。本教材结合了专科教学以及高职高专类学生的培养目标和特点，力求做到重点突出、简明扼要，既注重理论知识的学习又注重实际技能的培训。

自20世纪80年代以来，随着计算机技术的发展，现代测绘技术和"3S"(GPS、GIS、RS)技术已逐步渗透到传统的地籍测量以及土地管理中。随着国家对土地管理工作的重视，土地管理工作正逐步从常规管理向科学化管理迈进。因此，为适应科学技术的发展和土地管理工作的需要，同时兼顾教材内容的现势性和实用性，本教材在编写内容上力求做到技术新、内容新、方法新。

全书共分4篇13章，第一章绪论部分，介绍了地籍、地籍调查、地籍测量的基本理论等；第一篇地籍调查部分，阐述了土地权属调查、土地利用现状调查、土地等级调查及房产调查的基本理论和方法；第二篇地籍测量部分，阐述了地籍控制测量、地籍细部测量、变更地籍调查与测量的基本理论和方法，同时介绍了日常地籍测量的内容和方法；第三篇现代技术在地籍调查与测量中的应用部分，介绍了现代测绘技术在地籍中的应用、遥感与航测技术在地籍中的应用、数字技术在地籍中的应用、最新地籍软件(南方CASS6.1)扫描矢量化、数字地籍图等的生成方法与步骤以及地籍调查与测量的组织实施；第四篇测设技术与方法在土地工程中的应用部分，详细介绍了土地工程中测设的基本技术和方法、点的平面位置的测设、曲线的测设、线路的中线测量以及线路的纵、横断面测量及土石方计算与边坡放样。本书为专科地籍测量基本教材，也可作为成人教育地籍测量教材。本书还可作为工程类有关专业(GIS、人地测量、测绘工程、测量工程、航测与遥感、土木等专业)以及土地、房地产管理等专业的选修或参考教材。本教材的前续课程为测量学、测量平差、控制测量、数字测图、GPS及摄影测量等。

本书第一、九、十、十一、十二章由梁玉保编写；第二、三、四、五(第二节)章由马臣领编写；第六、七(第一、二、三节)、八章由高润喜编写；第十三章由冯大福编写；第五章第一节和第七章第四、五节由王晓静编写。全书由梁玉保统稿。

全部书稿由高等学校测绘学科教学指导委员会"十五"高职高专规划教材审定委员会组织审稿，赵文亮教授任主审，在此，对专家们的指导和帮助表示诚挚的谢意。本书在编写过程中还得到了合肥工业大学王侬教授以及黄河水利出版社的热情帮助，在此也表示由衷的感谢！

由于编者水平有限，书中难免存在一些不足甚至错误，敬请专家、学者和同行批评指正。

编　者

2006年6月

目　录

第一章　绪　论

第一节　地籍概述

1　地籍及其特点

地籍一词在我国从古代一直沿用至今，是中国历代王朝（或政府）登记田亩地产权属，作为征收赋税的根据。地是指土地，籍有簿册、清册、登记之说。简单地讲，地籍是为认定土地权属、征收土地税而建立的土地档案。随着社会、经济和科学技术的发展，测绘、地籍管理、城市管理等各学科之间相互渗透、相互配合，使得单一的地籍产生了飞跃，发展成为多用途地籍，也可称为现代地籍。多用途地籍或现代地籍（以下简称地籍）是指由国家监管的、以土地权属为核心、以地块为基础的土地及其附着物的权属、位置、数量、质量和利用现状等，并用数据、表册、文字和图等各种形式表示出来的土地信息系统。其特点如下：

（1）地籍是由国家建立和管理的。我国地籍自出现至今，由最初的以权属认定和课税为目的，发展到现阶段以保护土地、合理利用土地，以及保护土地所有者和土地使用者的合法权益为目的的现代地籍。

（2）地籍的核心是土地权属。地籍是以土地权属为核心对土地诸要素隶属关系的综合表述，这种表述毫无遗漏地针对国家的每一块土地及其附着物，都是以土地权属为核心进行记载并建立地籍档案。

（3）地籍是以地块为基础建立的。一个区域的土地根据被占有、使用等原因而分割成具有边界的、空间连续的许多块土地，每一块土地即称之为地块。地籍的内涵之一就是以土地的空间位置为依托，对每一地块所具有的自然属性和社会经济属性进行准确的描述和记录，由此所得到的信息称之为地籍信息。

（4）地籍在记载地块的状况时，还要记载地块内附着物（建筑物、构筑物等）的状况。地面上的附着物是人类赖以生存的物质基础之一。因此，土地和附着物是不可分离的，它们各自的权利和价值相互作用、相互影响。历史上最早的地籍只对土地进行描述和记载，并未涉及地面上的建筑物、构筑物，但随着社会和经济的发展，尤其产生了房地产交易市场后，由于房、地所具有的内在联系，地籍必须同时对土地及附着在土地上的建筑物、构筑物进行描述和记载。图 1-1 表达了土地、地块、附着物与地籍的关系。

（5）地籍是土地基本信息的集合。土地基本的信息集合，简称地籍信息，包含着地籍图集、地籍数据集、地籍簿册，它们之间通过特殊的标识符（关键字）连接成一个整体，这个标识符就是通常所说的地块号（宗地号或地号）。

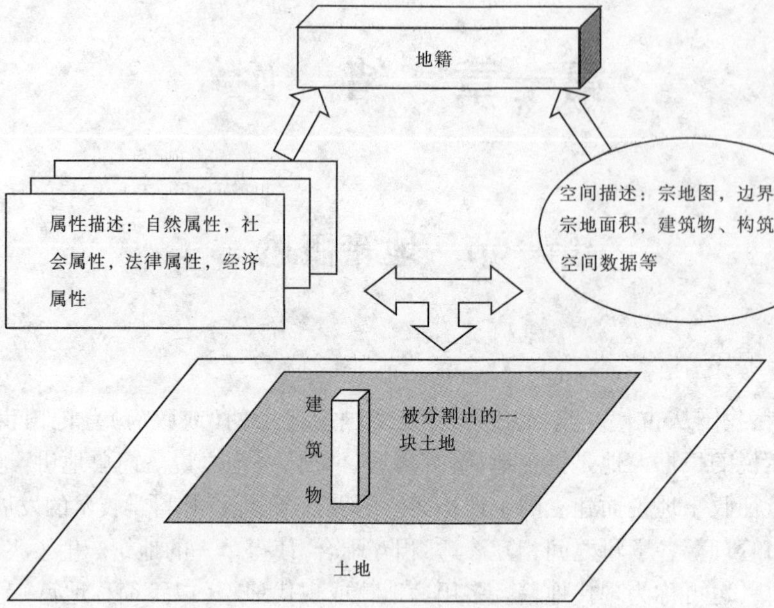

图 1-1　土地、地块、附着物与地籍的关系示意图

地籍图集：它主要是用图的形式来表达地籍信息，即用图的形式直观地描述土地和附着物之间的相互位置关系，它包括地籍图、专题地籍图、宗地图等。

地籍数据集：它主要是用数字的形式描述土地及其附着物的位置、数量、质量、利用现状等要素，如面积册、界址点坐标册、房地产评价数据等。

地籍簿册：它主要是用表册的形式对土地及其附着物的位置、法律状态、利用现状等基本状况进行文字描述，如地籍调查表、各种相关文件等。

多用途地籍为我国现代化经济建设提供了大量的信息和基础资料，具体内容体现在以下几个方面：文字型地籍资料（控制测量成果、地籍簿册、登记卡、地名集等）、图形地籍资料（地籍图、规划图、影像图等）、人文资料（人口状况、教育状况、文化与公共设施等）、自然资源资料（能源、环境、水系、植被）和经济资料（工矿、市场、金融、商业）等。多用途地籍综合运用了信息工程、电子技术、光电技术、航空航天技术和计算机等高新技术和方法，并建立了网络数据库，为逐步实现地籍管理工作的现代化开辟了道路。

2　地籍的种类

2.1　按地籍工作的目的和发展阶段分类

按地籍工作的目的和发展阶段划分，地籍可分为产权地籍、税收地籍和多用途地籍。

（1）产权地籍：主要是保护土地的产权，为进行土地的转让和交易服务。因此，产权地籍比税收地籍要求更高，需要精确测定宗地（确定地产产权的单元）界址点的位置，较准确地计算其面积。

(2)税收地籍:主要是丈量地块的边界、估算土地的面积,并对土地等级进行评价,据此按土地等级收税。

(3)多用途地籍:不仅为土地所有权、税收、交易服务,而且为城乡规划、市政管理等服务,是建立土地信息系统的一个重要组成部分。因此,多用途地籍要求测量的内容更广泛,测量的精度要求也更高。

2.2 按地籍的特点和任务分类

按地籍的特点和任务划分,地籍可分为初始地籍和日常地籍。

(1)初始地籍:是指在某一时期内,对其行政辖区内全部土地进行全面调查后,最初建立的地籍图簿册,而不是指历史上的第一本地籍簿册。

(2)日常地籍:是针对土地数量、质量、权属及其分布和利用、使用情况的变化,并以初始地籍为基础进行修正、补充和更新的地籍。

初始地籍和日常地籍是不可分割的完整体系。初始地籍是基础,日常地籍是对初始地籍的补充、修正和更新。如果只有初始地籍而没有日常地籍,地籍资料将逐步陈旧,缺乏现势性,失去其实用价值;相反,如果没有初始地籍,日常地籍就没有依据和基础。

2.3 按城乡土地的不同特点分类

按城乡土地的不同特点划分,地籍可分为城镇地籍和农村地籍。

(1)城镇地籍:其对象是城镇的建成区的土地,以及独立于城镇以外的工矿企业、铁路、交通等用地。

(2)农村地籍:其对象是城镇郊区集体所有土地、农村集体所有土地、农村居民点用地和国营农场用地。

3 地籍的作用

建立地籍的目的,一般应由国家根据生产和建设的发展需要,以及科技发展的水平来确定。目前,我国的地籍已由以课税为目的,扩大为产权登记和土地利用规划服务的多用途地籍。它还为政府部门制定土地开发利用计划、经济发展目标、土地管理政策、环境保护政策、土地使用制度等宏观决策提供基础资料和科学依据。归纳起来,地籍有以下几个方面的功能与作用:

3.1 为制定土地政策提供科学依据

土地政策包括土地制度改革政策,与土地有关的经济制度、环境保护、人类生存、个人投资或企业投资等方面的政策。这些政策的制定与准确掌握土地资源的数量、质量、用途状况是分不开的。地籍所提供的多要素、多层次、多事态的土地资源的数量、自然和社会经济状况,为国家制定土地政策、编制国民经济发展计划、制定各项规划提供了基本依据,是组织工农业生产和进行各项建设的基础。

3.2 为土地管理提供基础资料

地籍所提供的有关土地类型、数量、质量和权属等基本资料是调整土地关系,合理组织土地利用的基本依据。土地利用状况及界址界线资料是合理配置土地资源和征拨土地工作的重要依据。土地的数量、质量及其类型分布规律是编制土地利用总体规划、村镇规划、城市规划的基础。

3.3 为维护产权权益提供基础资料

地籍调查和管理是按国家法律要求依法进行土地管理的行政行为，所形成的地籍信息具有空间性、精确性、现势性和法律性。因此，在调处土地纠纷，恢复界址，确定地权及附着土地之上的不动产权，认定房地产权，进行房地产转让、买卖、租赁等土地管理工作中，地籍提供法律性的证明材料，从而保护了土地所有者、使用者的合法权益，避免土地纠纷的发生。

3.4 为土地的经济活动提供参考资料

土地税费的征收，是地籍产生的最初原因。现代地籍提供的土地及其附着物的位置、面积、用途、等级和使用权、所有权状况，结合国家和地方的有关法律法规，为以土地及其附着物为目标的经济活动（如土地的有偿转让、出让，土地和房地产税费的征收，防止房地产市场投机等）提供可靠准确的基本资料，从而促进以土地及其附着物为目标的经济活动正常进行。

由于应用现代测量技术的缘故，在统一的坐标系内，地籍所包含的地籍图集和相关的几何数据，不但精确地表达了一块地（包括附着物）的空间位置，而且精确和完整地表达了所有地块之间在空间上的相互关系。地籍所具有的能够提供地块空间关系的功能是实现地籍多用途的重要原因之一。

4 新中国地籍的发展概况

土地是人类最宝贵、最基本的自然资源，是其他任何资料所不能代替的主要生产资料。在社会的发展过程中，人们为了高效、科学、有序地利用土地，充分发挥土地的应有潜力，必须依法对土地进行科学规划和有效的管理。为此，首先要充分了解土地，以一定方式对土地的基本要素（如土地的权利、位置、数量、质量、利用现状等要素）进行描述并记载下来，管理并充分运用它，为土地的合理利用打好基础。这些以土地为对象进行基本描述和记载的内容，称之为地籍，也是地籍的最原始的含义。

我国是一个文明古国，地籍和地籍管理工作在我国有着悠久的历史。新中国成立后，我国地籍管理制度的形成与发展，可以概括为三个阶段。

4.1 土地改革与农业合作化时期（1949～1957 年）

1949 年新中国成立以后，根据新颁的《中国土地法大纲》、《中华人民共和国土地改革法》的规定，全国范围内实行土地改革。为此，各地广泛开展了土地清丈、划界、定桩等地籍工作，并由县级人民政府向农民发放土地所有证或房地产所有证；同时，为征收农业税，平衡负担，全国还开展了清查土地数量、评定土地等级、编制土地清册等工作。

城市开展了土地登记工作，部分城市公布了房地产或土地登记的暂行办法。这一阶段主要解决土地制度与土地权属问题，但未办理土地权属变更登记手续。

4.2 人民公社化时期（1958～1978 年）

1951 年合作社开始到 1958 年全国实行人民公社化，标志着我国土地社会主义公有制已经形成，农民以土地入社的方式将土地私有转为集体所有，土地集体所有制的确定，使土地合理利用被提到重要地位。所以，1958 年前后全国掀起了一场土地规划的热潮，当时在全国范围内开展了土壤普查、荒地调查以及局部地区的土地适宜性评价等地籍工作。为合理征收农业税，财政部门建立了农业税面积台账，统计部门进行了不够准确的耕地统计，城镇结合房地产调查开展房地产登记。就全国而言，其地籍工作是不统一、不完整和部分中断的状态。

4.3 社会主义现代化建设时期(1979 年后)

改革开放后，在社会主义市场经济环境下，为保护农业，保护农用地，并有效、高效地利用和发挥土地资源的作用，土地管理逐渐提到国家重要的议事日程上来，地籍工作受到高度的重视。20 世纪 80 年代初，国家制定了"土地使用税"，为配合"土地使用税"的出台，在全国范围内，以县为单位开展了土地资源调查工作，同时还开展了土地登记与统计工作，使我国地籍开始从以地权登记为主的地籍转向多用途的地籍。1985 年以来，还在城镇进行了地籍试点，并制定《地籍测绘规范》与《城镇地籍调查规程》，全国地籍工作已有计划陆续开展。农村宅基地登记已完成了大量任务，城镇土地分等定级也已经开始，1988 年已开始正式执行国家统计报表。国家在 1986 年 6 月颁布《中华人民共和国土地管理法》，同年 9 月正式成立了国家土地管理局，以及地方各级土地管理部门，先后制定和完善了《土地利用现状调查技术规程》、《土地登记规则》、《土地统计报表制度》、《城镇土地定级规程》、《农用土地分等定级规程》、《房产测量规范》等，为使地籍工作逐步走向科学管理轨道奠定了基础。

20 世纪 80 年代以来建立的地籍其主要目的是保护土地使用者的合法权益、加强土地管理、建立健全地籍管理制度。地籍的基本单元是宗地，划分宗地时以土地权属为依据。这种地籍虽有多用途的特性，但离真正的多用途地籍还有一定的差距，面对社会主义市场经济和信息社会建设，地籍还应作为各种信息系统空间定位的基础。因此，我国的地籍正不断向多用途地籍系统发展，亦即现代地籍。

进入 21 世纪后，国家先后颁布制定了一系列的法律法规及部门规章、规范性文件，进一步完善规范了地籍管理工作。2002 年 8 月通过了《中华人民共和国农村土地承包法》，2007 年 3 月颁布了《中华人民共和国物权法》，2007 年国土资源部颁发了《土地登记办法》，2008 年国务院颁布了《土地调查条例》；国土资源部也先后制定了《土地权属争议调查处理办法》、《招标拍卖挂牌出让国有建设用地使用权规定》、《关于依法保护国有农场土地合法权益的意见》等部门规章，为依法进行地籍管理工作奠定了基础。

随着信息技术的发展，对地籍的信息化管理提出了新的要求，我国先后制定了《国土资源信息核心元数据标准》、《城镇地籍数据库标准》、《土地利用数据库标准》等规范。同时城乡一体化地籍管理也提上了日程。《地籍管理"十一五"发展规划纲要》中提出了在"第二次全国土地调查"的基础上，按照统筹城乡发展、统筹区域发展的要求，统一规划，统一部署，统一技术标准和规范，整合地籍管理各项成果，建设多库合一、多功能合一的地籍信息系统。

世界地籍发展各阶段的内容及应用情况见图 1-2。

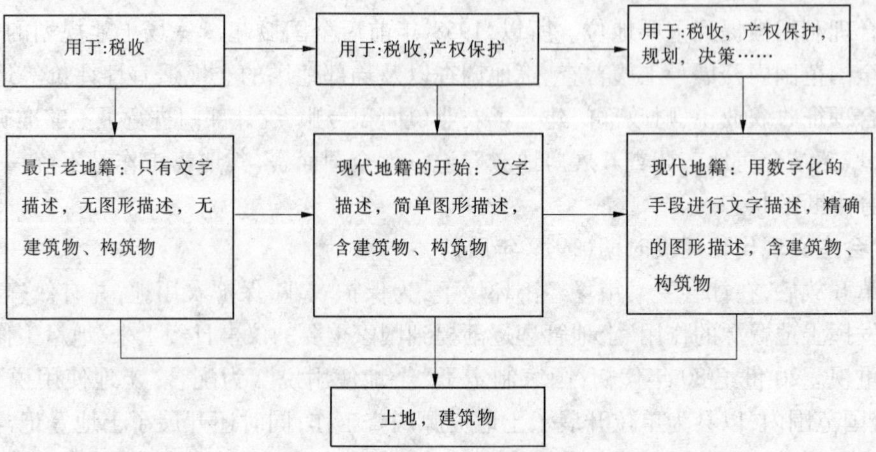

图 1-2　世界地籍发展阶段框图

第二节　地籍调查

地籍调查是遵照国家的法律规定,采取行政、法律手段,采用科学方法,对土地及其附着物的位置、权属、数量、质量和利用现状等基本情况进行的调查,是获取和表达地籍信息的技术性工作。

1　地籍调查的目的、类型和内容

1.1　地籍调查的目的

地籍调查目的在于弄清土地的基本状况,并把它们反映到地籍调查表中和地籍图上,首先服务于土地登记、土地统计、土地利用规划等土地管理工作,进而满足土地的税收、城市规划、房产管理以及其他国民经济各部门的需要,随着地籍信息化的逐步完善,还要满足社会公众对地籍资料的需求。

1.2　地籍调查的类型

1.2.1　地籍调查按调查的内容和时间划分

地籍调查按调查的内容和时间划分,可分为初始地籍调查和变更地籍调查。初始地籍调查是指对调查区范围内全部土地在初始土地登记之前进行的地籍调查。变更地籍调查是指为了保持地籍的现势性和及时掌握地籍信息的动态变化而进行的经常性的地籍调查,是在初始地籍调查的基础上进行的,是地籍管理的经常性工作。

1.2.2　地籍调查按调查区域划分

地籍调查按调查区域划分,可分为城镇地籍调查和农村地籍调查。目前我国开展的城镇地籍调查是在城市、建制镇、独立工矿区进行的,同时也包括集镇和村庄。农村地籍调查是在土地利用现状调查中,结合进行土地权属界线调查完成的。

1.3　地籍调查的内容

地籍调查的主要内容包括权属调查和地籍测量两个方面。由于建立地籍的目的、地籍制度的不同，地籍调查的内容又有所不同。

1.3.1　税收地籍调查的内容

主要调查以下两方面内容：一是土地所有者或使用者的状况，即纳税人的情况（姓名或单位名称、地址等）；二是纳税对象的土地面积、土地等级等。

1.3.2　产权地籍调查的内容

除具有为税收服务功能外，更重要的是还具有保护权属单位的合法权益的功能，因此地籍调查的内容相应增多，即以土地权属调查为核心内容，同时调查土地利用状况和其他要素等。

1.3.3　现代地籍调查的内容

以多种功能为目的的多用途地籍，也称之为“新地籍”，对地籍图、簿等资料的要求是多方面的，除作为财税的依据、法律权属的依据外，还为土地利用规划、基础设施建设规划及其他各种经济建设活动服务。因此，地籍调查的内容也相应地增多，不仅需要调查土地权属状况，还需要调查土地等级和利用状况、房产情况等要素。同时，对作为地籍调查成果的图件精度要求也较高，并附有高程、地形等图示资料。其中，土地及其附着物的权属是核心。

2　地籍调查的技术

初始地籍调查有比较系统的技术体系，相对而言是静态的；日常地籍调查的主要技术方法与初始地籍调查的技术方法是一致的，但比较零散，主要来自于日常地籍工作及国土管理的日常业务，如产权变更登记、地政、征地、土地监察等，是动态的。

不管是初始的还是日常的，地籍调查可以分为土地权属调查、地籍测量、土地利用现状调查、土地等级调查和评价、房产调查等。

（1）土地权属调查：获取土地的权属信息。

（2）地籍测量：内容包括地籍控制测量、地籍细部测量（界址点测量、地籍图测绘、宗地图测制、房产图测绘等）、面积量算等，其目的是获取土地位置和数量信息。

（3）土地利用现状调查：获取土地的利用现状信息，包括土地的数量、分布、结构等。

（4）土地等级调查和评价：包括土地分等定级、房地产价格评估，其目的是获取土地及其附着物的质量信息。

（5）房产调查：获取建筑物或构筑物的权属、数量、位置、类型和质量等信息。

3　地籍调查的实施程序

地籍调查是一项综合性的系统工程，政策性、法律性和技术性都很强，工作量大，难度高，必须充分准备、周密计划、精心组织。地籍调查分为初始地籍调查和变更地籍调查，两种调查虽有各自的特点，但工作程序和方法基本是相同的，一般可分为准备工作，地籍要素的外业调查、勘测，内业工作，调查成果的检查验收等阶段性工作，具体见第十一章的内容。

第三节　地籍测量

1　地籍测量的任务

地籍测量是为获取和表达地籍信息所进行的测绘工作,主要是测定每宗土地的位置、面积大小,查清其类型、利用状况,记录其价值和权属,绘制地籍图,据此建立土地档案或地籍信息系统,供实施土地管理工作和合理使用土地时参考。地籍测量又称不动产测量和法律测量。

地籍测量是在权属调查基础上进行的,像其他测量工作一样,地籍测量也遵循一般的测量原则,即先控制后碎部、从高级到低级、由整体到局部的原则。

2　地籍测量的内容

地籍测量有以下五方面内容:

(1)进行地籍控制测量,测设地籍基本控制点和地籍图根控制点。

(2)测定行政区划界线、土地权属界线及其界址点坐标。

(3)测绘地籍图,测算地块和宗地的面积。

(4)进行土地信息的动态监测,进行地籍变更测量,包括地籍图的修测、重测和地籍簿册的修编,以保证地籍成果资料的现势性与正确性。

(5)根据土地调整整治、开发与规划的要求,进行有关地籍测量工作。

3　地籍测量的特点

地籍测量不同于普通测量。普通测量一般只注重于技术手段和测量精度,而地籍测量则是测量技术与土地法学的综合应用,即涉及土地及其附着物权利的测量。具体表现如下:

(1)地籍测量是一项基础性的具有政府行为的测绘工作,是政府行使土地行政管理职能时的依法行政行为。

(2)地籍测量为土地管理提供了精确、可靠的地理空间位置参考系统。

(3)地籍测量是在地籍调查的基础上进行的。

(4)地籍测量具有勘验取证的法律特征,为土地权利的法律认定提供准确、可靠的物权(不动产)证明材料。

(5)地籍测量的技术标准必须符合土地法律的要求。

(6)地籍测量工作有非常强的现势性。

(7)地籍测量技术和方法是对当今测绘技术和方法的应用集成。

(8)从事地籍测量的技术人员,不但要具备丰富的测绘知识,还应具有不动产法律知识和地籍管理方面的知识。

4　地籍测量的发展

地籍、地籍测量和地籍管理工作在我国有悠久的历史。商、周时代，建立了一种“九一而助”的井田制土地管理制度，并相应地进行了简单的土地测绘工作，这可视为我国地籍测量的雏形。

1914 年，国民政府设立经界局，其下成立经界委员会，并设测量队，制定了《经界法规草案》。1922 年，国民政府为开展土地测量，聘请德国土地测量专家单维康为顾问。1927 年，上海开始进行土地测量，这是我国用现代技术方法进行的最早的地籍测量。1928 年，国民政府在南京设立内政部，下设土地司，主管全国土地测量。1929 年，南京政府决定将陆军测量总局改为参谋部陆地测量总局，兼有土地测量任务；同年，内政部公布《修正土地测量应用尺度章程》。1931 年，陆地测量总局会同各有关部门召开了全国经纬度测量及全国统一测量会议，制定了 10 年完成全国军用图、地籍图的计划。1932 年，陆地测量总局航测队应江西要求，首次在江西省施测了地籍图，以后还做过无锡及苏北几个县的土地测量。1942 年，各省地政局下设地籍测量队，还设立了测量仪器制造厂。1944 年，地政署公布了《地籍测量规则》，这是我国第一部完整的国家地籍测量法规，也标志着我国地籍测量发展进入了一个新的阶段。

中华人民共和国成立后，初期虽有土地管理工作，但由于种种原因，作为土地管理中的一项基础工作——地籍测量没有得到应有的重视和开展，就全局来看，局部地区虽开展了一些地籍测量，但大都属于房产产籍的范畴，远远不能满足土地管理的需要。

改革开放后，随着社会主义市场经济的发展，我国的地籍测量迅速发展起来。国家测绘局于 1983 年和联邦德国签订了地籍测量技术合作协议，从此，我国的地籍测量开始恢复并迅速发展起来。尤其是 1986 年颁布了《中华人民共和国土地管理法》以后，地籍测量才成为我国测绘工作的一个重要组成部分。现在，地籍测量已朝着自动化、信息化的方向发展。

第四节　现代测绘技术在地籍测量中的应用

1　GPS 技术在地籍测量中的应用

由于 GPS 技术的不断改进和完善，其测量精度、速度和经济效益，都大大地优于目前的常规测量技术，随着 GPS 技术在地籍方面的应用，它将成为地籍控制测量、地籍细部测量的主要手段。常规控制测量如三角测量、导线测量，均要求点与点间通视，这样不但费工费时，而且精度也不均匀，外业中不知道测量成果的精度。GPS 静态、快速静态相对定位测量无需点与点间通视就能够快速、高精度地进行各种控制测量，其不足是不能实时地进行定位并了解定位精度。GPS RTK 技术则可以有效解决这一不足，其实时定位可以达到厘米级的精度，使作业效率得到了进一步提高。地籍测量中应用 GPS RTK 技术可以测定每一宗土地的权属界址点以及测绘地籍图，在待测的界址点上，只需一人操作仪器，即可完成一个区域内的界址点测定。内业利用专业测图软件绘制并输出所要的地籍图。但在影响 GPS 卫星信号接收的遮蔽地带，还应使用全站仪、测距仪、经纬仪等测量工具进行配合，采用解析法或图解法进行细部测量。在建设用地勘测定界测量中，GPS RTK 技术可以实时地测定界桩位置，确定土地使用界线范围，计算用地面积。利用 GPS RTK 技术进行勘测定界时，可直接放样点位的坐标值，使得建设项目用地勘测定界中的面积量算实际上是由 GPS 软件中的面积计算功能直接计算并进行检核，避免了常规解析法放样的复杂性，简化了建设项目用地勘测定界的工作程序。

在土地利用动态监测中，也可利用 GPS RTK 技术。传统的动态野外监测采用简易补测或平板仪补测法，如采用钢尺进行距离交会、直角坐标法等实测丈量、对于变化范围较大的地区采用平板仪补测。这些传统的测量方法速度慢、效率低。而应用 GPS RTK 技术进行动态监测则可提高监测的速度和精度，并且省时省工，真正实现实时动态监测，保证了土地利用状况调查的现势性。

2 航测与遥感技术在地籍调查与测量中的应用

遥感（RS）技术是 20 世纪 60 年代蓬勃发展起来的对地观测、探测、监测的综合性技术。这一技术在土地利用监测、土地权属变化监测中发挥着越来越大的作用。

利用遥感技术进行土地利用变更调查和动态监测称为土地利用动态遥感监测。通过土地利用动态遥感监测从而使国家及时掌握了土地资源的利用现状，保持了土地利用数据的现势性。

在地籍测量中，利用大比例尺航空遥感图像，采用航测成图方法获得的地籍图具有质量高、速度快、精度均匀、经济效益高等优点，并可用数字航空摄影测量方法，提供精确的数字化地籍数据，实现自动化成图。

航测技术在地籍测量中的应用主要表现在以下四个方面：

（1）利用航空摄影图像，采用解析空中三角测量方法，加密控制点坐标和宗地界址点坐标。

（2）利用航空摄影图像，使用解析测图仪（或数字航空摄影测量系统）绘制地籍图或数字化地籍图。

（3）利用航空摄影图像或高分辨率的卫星图像，通过摄影纠正或正射投影纠正，获取影像图地籍。

（4）采用遥感调查方法，进行地籍权属调查，绘制宗地草图。

3 数字技术在地籍测量中的应用

数字技术（Digital Technology）是一项与电子计算机相伴相生的科学技术，它是指借助一定的设备将各种信息，包括图、文、声、像等，转化为电子计算机能识别的二进制数字“0”和“1”后进行运算、加工、存储、传送、传播、还原的技术。随着电子测绘仪器的不断发展与更新，测绘软件系统的不断完善，数字测绘相关理论的不断成熟，数字技术在地籍测量中也有了广泛的应用。

3.1 地籍数据的数字化采集

地籍数据的数字化采集是指，将地籍测量的各种数据，如权属界线、界址点坐标、地面附着的建筑物,通过输入设备输入计算机,成为测绘软件系统能够操作与分析的数据源。常用的数字化数据采集方法有计算机键盘数据采集、地图扫描数字化、全站仪数据采集、GPS 数据采集等。

3.2 地籍数据的处理

将各种地籍数据传输到计算机后,可利用相应的软件对地籍数据加以处理,最后输出并绘制各种所需的地籍图件和表册,供有关单位使用。目前开发的数字地籍测绘系统(digital cadastral surveying and mapping system,DCSM)是以计算机为核心,以 GPS 信号接收机、全站仪、数字化仪、立体坐标量测仪、解析测图仪等自动化测量仪器为输入装置,以数控绘图仪、打印机等为输出设备,再配以相应的数字地籍测绘软件,构成一个集数据采集、数据传输、数据处理及成果输出于一体的高度自动化的地籍测绘系统。

3.3 地籍数据的管理

经过处理的地籍数据包括地籍图件、表册和地籍档案,这些数据可以通过地籍信息系统来进行管理。地籍数据管理包括地籍属性数据管理和地籍空间数据管理。地籍属性数据管理的对象包括数据项属性数据记录和属性文件;地籍空间数据管理包括空间数据编辑修改、检索查询、叠加分析等。

目前,数字测绘技术已基本成熟,并且越来越多地被应用到地籍测量中。数字地籍测绘技术将成为实现地籍管理自动化和信息化,加强土地管理的重要前提和基础。

4 三维激光扫描技术在地籍测量中的应用

三维激光扫描系统由三维激光扫描仪、数码相机、扫描仪旋转平台、软件控制平台、数据处理平台及电源和其他附件设备共同构成,是一种集成了多种高新技术的新型空间信息数据获取手段。

三维激光扫描技术可以快速、有效地将现实世界的三维信息数字化并输入计算机,为地籍信息系统的建立提供快速、精准、可靠的数据。

思考与练习

1-1 名词解释:地籍、地籍测量、地籍调查。

1-2 地籍和地籍测量的特点各是什么?

1-3 地籍调查的内容是什么?

1-4 地籍按照不同的分类方法可以分为哪几类?

1-5 请结合实际说明地籍测量包括哪些内容。

第二章　土地权属调查

第一节　概　述

1　土地权属调查的概念

土地权属调查是对土地权属单位的土地权属来源及其权利所及的位置、界址、数量和用途等基本情况的调查。在城镇,土地权属调查是针对土地使用者的申请,对土地使用者、宗地位置、界址、用途等情况进行实地核定、调查和记录的过程。调查结果在地籍调查表中用图、数、文作出确切的描述,并经土地所有者和使用者认定,可为地籍测量、权属审核和登记发证提供具有法律效力的调查文书凭据。界址调查和确认是权属调查的关键,权属调查是地籍调查的核心。

2　土地权属调查的内容和步骤

2.1　土地权属调查的主要内容

按《城镇地籍调查规程》规定土地权属调查的主要内容如下:

(1)以宗地为单位,查清其权属状况,包括权属性质、权属来源、土地所有者和使用者名称及权属时间和期限等。

(2)查清每一宗土地的位置、界线、四邻关系以及相关的行政界线、地理名称等。

(3)查清土地利用状况和土地级别。

(4)在土地管理人员主持下仲裁有关权属纠纷。

(5)整理好土地权属调查资料,作为永久资料归档保存。

2.2　土地权属调查的步骤

权属调查的主要过程是:按土地权属主的申请,根据权源资料对土地位置、权属界线进行实地核定、调查、勘丈、记录并经权属主(法人、自然人)代表或本人认定。

调查具体过程如下:

(1)拟订调查计划。明确调查任务、范围、方法、时间、步骤,人员组织以及经费预算。然后组织专业队伍,进行技术培训与试点。

(2)物资方面准备。印刷统一制定的调查表格和簿册,准备仪器与绘图的各种工具,生活交通工具和劳保用品等。

(3)调查底图的选择。根据需要和已有的图件,选择调查底图。一般要求使用近期测绘的地形图、航片、正射影像等,对土地所有权调查,调查底图的比例尺在1:5 000至1:50 000之间;对土地使用权的调查,调查底图的比例尺在1:500至1:2 000之间。

(4)街道和街坊的划分。在确定了调查范围之后,还要在调查底图上,依据行政区划或自然界线划分成若干街道和街坊，作为调查工作区。

(5)发放通知。实地调查前，要向土地所有者或使用者发出通知书，同时对其四邻发出指界通知。按照工作计划，分区分片通知，并要求土地所有者或使用者(法人或法人委托的指界人)及其四邻的合法指界人，按时到达现场。

(6)土地权属资料的收集、分析和处理。土地权属资料是指能确定土地使用权和所有权的证明材料。在进行实地调查以前，调查员应到各土地权属单位收集土地权属资料，并对这些资料进行分析处理，确定实地调查的技术方案。在进行资料分析处理时，应做好如下工作：

对于能完全确权的宗地，在调查的底图上标绘出各宗地的范围线，并预编宗地号，及时建立地籍档案。

对于不能根据资料确权的宗地，按街道或街坊将宗地资料分类，预编宗地号，在工作图上大致圈定其位置，以备实地调查。

(7)实地调查。根据资料收集、分析和处理的情况，逐宗地进行实地调查，现场确定界址位置，填写地籍调查表，绘制宗地草图。

(8)资料整理。在资料收集、分析、处理和实地调查的基础上，编制宗地号，建立宗地档案，准备地籍测量所需的资料。

2.3 地籍调查表的设计格式

城镇地籍调查表的格式由《城镇地籍调查规程》统一规定，它实质上是权属调查表。其主要内容含宗地编号及所在图幅；土地坐落及宗地四邻；指界人姓名、身份证号码、电话号码；批准用途、实际用途及使用期限；界址情况栏；宗地草图；调查及细部测量记事，调查员意见；调查结果审核等。

3 土地和宗地的划分

3.1 土地的划分

要达到科学管理土地的要求，地籍工作中必须建立起土地管理范围划分与编号系统，实行统一的编号规则。这不仅有利于土地规划、计划、统计与管理，而且便于收集整理资料以及利用计算机管理地籍的图形、数据和表册，达到便于检索、修改、储存与保管的目的。

土地划分是指为满足土地管理工作的需要所确定的宗地所属地域上的空间层次。根据我国国情，考虑到便于管理，划分的空间层次应与行政管理系统相一致。

3.1.1 城镇地区土地划分

首先按各级行政区划的管理范围进行划分，城镇可划分区和街道两级，在街道内划分宗地。当街道范围太大时，可在街道的区域内，以线状地物，如街道、马路、沟渠或河道等为界，划分若干街坊，在街坊内划分宗地；若城镇比较小，无街道建制，也可在区或镇的管辖范围内，划分若干街坊，在街坊内划分宗地。对城镇，完整的土地划分就是××省××市××区××街道××街坊××宗地。

3.1.2 农村地区土地划分

按我国目前农村行政管辖系统，末级行政区是乡(镇)，按城镇模式，完整的土地划分应是××省××县(县级市)××乡(镇)××行政村××宗地××地块(图斑)。

3.1.3 地籍区和地籍子区

这两个名词是根据地籍工作的需要而设立的。在我国地籍管理的基层单位为县、区级土地管理部门。实际工作中,地籍区相当于街道或乡镇,地籍子区相当于街坊或行政村。当然还有其他的划分方法。在德国的某些地方用1:2 000的地籍图的图幅范围为一个地籍区或地籍子区。

3.2 宗地的划分

权属调查的基本单元是宗地。宗地是指由权属界线封闭的独立权属地块,它具有固定的位置和明确的权利边界,并可同时辨认出确定的利用类别、质量和时态等土地基本要素。一般情况下,由一个土地使用者所使用的地块,称为独立宗;一地块有几个权属单位使用,又难以划清权属界线者,称为共用宗。如一栋楼房一层为某一单位使用,二、三层为其他单位使用,难以划分土地的权属界线,故为一宗地,称共用宗。

宗地的划分根据权属性质,可分为土地所有权宗地和土地使用权宗地。

在实际工作中,依照我国有关的法律法规,一般只调查集体土地所有权宗地、集体土地使用权宗地和国有土地使用权宗地。

3.2.1 基本原则

无论是集体土地所有权宗地,还是集体土地使用权宗地和国有土地使用权宗地,划分时都必须遵循以下基本原则:

(1)由一个权属主所有或使用的相连成片的用地范围划分为一宗地。

(2)由一个权属主所有或使用的不相连的两块或两块以上的土地,则划分为两个或两个以上的宗地。

(3)如果一个地块由若干个权属主共同所有或使用,实地又难以划分清楚各权属主的用地范围的,划为一宗地,称组合宗。

3.2.2 宗地的再划分

在城镇,对一个权属主拥有的相连成片的用地范围,遇到下列情况之一可划分成多个宗地:

(1)原宗地范围过大。

(2)土地使用权的来源不同,且能在实地划清界线的。

(3)依土地用途不同自然分成若干宗地。

(4)以规划红线划出部分给其他单位或个人使用的。

(5)宗地中部分房地产转让给其他单位或个人使用的,且能在实地划清界线的。

(6)楼层数相差太大,且能在实地划清界线的。

(7)建成区与未建成区(如住宅小区)之间能在实地划清界线的。

(8)用地价款不同,且能在实地划清界线的。

(9)使用年期不同,且能在实地划清界线的。

(10)认为有必要分割成多宗地的其他情况。

3.2.3 农村和城市郊区的宗地划分

在农村和城市郊区,依据宗地划分的基本原则,农村居民地内村民建房用地(宅基地)和其他建设用地,亦可按集体土地的使用权单位的用地范围划分为宗地。要注意,这里是指集体非农建设用地使用权宗地,一般反映在农村居民地地籍图(岛图)上。

3.2.4 集体土地所有权宗地的划分

依照《中华人民共和国土地管理法》,农村可根据集体土地所有权单位(如村民委员会、农业集体经济组织、村民小组、乡(镇)农民集体经济组织等)的土地范围划分土地所有权宗地。

一个地块由几个集体土地所有者共同所有,其间难以划清权属界线的,为共有宗。共有宗不存在国家和集体共同所有的情况。

如有需要,可在村民委员会、农业集体经济组织或乡(镇)农民集体经济组织等所管辖的土地范围内,按《土地利用现状分类标准》的二级类别直接划分宗地。

3.2.5 城镇以外的国有土地使用权宗地的划分

城镇以外,铁路、公路、工矿企业、军队等用地,都是国有土地,这些国有土地使用权界线大多与集体土地的所有权界线重合,其宗地的划分方法与前述相同。

3.2.6 争议地、间隙地、飞地的宗地划分

争议地是指有争议的地块,即两个或两个以上的权属主都不能提供有效的确权文件,却同时提出拥有所有权或使用权的地块。间隙地是指无土地使用权属主的空置土地。飞地是指镶嵌在另一个土地所有权地块之中的土块所有权地块。这些地块均实行单独分宗。

3.3 地块的划分

地块是地籍的最小单元,它是地球表面上一块有边界、有确定的权属主和利用类别的土地。

按照《地籍测绘规范》(CH 5002—1994)要求,地块应按照土地利用类别来进行划分;地块界线应与权属界线、各级行政境界线、街道(地籍区)界线、街坊(地籍子区)界线保持一致,不能产生矛盾,即权属界线、各级行政境界线、地籍区界线、地籍子区界线都是地块界线,但反之不然,地块界线不一定都是权属界线。同时,每一地块的地块界线不能跨越权属界线或其他行政界线,也不能跨越街道(地籍区)界线和街坊(地籍子区)界线。在同一宗地内若有不同的土地利用类型,可划分为若干地块。

4 土地(地籍)的编号

4.1 城镇地区土地编号

通常以行政区划的街道和宗地两级进行编号,如果街道下划分有街坊(地籍子区)就采用街道、街坊和宗地三级编号。一般情况下,地籍编号统一自西向东、从北到南从“001”开始顺序编号。如03－05－012,表示××省××市××区第3街道、第5街坊、第12宗地。地籍图上采用不同的字体和不同大小加以区分;而宗地号在图上宗地内以分数形式表示,分子为宗地编号,分母为地类号。通常省、市、区、街道、街坊的编号在调查前已经编好,调查时只编宗地号,并及时填写在相应的表册中。

4.2 农村地区地籍编号

农村应以乡(镇)、宗地和地块三级组成编号。其原则同上。如02－04－005表示××

省××县(县级市)××乡(镇)第2行政村、第4宗地、第5地块(图斑)。

通常省、县(县级市)、乡(镇)、行政村的编号在调查前已经编好,调查时只编宗地号和地块号,并及时填写在相应的表册中。

4.3 其他的编号方法

根据宗地的划分情况,每个宗地编号共长16位,如表2-1所示。编号第1~6位为该宗地所属行政区划的代码。其中:前6位即省、地市、县(区)的代码,可参见《中华人民共和国行政区划代码》(GB/T 2260—2007),如610324代表陕西省宝鸡市扶风县;第7、8、9位为街道(乡镇)代码;第10、11、12位为街坊(行政村)代码。它们是在所属上一级行政区划范围内统一编号的;第13、14、15、16位为宗地所在街坊(村民委员会)范围内按“Z”型顺编的序号。为了便于共用宗的宗地分割后编号,有的宗地编号也采用19位编号,即在16位的基础上增加3位子宗编号。

表2-1 宗地编号

宗地编号	××	××	××	×××	×××	××××
在编号中的位置	第1、2位	第3、4位	第5、6位	第7、8、9位	第10、11、12位	第13、14、15、16位
代码数字范围	00~99	00~99	00~99	000~999	000~999	0000~9999
代码意义	省级代码	城市级代码	县、县级市、区级代码	街道、镇、乡级代码	街坊、行政村级代码	宗地序号

5 土地权属边界类型与边界系统

5.1 边界类型

边界,也称界线,土地的自然特性和人类对土地占有或作用的结果决定着边界在地籍中有着特殊的地位。根据土地划分的方法,形成了四种边界,即行政边界、地籍区(如街道)和地籍子区(如街坊)边界、宗地边界和地块边界。

5.1.1 行政边界

行政边界包括省界、县界、市界、区界、乡镇界等。这些边界一般由各级政府部门(如民政部门等)划定。它们大都由路、沟渠、河流、田埂、山脊或山谷、人造边界要素等构成,边界多半有一定的宽度,并由行政辖区双方共有。在农村,一般这些边界都与土地所有权界线重合。

5.1.2 地籍区或地籍子区边界

这种边界纯粹是为地籍管理的方便由土地管理部门在进行权属调查前划定。一般情况下,地籍区对应街道或乡镇,地籍子区对应街坊或行政村。也有任意划定的。

5.1.3 宗地边界

宗地边界是指根据宗地划分方法而划分出的地块边界。

5.1.4 地块边界

地块边界是指在土地管理工作中,根据地块的含义划分的地块的边界。

5.2 边界系统

所谓边界系统，就是人们或政府管理机构通常以某种方式所承认的界线存在形式。其一般由普通边界和法律边界组成。

所谓普通边界，是指主要依靠自然的或人造的边界要素，依据各地的普通规则，但没有精确的边界数据，或有边界数据而没有法律手续固定下来的边界。这种边界在英国的土地登记系统中有较为详细的描述，在我国农村地区普遍存在。至今我国的行政边界也大都属于此类，我国土地利用现状调查中的地块边界也属此类。

所谓法律边界，是指对人造的或自然的边界要素进行精确的测量，获取测量数据，通过法律程序给予承认，并在实地以法律的形式固定下来的边界。

自然边界要素主要指一些固定的、明显的地物点（如围墙、道路中心线、房角等）和固定的、明显的线状地物或地形结构线（如山脊线、山谷线、行树、河流的边线或中心线等）。人造边界要素主要指人工制作的界标，如《城镇地籍调查规程》中设计的 5 种界标（见图 2-1 ~ 图 2-5，图中单位为 mm）。在这里，最重要的是精确测量这些要素，其数据通过法律程序予以确认即可。

6 土地权属界址的含义

土地权属界址包括界址线、界址点和界标。所谓土地权属界址线（简称界址线），是指相邻宗地之间的分界线，或称宗地的边界线。有的界址线与明显地物重合，如围墙、墙壁、道路、沟渠等，但要注意实际界线可能是它们的中线、内线或外边线。

界址点是指界址线或边界线的空间或属性的转折点。

界标是指在界址点上设置的标志。界标不仅能确定土地权属界址或地块边界在实地的地理位置，为今后可能产生的土地权属纠纷提供直接依据及和睦邻里关系，同时也是测定界址点坐标值的位置依据。为了适应各种情况，《城镇地籍调查规程》设计了 5 种界标，可根据实地情况酌情选用。

（1）混凝土界址标桩，见图 2-1。

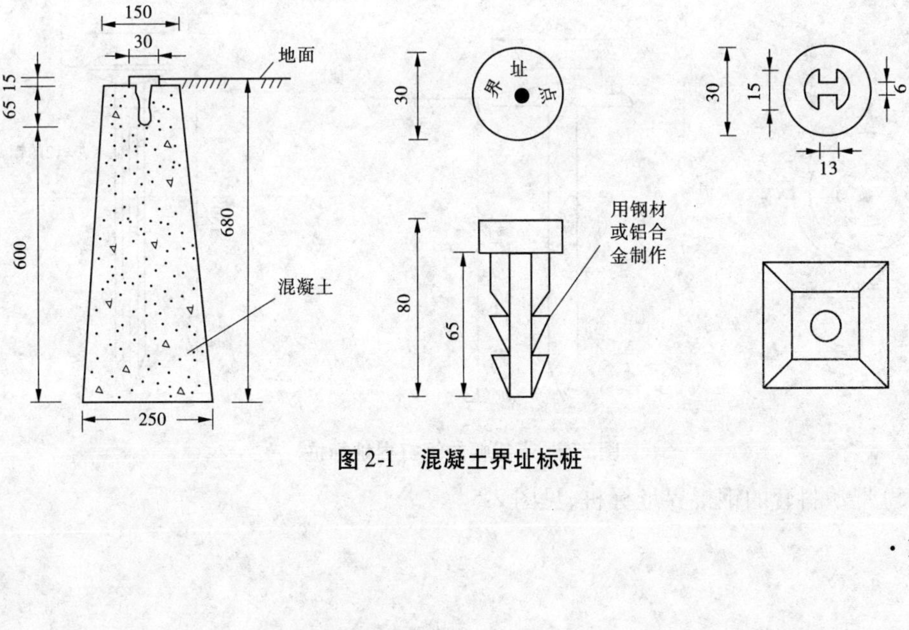

图 2-1 混凝土界址标桩

(2)喷漆界址标志,见图2-2。

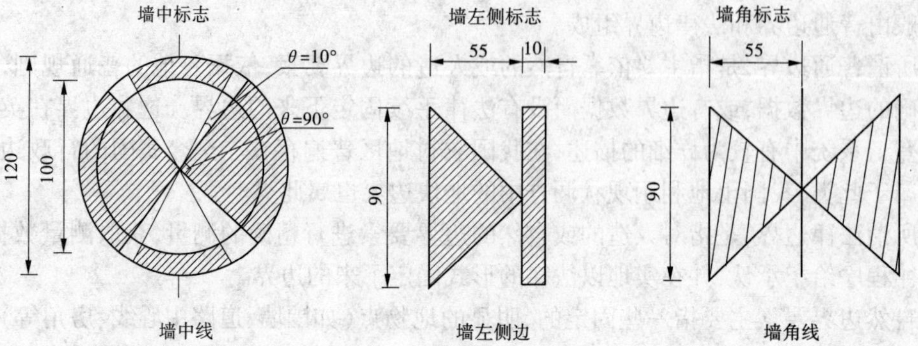

图2-2 喷漆界址标志

(3)石灰界址标桩,见图2-3。

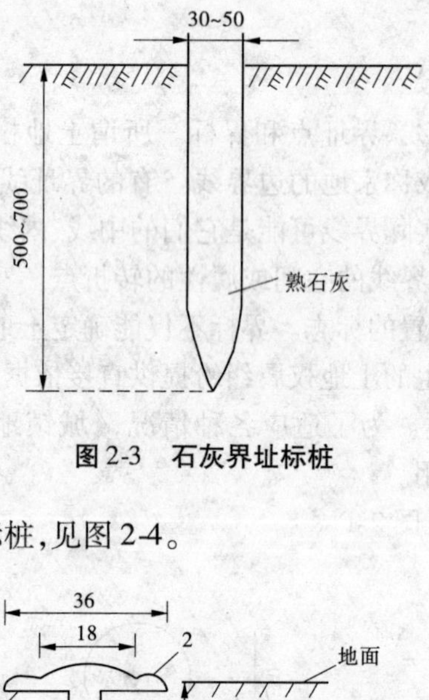

图2-3 石灰界址标桩

(4)带铝帽的钢钉界址标桩,见图2-4。

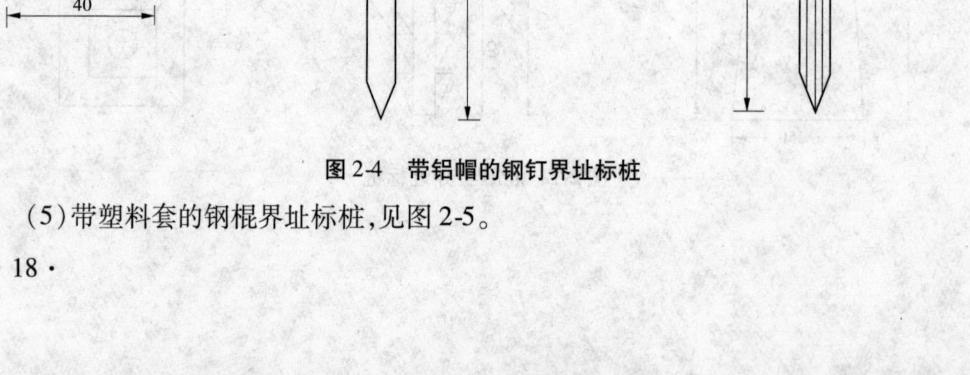

图2-4 带铝帽的钢钉界址标桩

(5)带塑料套的钢棍界址标桩,见图2-5。

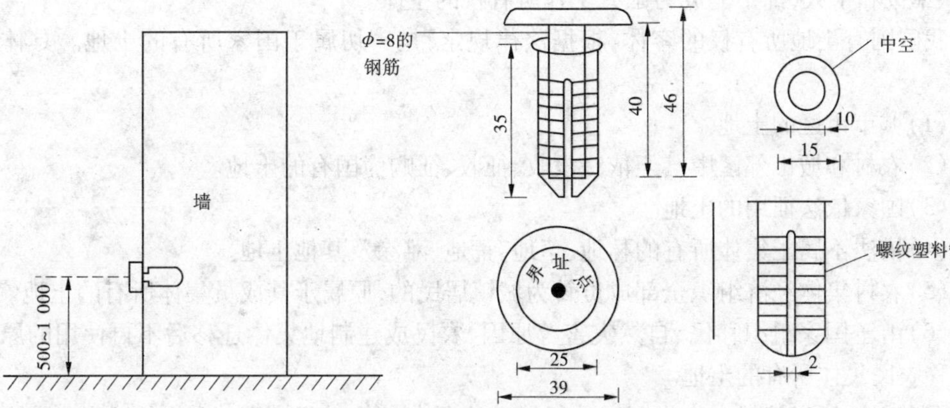

图 2-5 带塑料套的钢棍界址标桩

第二节 土地权属的确认

土地权属是指土地所有权和使用权的归属。

1 土地所有权

1.1 土地所有权概念

土地所有权是土地所有制的法律表现，是土地所有权人在法律规定的范围内占有、使用、收益和处分土地的权利。土地所有权的性质和内容是由土地所有制决定的。

(1)土地占有权，指对土地的实际占领、控制的权利。

(2)土地使用权，指土地使用者根据法律、文件、合同的规定，对国家或集体所有的土地享有的占有、使用、收益及部分处分的权利。

(3)土地收益权，指从土地上获得经济利益的权利。

(4)土地处分权，指在法律允许范围内对土地进行处置的权利。它决定土地的归属，是土地所有权的核心。

以上四种权能是土地所有权的基本结构，它们可以互相结合，也可以互相分离，例如土地出租就是一种分离的形式。土地所有人将占有、使用两项权能转让承租人，自己仅保留一部分收益权和处分权。这种分离现象并不意味着土地所有人丧失土地所有权，而是土地所有人行使土地所有权的一种表现。

土地所有权是法律赋予的，法律可以根据社会、政治、经济的具体情况，对土地所有权的行使权限做出某种限制。《中华人民共和国土地管理法》第二条第 3 款规定："任何单位和个人不得侵占、买卖或者以其他形式非法转让土地。"该条款规定土地不得买卖和非法转让，实际上是对土地处分权的一种限制。所以，土地所有人必须在法律规定的范围内行使所有权。

1.2 我国国有土地所有权的主体、客体和内容

我国国有土地所有权的唯一主体是国家，由国务院代表国家行使。国家以外的任何

组织、单位和个人,都不能成为国有土地所有权的主体。

我国国有土地所有权的客体,根据法律规定,是一切属于国家所有的土地。具体包括:

(1)城市市区的土地。

(2)农村和城市郊区中已经依法没收、征收、征购为国有的土地。

(3)国家依法征用的土地。

(4)依法不属于集体所有的林地、草地、荒地、滩涂及其他土地。

(5)农村集体经济组织全部成员转为城镇居民的,原属于其成员集体所有的土地。

(6)由于国家组织移民、自然灾害等原因,农民成建制地集体迁移后不再使用的原属于迁移农民集体所有的土地。

国有土地所有权的内容指国家在行使土地所有权的过程中形成的权利和义务,这些权利和义务都要由法律规定。如《中华人民共和国土地管理法》第十五条规定:"国有土地可以由单位或者个人承包经营,从事种植业、林业、畜牧业、渔业生产。"

1.3 我国农村集体土地所有权的主体、客体和内容

我国农村集体土地所有权的主体是农民集体。《中华人民共和国土地管理法》第十条规定:"农民集体所有的土地依法属于村农民集体所有的,由村集体经济组织或者村民委员会经营、管理;已经分别属于村内两个以上的农村集体经济组织的农民集体所有的,由村内各该农村集体经济组织或者村民小组经营、管理;已经属于乡(镇)农民集体所有的,由乡(镇)农村集体经济组织经营、管理。"

上述农民集体形成一种共同所有的关系,对于共同所有的土地的处分权或其他权利的行使,应得到共同所有人的同意。集体土地所有权的客体,是指属于上述农民集体所有的一切土地,主要有农村和城市郊区的土地,除由法律规定属于国家所有的以外,属于农民集体所有,宅基地和自留山,属于农民集体所有。

集体土地所有权的内容指农民集体在行使土地所有权的过程中形成的权利和义务,这些权利和义务均由法律规定。如《中华人民共和国土地管理法》第二条规定:"国家为公共利益的需要,可以依法对集体所有的土地实行征收或者征用并给予补偿。"第十四条规定:"农民集体所有的土地由本集体经济组织的成员承包经营,从事种植业、林业、畜牧业、渔业生产。"第十五条规定:"……农民集体所有的土地,可以由本集体经济组织以外的单位或者个人承包经营,从事种植业、林业、畜牧业、渔业生产等。……农民集体所有的土地由本集体经济组织以外的单位或者个人承包经营的,必须经村民会议 2/3 以上成员或者 2/3 以上村民代表的同意,并报乡(镇)人民政府批准。"

2 土地使用权

2.1 土地使用权的概念

土地使用权指土地使用者根据法律、文件、合同的规定,对国家或集体所有的土地享有的占用、使用、收益及部分处分的权利。

土地使用权与使用土地是两个不同的概念。使用土地指对土地的实际利用,而土地使用权则是根据法律、文件或合同规定而产生的使用土地的权利。土地使用权可以由土

地所有人行使,也可以依法从土地所有权中分离出来,成为一项相对独立权能。土地使用人可以依法享有对土地的占有权、使用权和部分的收益权、处分权,但这些权利的行使必须符合法律规定和土地所有人的利益,受法律和土地所有权的制约。

2.2 我国国有土地使用权的主体、客体和内容

我国国有土地使用权的主体是依法直接从国家取得国有土地使用权的单位或个人。

我国国有土地使用权的客体是依法直接从国家划拨或以有偿方式给单位或个人使用的土地。

国有土地使用权的内容指国有土地使用权主体在行使土地使用权的过程中形成的权利和义务,并通过法律形式加以固定。如《中华人民共和国土地管理法》第九条规定:"使用土地的单位和个人,有保护、管理和合理利用土地的义务。"第十五条规定:"国有土地可以由单位或者个人承包经营,从事种植业、林业、畜牧业、渔业生产。……发包方和承包方应订立承包合同,约定双方的权利和义务。土地承包经营的期限由承包合同约定。承包经营土地的单位和个人,有保护和按照承包合同约定的用途合理利用土地的义务。"第五十六条规定:"建设单位使用国有土地的,应当按照土地使用权出让等有偿使用合同的约定或者土地使用权划拨批准文件的规定使用土地;确需改变该块土地建设用途的,应当经有关人民政府土地行政主管部门同意,报原批准用地的人民政府批准。其中,在城市规划区改变土地用途的,在报批前,应当先经有关城市规划行政主管部门同意。"

《中华人民共和国土地管理法实施条例》第三条规定:"依法登记的土地所有权和土地使用权受法律保护,任何单位和个人不得侵犯。"

2.3 我国农村集体土地使用权的主体、客体和内容

我国农村集体土地使用权的主体包括:承包土地使用权的主体是本集体经济组织的成员以及依法取得承包经营权的本集体经济组织以外的单位或个人;自留山、自留地土地使用权的主体是本集体经济组织的成员;农村宅基地使用权的主体是户口在农村,年满18周岁,具有行为能力的本集体经济组织依法获得宅基地使用权的公民;乡、镇、村企事业等非农建设用地使用权的主体是依法获得非农建设用地使用权的乡、镇、村企事业单位或个人。

我国农村集体土地使用权的客体是分别为上述使用权主体依法取得的承包地、自留地、自留山、农村宅基地、集体非农建设用地等。

我国农村集体土地使用权的内容指集体土地使用权主体在行使土地使用权的过程中所形成的权利和义务,并通过法律或合同形式规定出来。如《中华人民共和国土地管理法》第九条规定:"……农民集体所有的土地,可以依法确定给单位或个人使用,使用土地的单位或个人,有保护、管理和合理利用土地的义务。"第十四条规定:"……承包经营土地的农民有保护和按照承包合同约定的用途合理利用土地的义务。农民的土地承包经营权受法律保护。"第六十三条规定:"农民集体所有的土地的使用权不得出让、转让或者出租用于非农业建设;但是,符合土地利用总体规划并依法取得建设用地的企业,因破产、兼并等情形致使土地使用权依法发生转移的除外。"第三十六条规定:"禁止占用耕地建窑、建坟或者擅自在耕地上建房、挖砂、采石、取土等。禁止占用基本农田发展林果业和挖塘养鱼。"

3 他项权利

在已经确定了土地所有权和使用权的土地上保留其他利用土地方面的权利称为他项权利。他项权利的设定既依附于土地的所有权和使用权,同时也是对土地所有权和使用权的一种限制。目前,我国土地他项权利包括抵押权、租赁权、空中权、地下权、排水权、承包权等。他项权利的发生,有的是通过协议确定的,如租赁权,有的是法律明文规定,如通行权。

4 土地权属的确认

4.1 土地权属的确认方式

土地权属调查的主要工作是对土地权属的确认。所谓土地权属的确认(简称确权),是指依照法律,由当地政府授权,在土地管理部门的主持下,由权属主(或授权指界人)、相邻土地权属主(或授权指界人)、地籍调查员和其他必要人员共同对土地权属的认定,包括土地所有权和土地使用权的性质、类别、权属主及其身份、土地位置等的确认。土地权属的确认涉及用地的历史、现状、权源、取得时间、界址及相邻权属主的有关状况等,是地籍调查中一件细致而复杂的工作,必须根据有关文件和实际状况,妥善处理。具体的确认方式如下:

(1)文件确认。它是根据权属主所出示并被现行法律所认可的各种文件来确定土地使用权或所有权的归属,这是一种较规范的土地权属认定手段,城镇土地使用权的确认大多用此方法。

(2)惯用确认。这是基于新中国成立后长期未进行地籍调查,而根据若干年以来没有争议的惯用土地边界而进行认定的一种方法,是一种非规范化的认定手段,主要适用于农村和城市郊区。在使用这种认定方法时,为防止错误发生,要注意以下几点:一是尊重历史,实事求是;二是注意四邻认可,指界签字;三是不违背现行法规政策。

(3)协商确认。当确权所需文件不详,或认识不一致时,本着团结、互谅的精神,在政府土地管理部门的主持下,采用涉及土地各方协商的原则进行认定。

(4)仲裁确认。在有争议而达不成协议,且双方都能出示有关文件而又互不相让的情况下,由主管部门约定时间、地点,地籍管理部门依照有关规定,充分听取土地权属各方的申述,实事求是地、合理地进行裁决。不服从裁决者,可以向法院申诉,通过法律程序解决。

4.2 农村地区(含城市郊区)土地权属的确认

农村土地所有权和使用权的确认涉及村与村、乡与乡、乡村与城市、村与独立厂矿及事业单位的边界等。它不但形式复杂,而且往往用地手续不甚齐全。因此,应将文件确认、惯用确认、协商确认或仲裁确认几种方式结合起来确认农村土地所有权和使用权。对完成了土地利用现状调查的地区,其调查成果的表册和图件是很有说服力的确权文件,应予承认。

铁路、公路、军队、风景名胜区和水利设施等用地,其所有权属国家,使用权归各管理部门。由于这些用地分布广泛,并且比较零乱,其权属边界比较复杂。在进行土地权属调查时,按照土地使用原则和征地或拨地文件确认土地的使用权和所有权。

4.3 城市土地使用权的确认

城市的土地所有权是国家所有,因此城市各权属主只有土地使用权,而无土地所有权(郊区集体土地除外)。城市土地使用权主要按下述文件确认:

(1)单位用地红线图。红线图是经过建设立项、上级机关批准、用地所在市县审批、城市规划部门审核选址、地籍管理部门和建设用地部门审定和办理征(拨)地手续,再由城市勘测部门划定红线等一系列法定手续的最后结果。它一般是标绘在大比例尺的地形图上,其上除绘有用地红线外,还标有用地单位名称、用地批文的文件名和批文时间、用地面积、征地时间、经办人和经办单位盖章等。它是审核土地权属的权威性文件。在进行地籍调查时,可根据该红线图来判定土地权属,并到实地勘定用地范围的边界。

(2)房地产使用证。新中国成立后的几十年中,有的城市曾经核发过地产使用证。改革开放(1978 年)以后,在土地管理法公布以前(1986 年),城市房地产管理部门组织过地籍测量,绘制过房产图,并发放过房地产使用权证或房产所有权证。这些文件可作为确权依据。

(3)土地使用合同书、协议书、换地书等。新中国成立后一直到土地管理法出台的几十年中,随着社会经济的发展,各用地单位变化很大。有各系统之间的调整、变更,有各企业单位之间的合并、分割、兼并、转产等情况,它们所签订的合理合法的各种形式的土地使用合同书和协议书,本着尊重历史、注重现实的原则,可作为确权文件。

(4)征(拨)地批准书和合同书。在新中国成立后直至国有土地有偿使用制度出台前,企事业单位建设用地采取征(拨)地制度。权属主所出示的征(拨)地批准书和合同书,可作为确权文件。

(5)有偿使用合同书(协议书)和国有土地使用权证书。自改革开放以来,特别是土地管理法颁布实施之后,进一步明确了土地所有权与使用权分离的制度,改无偿使用土地为有偿使用。政府土地管理部门为国有土地管理人,以一定的使用期限和审批手续,对土地使用权进行出让、转让或拍卖。成交后,签订的有偿使用合同书(或协议书),规定权利和义务,交清款项,发放国有土地使用权证。因此,有偿使用合同书(协议书)和国有土地使用权证书是土地使用权确认的文件。

(6)城市住宅用地确权的文件。现阶段我国的城市住宅有三种所有制,即全民所有制住宅、集体所有制住宅和个人所有制住宅。一般情况下,住宅的权属主同时是该住宅所坐落的土地的权属主。单位住宅用地根据其征(拨)地红线图和有关文件确权;个人住宅用地(含购商品房住宅)根据房产证、契约等文件确权;奖励、赠予的房屋用地应根据奖励证书、赠予证书和有关文件(如房产证)确认土地使用权。

第三节 土地所有权调查

土地所有权调查是指以地块或宗地为单位,对地块或宗地的所有权、位置等属性的调查和确认。在我国,初始土地所有权调查与土地利用现状调查一起进行,同时也调查城镇以外的国有土地使用权,如铁路、公路、独立工矿企事业、军队、水利、风景区的用地和国营农场、林场、苗圃的用地等。

1 调查内容

(1)查清土地所有权宗地的权属状况,包括宗地权属性质、权属来源和土地所有者名称等。

(2)查清城镇以外的国有土地使用权宗地的权属状况,包括宗地权属性质、权属来源、取得土地时间和土地使用者或所有者名称等。

(3)查清以上两种宗地的位置、界线、四邻关系等。

(4)查清行政村界线(相应级界线)、村民小组界线(相应级界线)、乡(镇)界线、区界线以及相关的地理名称等。

2 权源调查

集体土地所有权的权属来源主要有如下几例:

(1)土地改革时分配给农民并颁发了土地证书,土地改革后转为集体所有。

(2)农民的宅基地、自留地、自留山及小片荒山、荒地、林地、水面等。

(3)城市郊区依照法律规定属于集体所有的土地。

(4)凡在1962年9月《农村人民公社工作条例修正草案》颁布时确认的生产经营的土地和以后经批准开垦的耕地。

(5)城市市区内已按法律规定确认为集体所有的农民长期耕种的土地、集体经济组织长期使用的建设用地、宅基地。

(6)按照协议,集体经济组织与国营农、林、牧、渔场相互调整权属地界或插花地后,归集体所有的土地。

(7)国家划拨给移民并确定为移民拥有集体土地所有权的土地。

在调查土地权属来源时,应注意被调查单位(即土地登记申请单位)与权源证明中单位名称的一致性。发现不一致时,需要对权属单位的历史沿革、使用土地的变化及其法律依据进行细致调查,并在地籍调查表的相应栏目中填写清楚。

3 其他要素的调查

3.1 权属主名称

权属主名称是指土地使用者或土地所有者的全称。有明确权属主的为权属主全称;共有宗地要调查清楚全部权属主全称和份额;无明确权属主的间隙地,则为该宗地拥有管辖权的人民政府或地理名称、建筑物的名称,如××水库等。

3.2 取得土地的时间

取得土地的时间是指获得土地所有权的起始时间,主要来自权源材料。

3.3 土地位置

调查核实宗地四邻,所在乡(镇)、村的名称以及宗地预编号及编号。

3.4 土地所有权性质

我国土地所有权有两种性质,即国有和集体所有。

4 权属界线调查、审核与调处

土地所有权界线调查时,按调查计划(必要时应与权属单位协商)向土地权属单位发放指界通知书,明确土地权属单位代表到场指界时间、地点和需带的证明与权源材料。

土地所有权的界址调查、界线审核,以及有争议权属界线的调查处理等内容详见本章第五节内容。

5 界址标注和调查表的填写

一个乡(镇)权属调查结束后,在乡(镇)境界内形成的土地所有权界线、土地使用权界线、无权属主或权属主不明确的土地权属界线、争议界线、城镇范围线等,构成无缝隙、无重叠的界线关系,这些界址点、线均应标注在调查用图上。

土地所有权调查表与地籍调查表相同。它们是权属调查确定权属界线的原始记录,是处理权属争议的依据之一,必须按规定的格式和要求认真填写。

第四节 土地使用权调查

1 调查内容

城镇土地使用权调查是指以土地使用权宗地为单位,对宗地的权利、位置等属性的调查和确认(土地登记前具有法律意义的初步确认),一般情况下,土地使用权调查和土地所有权调查同步进行。具体内容有:

(1)查清一宗地的权属状况,包括宗地权属性质、权属来源、取得土地时间和土地使用期限、土地使用者或所有者名称等。

(2)查清一宗地的位置、界线、四邻关系以及相关的行政界线、地理名称等。

(3)查清一宗地的利用状况和土地级别。

农村土地使用权调查,一般以行政村为单位进行。重点调查行政村界,土地的位置,使用土地的行政村名称、地理名称和相邻行政村名称等。

2 权源调查

土地权属来源(简称权源)是指土地使用权单位依照国家法律获取土地使用权的方式。迄今为止,我国土地权属来源主要分两种情况:

一种是 1982 年 5 月《国家建设征用土地条例》颁布之前权属主取得的土地,通常叫历史用地。

另一种是 1982 年 5 月《国家建设征用土地条例》颁布之后权属主取得的土地。具体有以下 3 种情况。

(1)经人民政府批准征用的土地,叫行政划拨用地,一般是无偿使用的。

(2)1990 年 5 月 19 日中华人民共和国国务院令第 55 号《中华人民共和国城镇国有土地使用权出让和转让暂行条例》发布后权属主取得的土地,叫协议用地,一般是有偿使用的。

(3)没有按照国家有关法律、法规取得土地使用权的土地,叫违法用地。

在土地权属调查时,具体的情况可能较复杂,各个地方的情况也有所差别。

在调查土地权属来源时,应注意被调查单位(即土地登记申请单位)与权源证明中单位名称的一致性。发现不一致时,需要对权属单位的历史沿革、使用土地的变化及其法律依据进行细致调查,并在地籍调查表的相应栏中填写清楚,或制作专门的宗地现状历史情况记载表,作为地籍调查表的附页,用于记载土地权属来源的有关情况。宗地现状历史情况记载表(表2-2)用于记载宗地演变的历史过程,是确权处理的重要依据。这些关键信息非常重要,可以辅助宗地查询,提高宗地数据的可读性,为房地产登记提供重要参考,必须填写清楚。

表2-2　宗地现状历史情况记载表

权属主或宗地名称		宗地号	
用地情况			
建筑物情况			
存在问题			

调查人:

3　其他要素的调查

3.1　权属主名称

权属主名称是指土地使用者或土地所有者的全称。有明确权属主的为权属主全称;组合宗地要调查清楚全部权属主全称和份额;无明确权属主的,则为该宗地的地理名称或建筑物的名称,如××水库等。对非法用地,暂以用地者全称记载,在地籍调查表的相应栏目中填写"非法用地"字样。

3.2　取得土地使用权的时间和土地年期

3.2.1　概念

取得土地使用权的时间是指获得土地使用权的起始时间。土地年期是指获得土地使用权的最高年限。在我国,土地使用权出让的最高年限规定如下:

(1)居住用地为70年。

(2)工业用地为50年。

(3)教育、科技、文化、卫生、体育用地为50年。

(4)商业、旅游、娱乐用地为40年。

(5)综合或者其他用地为50年。

3.2.1　实例

下面以深圳市宝安区为例说明取得土地使用权的时间和土地年期的调查方法。

(1)已签订土地使用权出让合同的,以合同为准。

(2)已登记发证的,以登记时确定的年期为准。

(3)行政划拨,批准镇村集体单位非农用地,以批文时间为准,暂不定年期。

(4)有基本建设用地合同书的用地,以签订合同时间为准,暂不定年期。

(5)已签发竣工项目处理决定书的用地,以处理决定书确定的年期确定。

(6)未签合同和登记发证,但已划红线图的,以红线划定时间为准,暂不定年期。

(7)临时用地以划定蓝线的时间起算,按批准的使用年期计算。

(8)历史用地及其他情况以实际使用土地时间确定,暂不定年期。

3.3 土地位置

调查核实土地坐落,宗地四邻,所在区、街道、门牌号,宗地预编号及编号。

3.4 权属状况及土地利用状况

土地使用者或单位、权属性质、用地来源、实际用途以及土地利用现状等,皆需调查核实,填表登记。对于一宗地内有不同类别的用地,如工厂内有居民区,学校内有商业用地等,均应认真查清。

3.5 土地利用状况调查

土地利用状况调查包括宗地的批准用途和实际用途的调查,按《土地利用现状分类》(GB/T 21010—2007)调查至二级分类。

调查时,如果申请书填写的土地类别与实地一致,则调查人员将申请书上的土地类别抄录到地籍调查表上。如果申请书填写的土地类别或批准用途与实地调查不一致,则调查人员须注明原因,并将调查的实际使用用途写到地籍调查表上。如果宗地的建设用地批准用途(如综合用地)与《土地利用现状分类》规定的土地分类不对应,调查人员可将批准用途和实际使用用途写到地籍调查表上,并在说明栏内按《土地利用现状分类》规定的二级分类,说明该宗地的主要使用用途、其他使用用途。

3.6 土地级别调查

利用城镇土地分等定级成果,确定每宗地的土地级别。

4 权属界线调查、审核与调处

土地使用权中的界址调查、权属界线的审核以及有争议权属界线的调查处理等内容详见本章第五节。

第五节 权属界址调查

土地权属的界线称为界址线,界址线的转折点称为土地权属界址点(简称界址点)。界址调查是指对土地权属界址点、界址线实地位置的现场指界及设置界标等野外工作。

1 界址调查的指界

界址调查的指界是指确认被调查宗地的界址范围及其界址线的具体位置。

土地权属界线包括:乡(镇)集体土地、行政村集体土地、村民小组集体土地的权属界线和国营农场、林场、苗圃等土地的权属界线,公路、铁路、水利、风景区、军队和独立的工矿企事业单位等用地的国有土地的权属界线。

土地权属界线调查时,按调查计划(必要时应与权属单位协商)向土地权属单位发放指界通知书,明确土地权属单位代表到场指界时间、地点和需带的证明与权源材料。

1.1 权属界址明确的调查指界

现场指界必须由本宗地及相邻宗地指界人亲自到场共同指界。当由单位法人代表指界时,则出示法人代表身份证明书(如表2-3所示)。当法人代表不能亲自出席指界时,应由委托的代理人指界,并出示指界委托书(如表2-4所示)和身份证明。由多个土地所有者或使用者共同使用的宗地,应共同委托代表指界,并出示委托书和身份证明。个人使用的土地,须由户主指界,并出示身份证明和户口簿。由多个土地使用者共同使用的宗地,应共同委托代表指界,并出示委托书和身份证明。

对于违约缺席指界的,根据不同情况按下述办法处理:

(1)如一方违约缺席,其界址线以另一方指定的界址线为准确定。

(2)如双方违约缺席,其界址线由调查员依据有关图件和文件,结合实地现状决定。

(3)确定界址线(简称确界)后的结果以书面形式送达违约缺席的业主,并在用地现场公告,如有异议,必须在结果送达之日起15日内提出重新划界申请,并负责重新划界的费用。逾期不申请,确界自动生效。表2-5为违约缺席指界通知书。

(4)指界后,无正当理由,不在地籍调查表上签字盖章的,可参阅缺席指界的有关规定处理。

表2-3 地籍调查法人代表身份证明书

同志,在我单位任　　　　　　职务,系我单位法人代表,特此证明。 单位全称(盖章) 年　　月　　日

注:1. 加注该法人代表办公地点,联系电话。

2. 企事业单位、机关、团体的主要负责人为本单位的法定代表人。

表2-4 指界委托书

市(县、区)国土资源局: 今委托　　　　同志(性别:　　　年龄:　　职务:　　　)全权代表本人出席　　　区　　街　　号土地权属界线现场指界。 委托人(盖章) 单 位(盖章) 委托代理人(盖章) 委托日期:　　年　　月　　日

表 2-5　违约缺席指界通知书

×× 现寄去地籍调查表一份(复印件),内有定界结果。如有异议,须在收到通知 15 日内提出划界申请,并负责重新划界的全部费用。逾期不申请,则以地籍调查表上定界结果为准。 市(县、区)国土资源局 年　　月　　日

1.2　权属主不明确的土地界线调查

(1)征地后未确定使用者的剩余土地和法律、法规规定为国有而未明确使用者的土地,在国有土地使用权、乡(镇)集体土地所有权和村集体土地所有权界线调查的基础上,根据实际情况划定土地界线。

(2)暂不确定使用者的国有公路、水域的界线,一般按公路、水域的实际使用范围确界。

(3)不明确或暂不确定使用者的国有土地和相邻权属单位的界线,暂时由相邻权属单位单方指界,并签订《权属界线确认书》,待明确土地使用者并提供权源材料后,再对界线予以正式确认或调整。

1.3　乡镇行政境界调查

调查队会同各相邻乡(镇)土地管理所依据既是村界又是乡(镇)界的界线,结合民政部门有关境界划定的规定,分段绘制相邻乡(镇)行政境界接边草图,并将该图附于《乡(镇)行政界线核定书》,并由调查队将所确定的乡(镇)行政界线标注在航片或地形图上,提供内业编辑。

2　设置界址点及其标志

2.1　界址点的确定

地籍调查人员根据指界认定的宗地界址范围,在实地确定界址点、界址线,一般应注意以下几点:

(1)宗地界址线必须封闭,界址线的转折点都应为界址点,一般两相邻界址点间应为直线。对弧形界址线,一是在弧与直线相交的切点处设置界址点,二是在弧上相应位置设一个以上的界址点,见图 2-6(a)。一个宗地与相邻宗地共用界址线,相邻宗地在该线上的界址拐点,同为该宗地的界址点。

(2)沿街(路)用地界线以实际使用的合法围墙或房墙(垛)外侧为界,弄(巷)通道两侧建筑物用地原则上按现有界标物为准。

(3)当界标物相邻间距小于 10 cm 时,以外侧拐点为界址点,见图 2-6(b)。

(4)单位门口的内折“八”字形道路用地可确定给该土地使用单位,见图 2-6(c)。

(5)墙基线外占用人行道的台阶、雨篷等构筑物用地一般不确定给该土地使用者。

(6)界址是使用土地的权属范围,不一定与建(构)筑物占地范围一致,如围墙外护沟往往也属其使用土地,应根据权源资料确定界址。

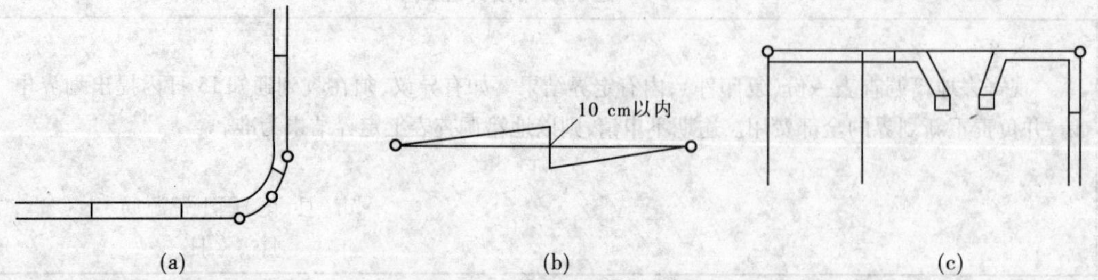

图 2-6　界址点确定示意图

(7)墙体为界标物时,应明确墙体用地的归属,尤要注意其公用界址点位置的确定。如图 2-7 所示,随着界址点的位置不同,围墙用地的归属也不同。

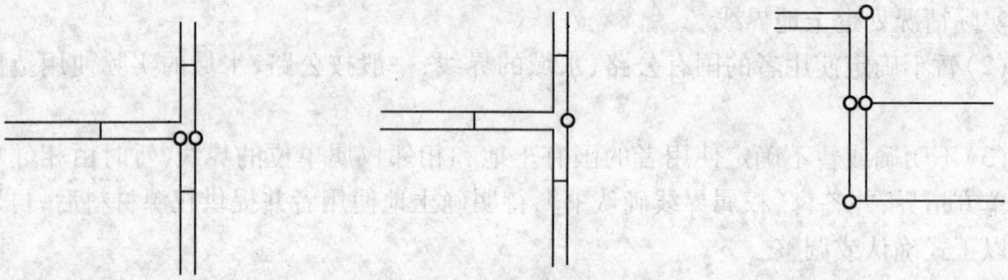

图 2-7　界址点确定示意图

(8)两个单位(个人)使用土地的界标物间隔宽度在 1 m 以内的非通道夹巷,一般应以双方各半确权;两宗地间无明确归属的少量空隙地不影响交通时,可通过协商,确定其使用权。

(9)土地使用权证明文件上四至界线与实际界线一致,但实际面积与批准面积不一致的,按实际四至界线,确定其使用权。

(10)在建工程项目用地的界址线,以规划部门划定的红线内侧确定,或暂不确定,在竣工后一个月内,再正式办理变更登记。

(11)房产开发公司已出售的商品房,一般以实际建筑占地分摊(含自行车房等)面积,确定购房者的土地使用权。未建成或建成后未出售的房屋用地,按征地面积确权给房产开发公司,待房屋出售后再办理土地使用权变更调查手续。

乡(镇)、行政村、村民小组、公路、铁路、河流等界线一般不设界标。但土地行政管理部门或权属主有要求和易发生争议的地段,应设立界标。

当界址点落在建筑物上,或者在建筑物的拐角上时,除在调查记录中说明或做点之记外,在实地可采用喷漆等标志形式标出界址点位置。

当确定了界址点、埋设了界标后,应勘丈界址边长及界址点与固定地物之间的距离(习惯称为栓距),并绘在宗地草图上。

2.2　特别界线和特别宗地处理

行政界线如镇界、乡界、区界、街道界等若与宗地界线重合,以民政局勘界办提供的界线数据作为行政界线使用,不作为宗地权属界线。

2.3 土地权属界线的审查

外业调查后,要对其结果进行审核和调查处理。使用国有土地的单位,要将实地标绘的界线与权源证明文件上记载的界线相对照。若两者一致,则可认为调查结束;否则需查明原因,视具体情况作进一步处理。对集体所有土地,若其四邻对界线无异议并签字盖章,则调查结束。

2.4 土地权属界线争议的调查处理

有争议的权属界线,调查人员应先进行协调解决,协调解决不了的,及时报土地行政管理部门,土地行政管理部门应在10天内进行协调解决。短期内确实难以解决的,调查人员填写《土地争议原由书》一式5份,权属双方各执一份,市、县(区)、乡(镇)各一份。

在城镇只存在土地使用权争议,在农村存在土地所有权和使用权的争议。在地籍调查时,争议双方同意调查人员依照法律程序达成协议的,则当场确定权属界线,并记录争议情况和调解方法;否则,如实记载争议情况,填写《土地争议原由书》,交由所在地政府出面调解,由当事人协商解决,协商不成,调解无效时,由当地人民政府处理。争议未解决之前,任何一方不得改变土地现状,不得破坏土地上的附着物。

3 设置界标

界标是界址点的标志,是界址在实地的法律凭证,是处理土地权属纠纷的依据。设置界标可以防止权属调查和勘丈、绘制宗地草图与地籍测量过程中对界址点的判别差错,保障准确地勘丈、绘制宗地草图,进行地籍测量,便于对地籍调查的测量成果进行实地检查,有利于土地使用者依法利用土地,减少违法占地和土地纠纷,也有利于地籍的日常管理工作。

界址认定后,调查人员在双方指界人均在场的情况下,在实地按规定现场设置界标,设置界标要因地制宜,注意市容、镇容美观,便于保存和查找等。界标种类及形式参见图2-1~图2-5,其适用范围见表2-6。

表2-6 界标种类及适用范围

种类	适用范围
混凝土界址标桩 石灰界址标桩	在较为空旷的界址点和占地面积较大的机关、团体、企业、事业单位的界址点应埋设或现场浇筑混凝土界址标桩;泥土地面也可埋设石灰界址标桩
带铝帽的钢钉界址标桩	在坚硬的路面或地面上的界址点应钻孔浇筑或钉设带铝帽的钢钉界址标桩
带塑料套的钢棍界址标桩 喷漆界址标志	在坚固的房墙(角)或围墙(角)等永久性建筑物处的界址点应钻孔浇筑带塑料套的钢棍界址标桩,也可以设置喷漆界址标志

4 界址点的编号

界址点编号是宗地界址管理的基础,根据各地区的图件资料及测量方法差异及相关规范的规定,界址点可按照宗地编号、图幅编号、地籍街坊统一编号三种方法编号。

4.1 按宗地编号

调查区内无近期的大比例尺地形图或其他能够清楚地反映宗地之间关系的图件，可按照宗地进行界址点编号，即每宗地的界址点独立编号，在每宗地的左上角起按顺时针顺序由①、②、…依次编号，并在其编号前加“J”。这种编号方法便于地籍调查工作的开展，如有需要可在权属调查结束后，在地籍图、宗地图上以街坊为单位统一编号。

4.2 按图幅编号

如果调查范围内有与要施测的地籍图同比例尺，并且坐标系统和分幅亦相同、现势性也比较好的地形图做工作底图时，可依据权属调查时，实地勘丈、绘制的宗地草图，将每宗地都勾绘到工作底图上，然后对图幅内的所有界址点统一编号。界址点编号统一自左向右、自上而下，由“1”开始顺序编号。

4.3 按地籍街坊统一编号

如果调查范围内有现势性好、能反映宗地相互关系的图件做工作底图时，可依据权属调查时勘丈的宗地草图，将一个地籍街坊的每宗地都勾绘到工作底图上，然后按地籍街坊统一编号，界址点编号统一自西向东、自北向南，由“1”开始顺序编号。对于新增的界址点可按街坊内最大界址点号续编。

按地籍街坊统一编号是地籍调查最常用的一种编号方法。这种方法既容易操作，也比较实用，有利于管理，并且实际操作的手段也很多。从长远的观点来讲，对所有的界址点都应按地籍街坊或图幅统一编号。特别是对有解析坐标的界址点，更应按照地籍街坊或图幅统一编号。

5 绘制宗地草图

宗地草图是描述宗地位置、界址点、界址线和相邻宗地关系的实地草编记录。宗地草图是在进行权属调查时，调查员填写并核实所需要调查的各项内容，实地确定了界址点位置并对其埋设了标志后，现场草编绘制的。

5.1 宗地草图记录的内容

(1)本宗地的宗地号和门牌号、权属主名称，以及相邻宗地的宗地号、门牌号、权属主名称。

(2)本宗地界址点、界址点序号及界址线，宗地内地物及宗地外紧靠界址点线的地物等。

(3)界址边长、界址点与邻近地物的相关距离和条件距离。

(4)确定宗地界址点位置，界址边长方位所必需的建筑物或构筑物。

(5)概略指北针和比例尺、丈量者、丈量日期。

5.2 宗地草图的特征

(1)宗地草图是对宗地的原始描述。

(2)图上数据是实地丈量的，精度高。

(3)所绘宗地草图是近似的，相邻的宗地草图不能拼接。

5.3 宗地草图的作用

(1)宗地草图是地籍资料中的原始资料。

(2)配合地籍调查表,为测定界址点坐标和制作宗地图提供初始信息。

(3)可为界址点的维护、恢复和解决权属纠纷提供依据。

5.4 绘制宗地草图的基本要求

(1)绘制宗地草图时,图纸质量要好,能长期保存,其规格大小可根据宗地情况采用32开、16开或8开,过大宗地可分幅绘制。

(2)草图按概略比例尺,使用2H~4H铅笔绘制,线条均匀,字迹清楚,数字注记字头向北向西书写,斜线字头垂直斜线书写。

(3)宗地使用者名称注记在宗地内,字头一律向北书写,本宗地相邻界址点之间的距离及界址点与相邻地物的关系距离等所有堪丈数据、几何条件都要进行注记;界址边长注记在界址线外,建筑边长注记在界址线内,界址点与相邻地物的关系距离注记在相应的位置;过密的部位可移位放大绘出。

(4)应在实地绘制,不得涂改注记数字,长度丈量用钢尺量,并精确至0.01 m。宗地草图样式如图2-8所示。

6 地籍调查表的填写

每一宗地单独填写一份地籍调查表,宗地草图是调查表的附图。填表时应随调查随填表,做到图表与实地一致,项目齐全,准确无误,调查表样式见表2-7。若相邻宗地指界人无争议,则由双方指界人在地籍调查表上签字盖章,即为有效。

表中主要内容包括:本宗地的地籍号及所在图幅号;土地坐落、权属性质、宗地四至;土地使用者名称;单位所有制性质及主管部门;法人代表或户主姓名、身份证号码、电话号码;委托代理人姓名、身份证号码、电话号码;批准用途、实际用途及使用期限;界址调查记录;宗地草图;权属调查记事及调查员意见;地籍勘丈记事;地籍调查结果审核意见。

6.1 填写要求

(1)必须做到图表与实地一致,各项目填写齐全,准确无误,原则上不得空项。

(2)填写各项目均不得涂改,同一项内容划改不得超过两次,全表不得超过两处,划改处应加盖划改人员印章。

(3)每宗地填写一份,项目内容多的,可加附页,凡续页或附贴的,必须加盖管理部门的印章。

(4)地籍调查结果与土地登记申请书填写不一致时,应按实际情况填写,并在说明栏中注明原因。

(5)填写时,需使用蓝、黑墨水或碳素墨水,字迹工整、清晰、整洁,不使用谐音字、国家未批准的简化字或缩写名称。

6.2 填表说明

(1)说明:变更地籍调查时,将原使用人、土地坐落、地籍号及变更的主要原因在此栏内注明。

(2)宗地草图:对较大的宗地,本表幅面不够时,可加附页绘制,附在宗地草图栏内。

(3)权属调查记事及调查员意见:记录在权属调查中遇到的政策、技术上的问题和解决方法;如存在遗留问题,将问题记录下来,并尽可能提出解决意见等。

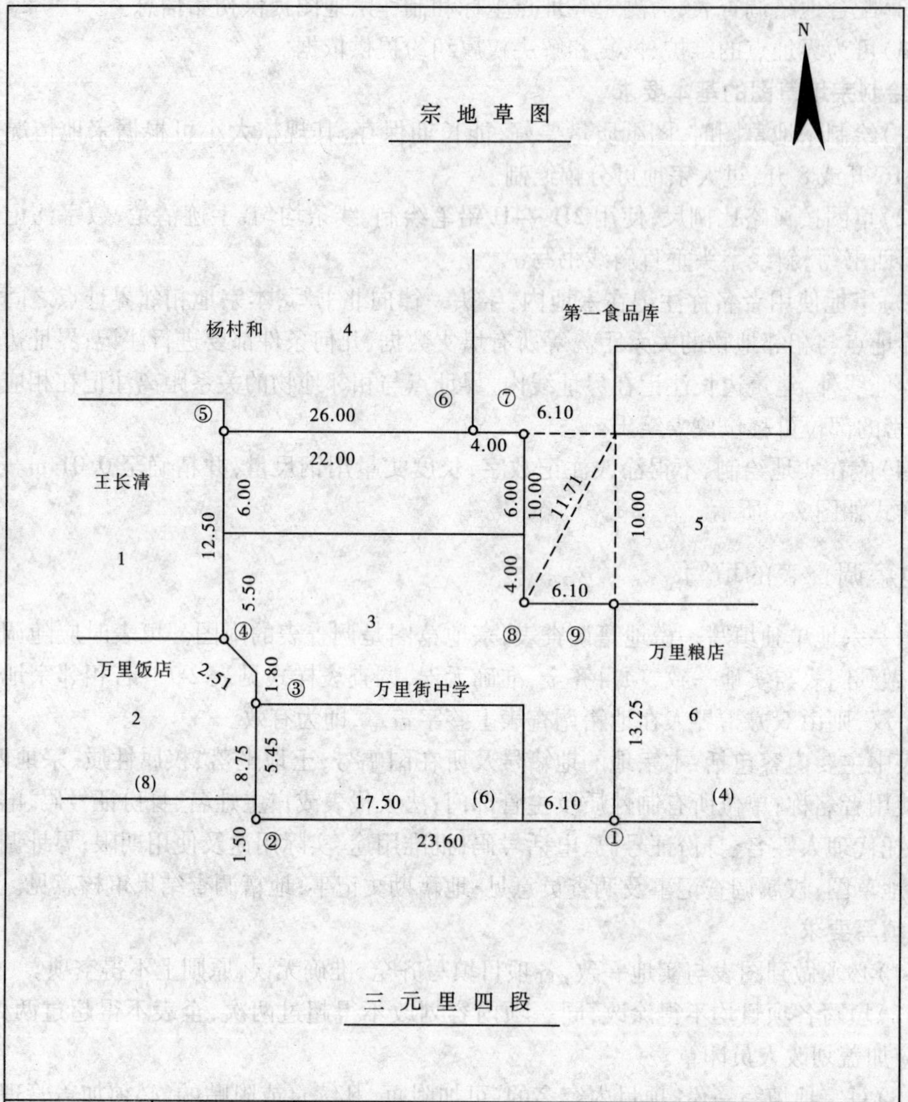

丈量者	周喜旺	丈量日期	90.06.10	概略比例尺	1:500

注:1. 图中(4)、(6)、(8)为门牌号。

2. ①、②、…为界址点编号。

3. 边长单位为 m。

图 2-8　宗地草图(样图)

(4)地籍勘丈记事:记录勘丈采用的技术方法和使用的仪器、勘丈中遇到的问题和解决办法、遗留问题,并提出解决意见等。

(5)地籍调查结果审核意见:对地籍调查结果是否合格进行评定。

(6)表内其他栏目可参照土地登记申请书中的填写说明填写。

表 2-7　地籍调查表样式

编号:09—08—003

地籍调查表

西城　区(县)　万里　街道　　6　　号

2010 年　　2　　月　25　日

续表 2-7

<table>
<tr><td colspan="2" rowspan="2">土地使用者</td><td>名称</td><td colspan="3">东江市西城区万里街中学</td></tr>
<tr><td>性质</td><td colspan="3">全民</td></tr>
<tr><td colspan="3">上级主管部门</td><td colspan="3">东江市西城区教育委员会</td></tr>
<tr><td colspan="3">土地坐落</td><td colspan="3">东江市西城区万里街 6 号</td></tr>
<tr><td colspan="3">法人代表或户主</td><td colspan="3">代 理 人</td></tr>
<tr><td>姓名</td><td>身份证号码</td><td>电话号码</td><td>姓名</td><td>身份证号码</td><td>电话号码</td></tr>
<tr><td>郭川</td><td></td><td></td><td>李冬</td><td></td><td></td></tr>
<tr><td colspan="3">土地权属性质</td><td colspan="3">出让国有土地使用权</td></tr>
<tr><td colspan="3">预编地籍号</td><td colspan="3">地 籍 号</td></tr>
<tr><td colspan="3">09—(08)—003</td><td colspan="3">410000090080003</td></tr>
<tr><td colspan="3">所在图幅号</td><td colspan="3">10.00—20.00</td></tr>
<tr><td colspan="3">宗地四至</td><td colspan="3">详见宗地草图</td></tr>
<tr><td colspan="3">批准用途</td><td>实际用途</td><td colspan="2">使用期限</td></tr>
<tr><td colspan="3">教育</td><td>科教用地
(083)</td><td colspan="2">终止日期:2032 年 6 月 10 日止</td></tr>
<tr><td colspan="3">共有使用权情况</td><td colspan="3">万里街中学使用本宗地</td></tr>
<tr><td colspan="3">说明</td><td colspan="3"></td></tr>
</table>

续表 2-7

界址标示																	
界址点号	界标种类						界址间距（m）	界址线类别						界址线位置			
	钢钉	水泥桩	石灰桩	喷油漆				围墙	墙壁					内	中	外	
1	√															√	
							23.60		√							√	
2	√																
							7.25		√							√	
3	√																
							2.51		√						√		
4	√																
							11.50		√							√	
5	√																
							26.00		√							√	
6	√																
							4.00		√							√	
7	√																
							10.00		√							√	
8	√																
							6.10	√						√			
9	√																
							13.25		√						√		
1																	

界址线		邻宗地			本宗地		
起点号	终点号	地籍号	指界人姓名	签章	指界人姓名	签章	日期
1	2	410000020030007	李红		李冬		25/2
2	3	410000020030002	王成		李冬		25/2
3	4	410000020030002	王成		李冬		25/2
4	5	410000020030001	王长青		李冬		25/2
5	6	410000020030004	杨村和		李冬		25/2
6	9	410000020030005	万方		李冬		25/2
9	1	410000020030006	刘江		李冬		25/2
界址调查员姓名	张成元						

续表 2-7

<table>
<tr><td>权属调查记事及调查员意见：

经现场核实，申请书上有关栏目填写和实际情况一致；本宗地及邻宗地指界人到场指界，调查员对 8 个界址点均设置界址标志，实地丈量了 8 条界址边长、建筑物边长及界址点的相关距离等。
经核查该宗地可进行细部测量。

调查员签名 张成元 日期 2010.02.25</td></tr>
<tr><td>地籍勘丈记事：

经现场检查，界址点设置齐全完好。本宗地采用 PTS－V2 型全站仪，配合 NF 电子手簿极坐标法测定界址点坐标。

勘丈员签名 王 山 日期 2010.02.27</td></tr>
<tr><td>地籍调查结果审核意见：

合格

审核人签章 刘书名 日期： 2010.03.04</td></tr>
</table>

思考与练习

2-1　解释土地权属的含义，请说明土地所有权和使用权的区别。

2-2　简述土地权属界址调查的内容。

2-3　完整的宗地编号一般是 16 位，分别写出这 16 位数代表的含义。

2-4　简述土地所有权和使用权调查的内容。

2-5　简述土地权属的确认方式。

第三章　土地利用现状调查

第一节　概　述

土地利用现状调查是指在全国范围内，为查清现状用地的数量及其分布进行的土地资源调查。土地利用现状调查分概查和详查两种。概查是为满足国家编制国民经济长远规划、制定农业区划和农业生产规划的急需而进行的土地利用现状调查。详查是为国家计划部门、统计部门提供各类土地的详细准确的数据，为土地管理部门提供基础资料而进行的调查。

1　土地利用现状调查的目的

(1)为制定国民经济计划和有关政策服务。国民经济各部门的发展都离不开土地。土地利用现状调查获得的准确的土地信息资料可为编制国民经济和社会发展长远规划、中期计划和年度计划提供切实可靠的科学依据，同时，它还可为国家制定各项政策方针及对重大问题的决策提供服务。

(2)为农业生产提供科学依据。农业是最大的用地大户，且是国民经济的基础，土地是农业的基本生产资料。因此，土地利用现状调查可为编制农业区划、土地利用总体规划和农业生产规划提供土地基础数据，并为制定农业生产计划和农田基本建设等服务。

(3)为建立土地登记、土地统计制度服务。通过土地利用现状调查，查清各类土地的权属、界线、面积等，为土地登记、土地统计打下基础，为建立土地登记、土地统计制度服务。

(4)为全面管理土地服务。为地籍管理、土地利用管理、土地权属管理、建设用地管理和土地监察等提供基础的土地数据及其他信息。

2　土地利用现状调查的内容

根据土地利用现状调查的目的，其调查内容可归纳如下：

(1)查清村和农、林、牧、渔场以及居民点的厂矿、机关、团体、学校等企事业单位的土地权属界线和村以上各级行政辖区范围界线。本部分已在第二章中作了讲述。

(2)查清土地利用类型及分布，并量算出各地类面积。

(3)按土地权属单位及行政辖区范围汇总面积和各地类面积。

(4)编制分幅土地权属界线图和县、乡两级土地利用现状图。

(5)调查、总结土地权属及土地利用的经验和教训，提出合理利用土地的建议。

3　土地利用现状调查的原则

3.1　实事求是的原则

为查清土地资源，国家投入了巨大的人力、物力和财力。因此，在调查过程中，一定要坚持实事求是的原则，要防止来自任何方面的干扰。

3.2　全面调查的原则

土地利用现状调查必须严格按《土地利用现状调查技术规程》的规定和精度要求进行，并实施严格的检查、验收制度。

3.3　一查多用的原则

所谓一查多用，就是要充分发挥土地利用现状调查成果的作用，不仅为土地管理部门提供利用，而且为其他部门——农业、林业、水利、城建、统计、计划、交通运输、民政、工业、能源、财政、税务、环保等部门服务，成为多用途地籍信息系统中的重要内容。

3.4　运用科学的方法

土地利用现状调查中选用何种技术手段，应当贯彻在保证精度的前提下，兼顾技术先进性和经济合理性的原则。为了保证和提高精度，应逐步把现代化技术手段运用到土地利用现状调查中。

3.5　以改进土地利用、加强土地管理为基本宗旨

土地利用现状调查最根本的目的是管好、用好土地，因而管好、用好土地是考虑一切问题的基本点。土地利用现状调查中对土地的分类应当与土地的利用方式有密切的联系，应当适合于土地管理的需要。

3.6　以“地块”为单位进行调查

土地利用现状调查中，在所有权宗地内，按土地利用现状分类标准的二级类为依据划分出的一块地，称为分类地块，俗称图斑。

4　土地利用现状调查的程序

土地利用现状调查工作是一项庞大而复杂的系统工程，为确保工作符合技术规程要求的精度及速度，必须有条不紊地按内容的先后顺序开展工作，才能达到预期目的。遵照《土地利用现状调查技术规程》，按照县级土地利用现状详查工作的特点和规律，将其工作分为以下四个阶段进行：

第一阶段为准备工作阶段；

第二阶段为外业工作阶段；

第三阶段为内业工作阶段；

第四阶段为成果检查验收归档阶段。

土地利用现状调查工作程序框图见图 3-1。

5　土地利用现状分类

5.1　土地利用分类系统

土地由于成分、所在地域和环境的不同，以及利用现状的不同，形成了不同的土地类

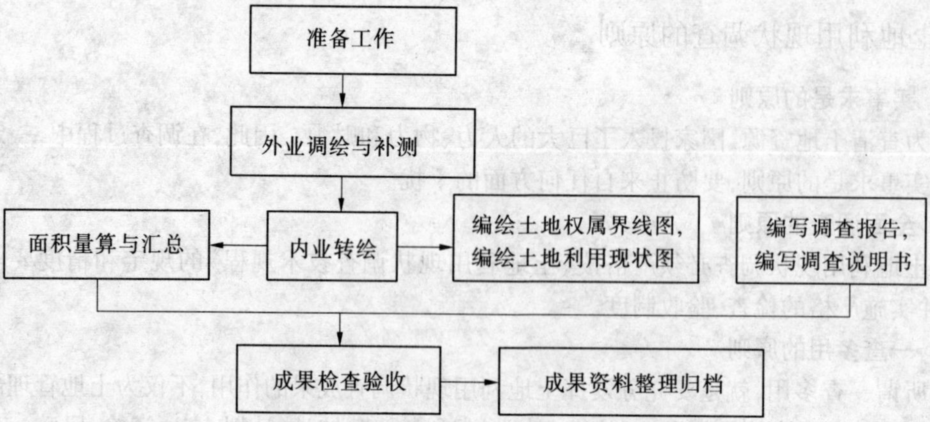

图3-1　土地利用现状调查工作程序框图

别,按统一的原则和规定将土地划分为若干类型,则形成土地分类系统。

根据土地的特性及人们对土地利用的目的和要求不同,就形成了不同的土地分类体系。我国运用较多的土地分类体系,归纳起来大致有以下3种。

5.1.1　土地自然分类体系

土地自然分类体系主要依据土地自然特性的差异性分类,可将土地分为平原、丘陵、山地、高山地。还可按土壤、植被等进行土地分类。

5.1.2　土地评价分类体系

土地评价分类体系主要依据土地的生产力水平、土地质量、土地生产潜力等进行分类。土地评价分类体系是划分土地评价等级的基础。

5.1.3　土地利用分类体系

土地利用分类体系主要依据土地的综合特性(包括土地的自然特性及社会经济特性)进行分类。土地利用现状分类就是属于其中的一种分类形式。

5.2　土地利用现状分类的原则

《土地利用现状分类》以服务国土资源管理为主,依据土地的自然属性、覆盖特征、利用方式、土地用途、经营特点及管理特性等因素,按照如下原则进行分类。

5.2.1　科学性原则

依据土地的自然和社会经济属性,运用土地管理科学及相关科学技术,采用多级续分法,对土地利用现状类型进行归纳、分类。

5.2.2　实用性原则

分类体系力求通俗易用,层次简明,易于判别,便于掌握和应用。

5.2.3　开发性原则

分类体系具有开发性、兼容性,既要满足一定时期管理及社会经济发展的需要,同时又要满足进一步修改完善的需要。

5.2.4　继承性原则

借鉴和吸取国内外土地分类经验,对目前无争议或异议的分类直接继承和应用。

5.3　土地利用现状分类及编码

土地利用现状分类是依据土地的用途、经营特点、利用方式和覆盖特征等因素对土地进行的一种分类。土地利用现状分类只反映土地利用的现状。全国土地利用现状采用两级分类,统一编码排列,其中一级类 12 个,二级类 57 个。新的土地利用现状分类体系见表 3-1。开展农村土地调查时,对《土地利用现状分类》中 05、06、07、08、09 一级类和 103、121 二级类进行归并,见表 3-2。

表 3-1 土地利用现状分类

一级类		二级类		含义
编码	名称	编码	名称	
01	耕地			指种植农作物的土地,包括熟地,新开发、复垦、整理地,休闲地(含轮歇地、轮作地);以种植农作物(含蔬菜)为主,间有零星果树、桑树或其他树木的土地;平均每年能保证收获一季的已垦滩地和海涂。耕地中包括南方宽度 <1.0 m、北方宽度 <2.0 m 固定的沟、渠、路和地坎(埂);临时种植药材、草皮、花卉、苗木等的耕地,以及其他临时改变用途的耕地
		011	水田	指用于种植水稻、莲藕等水生农作物的耕地。包括实行水生、旱生农作物轮种的耕地
		012	水浇地	指有水源保证和灌溉设施,在一般年景能正常灌溉,种植旱生农作物的耕地。包括种植蔬菜等的非工厂化的大棚用地
		013	旱地	指无灌溉设施,主要靠天然降水种植旱生农作物的耕地。包括没有灌溉设施,仅靠引洪淤灌的耕地
02	园地			指种植以采集果、叶、根、茎、汁等为主的集约经营的多年生木本和草本作物,覆盖度大于 50% 或每亩株数大于合理株数 70% 的土地。包括用于育苗的土地
		021	果园	指种植果树的园地
		022	茶园	指种植茶树的园地
		023	其他园地	指种植桑树、橡胶、可可、咖啡、油棕、胡椒、药材等其他多年生作物的园地
03	林地			指生长乔木、竹类、灌木的土地及沿海生长红树林的土地。包括迹地,不包括居民点内部的绿化林木用地,铁路、公路征地范围内的林木,以及河流、沟渠的护堤林
		031	有林地	指树木郁闭度≥0.2 的乔木林地,包括红树林地和竹林地
		032	灌木林地	指灌木覆盖度≥40% 的林地
		033	其他林地	包括疏林地(指树木郁闭度≥0.1、<0.2 的林地)、未成林地、迹地、苗圃等林地

续表 3-1

一级类		二级类		含义
编码	名称	编码	名称	
04	草地			指以生长草本植物为主的土地
		041	天然牧草地	指以天然草本植物为主,用于放牧或割草的草地
		042	人工牧草地	指人工种植牧草的草地
		043	其他草地	指树木郁闭度 <0.1,表层为土质,以生长草本植物为主,不用于畜牧业的草地
05	商服用地			指主要用于商业、服务业的土地
		051	批发零售用地	指主要用于商品批发、零售的用地。包括商场、商店、超市、各类批发(零售)市场、加油站等及其附属的小型仓库、车间、工厂等的用地
		052	住宿餐饮用地	指主要用于提供住宿、餐饮服务的用地。包括宾馆、酒店、饭店、旅馆、招待所、度假村、餐厅、酒吧等
		053	商务金融用地	指企业、服务业等办公用地,以及经营性的办公场所用地。包括写字楼、商业性办公场所、金融活动场所和企业厂区外独立的办公场所等用地
		054	其他商服用地	指上述用地以外的其他商业、服务业用地。包括洗车场、洗染店、废旧物资回收站、维修网点、照相馆、理发美容店、洗浴场所等用地
06	工矿仓储用地			指主要用于工业生产、物资存放场所的土地
		061	工业用地	指工业生产及直接为工业生产服务的附属设施用地
		062	采矿用地	指采矿、采石、采砂(沙)场,盐田,砖瓦窑等地面生产用地及尾矿堆放地
		063	仓储用地	指用于物资储备、中转的场所用地
07	住宅用地			指主要用于人们生活居住的房基地及其附属设施的土地
		071	城镇住宅用地	指城镇用于生活居住的各类房屋用地及其附属设施用地。包括普通住宅、公寓、别墅等用地
		072	农村宅基地	指农村用于生活居住的宅基地

续表 3-1

一级类		二级类		含义
编码	名称	编码	名称	
08	公共管理与公共服务用地			指用于机关团体、新闻出版、科教文卫、风景名胜、公共设施等的土地
		081	机关团体用地	指用于党政机关、社会团体、群众自治组织等的用地
		082	新闻出版用地	指用于广播电台、电视台、电影厂、报社、杂志社、通讯社、出版社等的用地
		083	科教用地	指用于各类教育，独立的科研、勘测、设计、技术推广、科普等的用地
		084	医卫慈善用地	指用于医疗保健、卫生防疫、急救康复、医检药检、福利救助等的用地
		085	文体娱乐用地	指用于各类文化、体育、娱乐及公共广场等的用地
		086	公共设施用地	指用于城乡基础设施的用地。包括给排水、供电、供热、供气、邮政、电信、消防、环卫、公用设施维修等用地
		087	公园与绿地	指城镇、村庄内部的公园、动物园、植物园、街心花园和用于休憩及美化环境的绿化用地
		088	风景名胜设施用地	指风景名胜(包括名胜古迹、旅游景点、革命遗址等)景点及管理机构的建筑用地。景区内的其他用地按现状归入相应地类
09	特殊用地			指用于军事设施、涉外、宗教、监教、殡葬等的土地
		091	军事设施用地	指直接用于军事目的的设施用地
		092	使领馆用地	指用于外国政府及国际组织驻华使领馆、办事处等的用地
		093	监教场所用地	指用于监狱、看守所、劳改场、劳教所、戒毒所等的建筑用地
		094	宗教用地	指专门用于宗教活动的庙宇、寺院、道观、教堂等宗教自用地
		095	殡葬用地	指陵园、墓地、殡葬场所用地

续表 3-1

一级类		二级类		含义
编码	名称	编码	名称	
10	交通运输用地			指用于运输通行的地面线路、场站等的土地。包括民用机场、港口、码头、地面运输管道和各种道路用地
		101	铁路用地	指用于铁道线路、轻轨、场站的用地。包括设计内的路堤、路堑、道沟、桥梁、林木等用地
		102	公路用地	指用于国道、省道、县道和乡道的用地。包括设计内的路堤、路堑、道沟、桥梁、汽车停靠站、林木及直接为其服务的附属用地
		103	街巷用地	指用于城镇、村庄内部公用道路(含立交桥)及行道树的用地。包括公共停车场、汽车客货运输站点及停车场等用地
		104	农村道路	指公路用地以外的南方宽度≥1.0 m、北方宽度≥2.0 m 的村间、田间道路(含机耕道)
		105	机场用地	指用于民用机场的用地
		106	港口码头用地	指用于人工修建的客运、货运、捕捞及工作船舶停靠的场所及其附属建筑物的用地,不包括常水位以下部分
		107	管道运输用地	指用于运输煤炭、石油、天然气等管道及其相应附属设施的地上部分用地
11	水域及水利设施用地			指陆地水域,海涂,沟渠、水工建筑物等用地。不包括滞洪区和已垦滩涂中的耕地、园地、林地、居民点、道路等用地
		111	河流水面	指天然形成或人工开挖河流常水位岸线之间的水面,不包括被堤坝拦截后形成的水库水面
		112	湖泊水面	指天然形成的积水区常水位岸线所围成的水面
		113	水库水面	指人工拦截汇集而成的总库容≥10 万 m^3 的水库正常蓄水位岸线所围成的水面
		114	坑塘水面	指人工开挖或天然形成的蓄水量<10 万 m^3 的坑塘常水位岸线所围成的水面
		115	沿海滩涂	指沿海大潮高潮位与低潮位之间的潮浸地带。包括海岛的沿海滩涂。不包括已利用的滩涂
		116	内陆滩涂	指河流、湖泊常水位至洪水位间的滩地;时令湖、河洪水位以下的滩地;水库、坑塘的正常蓄水位与洪水位间的滩地。包括海岛的内陆滩地。不包括已利用的滩地
		117	沟渠	指人工修建,南方宽度≥1.0 m、北方宽度≥2.0 m 用于引、排、灌的渠道。包括渠槽、渠堤、取土坑、护堤林
		118	水工建筑用地	指人工修建的闸、坝、堤路林、水电厂房、扬水站等常水位岸线以上的建筑物用地
		119	冰川及永久积雪	指表层被冰雪常年覆盖的土地

续表 3-1

一级类		二级类		含义
编码	名称	编码	名称	
12	其他土地			指上述地类以外的其他类型的土地
		121	空闲地	指城镇、村庄、工矿内部尚未利用的土地
		122	设施农用地	指直接用于经营性养殖的畜禽舍、工厂化作物栽培或水产养殖的生产设施用地及其相应附属用地,农村宅基地以外的晾晒场等农业设施用地
		123	田坎	主要指耕地中南方宽度≥1.0 m、北方宽度≥2.0 m 的地坎
		124	盐碱地	指表层盐碱聚集,生长天然耐盐植物的土地
		125	沼泽地	指经常积水或渍水,一般生长沼生、湿生植物的土地
		126	沙地	指表层为沙覆盖、基本无植被的土地。不包括滩涂中的沙地
		127	裸地	指表层为土质,基本无植被覆盖的土地;或表层为岩石、石砾,其覆盖面积≥70% 的土地

表 3-2　城镇村及工矿用地

一级类		二级类		含义
编码	名称	编码	名称	
20	城镇村及工矿用地			指城乡居民点、独立居民点以及居民点以外的工矿、国防、名胜古迹等企事业单位用地,包括其内部交通、绿化用地
		201	城市	指城市居民点,以及与城市连片的区政府、县级市政府所在地镇级辖区内的商服、住宅、工业、仓储、机关、学校等单位用地
		202	建制镇	指建制镇居民点,以及辖区内的商服、住宅、工业、仓储、学校等企事业单位用地
		203	村庄	指农村居民点,以及所属的商服、住宅、工矿、工业、仓储、学校等用地
		204	采矿用地	指采矿、采石、采砂(沙)场,盐田,砖瓦窑等地面生产用地及尾矿堆放地
		205	风景名胜及特殊用地	指城镇村用地以外用于军事设施、涉外、宗教、监教、殡葬等的土地,以及风景名胜(包括名胜古迹、旅游景点、革命遗址等)景点及管理机构的建筑用地

第二节　土地利用现状调查地类的认定

土地利用现状调查作为一项法定基本制度和政府重要的任务之一，目的是全面查清土地利用状况，掌握真实的土地基础数据，并对调查成果实行信息化、网络化管理，建立和完善土地调查、统计和登记制度，满足经济社会发展和土地宏观调控的需要，实现土地信息的社会化服务。获得准确可靠的土地利用数据的前提是地类的正确认定，本节就土地利用现状调查过程中地类的认定进行讲述。

1　地类确认的基本原则

（1）按照《土地利用现状分类》的地类含义来确定用地类型。

（2）地类认定应保持唯一性。

（3）地物在空间上垂直交叠时，按最上层的地物确定用地类型。

（4）地物在空间上水平交叉时，按主要的地物确定用地类型。

2　耕地的认定

耕地是指种植农作物的土地，包括熟地，新开发、复垦、整理地，休闲地（含轮歇地、轮作地）；以种植农作物（含蔬菜）为主，间有零星果树、桑树或其他树木的土地；平均每年能保证收获一季的已垦滩地和海涂。耕地中包括南方宽度 <1.0 m、北方宽度 <2.0 m 固定的沟、渠、路和地坎（埂）；临时种植药材、草皮、花卉、苗木等的耕地，以及其他临时改变用途的耕地。

2.1　可确认为耕地

（1）种植农作物的土地。

农作物包括粮食作物、经济作物、饲料作物及蔬菜作物等。粮食作物包括稻类、麦类、杂粮类、豆类和薯类等。经济作物包括纤维类、油料类、糖料类等。饲料作物指纯牧区以外的饲料类、绿肥作物等。

（2）新增耕地。

土地开发、土地复垦、土地整理增加的耕地，通过市级验收的，按耕地调查；否则，按原地类调查。农民自主开发、复垦、整理增加的耕地，每年保收一季的按耕地调查。

（3）不同耕作制度，种植和收获农作物为主的土地。

耕作制度主要包括轮作、间作、混作、套作（也称套种）、轮歇等。

（4）被临时占用的耕地。

①由于季节、经济利益、暂时需要等原因，在耕地上临时种植苗圃（育苗地）、草皮、花卉、果树、桑树、药材等的土地。

②在耕地上临时挖的鱼塘；临时用做晒谷场、晾晒场；临时堆放建材、渣土、粪肥、垃圾，修建工棚等；临时用的取土坑；定期或不定期或季节性临时用于农贸、牲畜交易（一般没有建筑物，或只有很简易的临时棚房）等临时占用耕地的土地。

（5）受灾但耕作层未被破坏的耕地。

(6)被人为撂荒的耕地。

由于农民外出务工等原因，人为不耕种而使耕地荒芜的土地。

2.2 不能确认为耕地

(1)已开始实质性建设(以施工人员进入、工棚已修建、塔吊等建筑设备已到位、地基已开挖等为标志，下同)的土地。

(2)江、河、湖、水库等常水位线以下耕地。

(3)路、渠、堤、堰等种植农作物的边坡、斜坡地。

(4)撂荒耕作制地区，已撂荒的耕地。

(5)农民庭院中种植农作物，如蔬菜等的土地。

(6)由于工程需要、改善生存环境等因素，农民整建制或部分移民造成耕地荒芜的土地。

(7)在耕地上，建造保护设施、工厂化种植农作物等的土地。如长期固定的日光温室、大型温室等的土地。

3 园地的认定

园地指种植以采集果、叶、根、茎、汁等为主的集约经营的多年生木本和草本作物，覆盖度大于50%或每亩株数大于合理株数70%的土地。包括用于育苗的土地。

3.1 可确认为园地

(1)集约经营的果树、茶树、桑树及其他园艺作物，如胡椒、药材等的土地。

(2)果农、果林、果草间作，混作、套种、套栽，以收获果树果实为主的土地。

(3)园地中，直接为其服务的用地，如粗加工场所、简易仓库等附属用地。

(4)专门用于果树苗木培育、林业苗圃以外花圃(简易塑料大棚温室)，如制作花茶用花圃等的土地。

(5)园地砍伐后暂未利用的土地。

3.2 不可确认为园地

(1)果林间作，果树覆盖度或合理株数小于标准指标的土地。

(2)粗放经营的核桃、板栗、柿子等干果的土地。

(3)农民在自家庭院种植果树的土地。

(4)具有工厂化设施建筑物采摘园的土地。

4 林地的认定

林地指生长乔木、竹类、灌木的土地及沿海生长红树林的土地。包括迹地，不包括居民点内部的绿化林木用地，铁路、公路征地范围内的林木，以及河流、沟渠的护堤林。

4.1 可确认为林地

(1)生长郁闭度大于等于0.1的乔木、竹类和生长覆盖度大于等于40%的灌木且不区分树种和用途的土地。

(2)林木被采伐或火烧后未更新的土地。

(3)林果间作，果树覆盖度和合理株数小于标准指标时的土地，以及在山坡上，粗放经营的核桃、板栗、柿子等干果与林木混栽的土地。

(4)林地中，修筑直接为林业生产服务的设施，如培育苗木(苗圃)、种子生产、存储种子等的土地。

(5)林地用于树木科研、试验、示范基地的土地(不包括其教学楼、实验楼等建设用地)。

(6)林地中，不以交通为主要目的的集材道、运材道等的土地。

(7)铁路、公路等建设用地已征用，征地范围以外生长乔木、竹类、灌木并符合林地标准的土地。

(8)铁路、公路等建设用地未征用，农村道路、沟渠等，其两侧毗邻用于防护行树以外生长乔木、竹类、灌木的土地。

防护行树一般不多于2行且行距小于等于4 m，或林冠宽度(林冠垂直投影)小于等于10 m；防护灌木林带一般不多于2行且行距小于等于2 m。

(9)林带覆盖的土地。

乔木林带，一般指乔木2行以上(含2行)且行距小于等于4 m时，林冠宽度(林冠垂直投影)小于图上2 mm，且连续面积大于等于图上15 mm^2。当乔木林带的缺损长度超过林带宽度的3倍时，应视为两条林带，两平行林带的带距小于等于8 m时按片状乔木林调查。

灌木林带，一般指灌木2行以上(含2行)且行距小于等于2 m时，覆盖宽度小于图上2 mm，且连续面积大于等于图上15 mm^2。当灌木林带的缺损长度超过林带宽度的3倍时，应视为两条林带，两平行灌木林带的带距小于等于4 m时按片状灌木林调查。

(10)农村居民点以外森林公园、自然保护区、地质公园等中生长乔木、竹类、灌木的土地。

(11)固定用于林木育苗的土地。

(12)农村居民点四周用于防风的林地。

(13)林果间作，以林为主的土地。

4.2 不可确认为林地

(1)城市、建制镇内部，种植树木用于空地等绿化、公园内绿化的土地。

(2)与农村居民点四周相连(距最外围界线不大于图上0.2 mm)且不够最小上图标准，生长零星乔木、竹类、灌木的土地。

(3)林带一般为1行乔木或灌木的土地。

(4)墓地中生长乔木、竹类、灌木的土地。

(5)森林公园、自然保护区、地质公园等中修建的建(构)筑物的土地。

(6)在耕地上，临时用于树木育苗的土地。

5 草地的认定

草地指以生长草本植物为主的土地。草本植物与林木、灌木混生，但林木郁闭度小于0.1或灌木覆盖率小于40%的土地。

5.1 可确认为草地

(1)自然生长草本植物为主的土地。

(2)人工种植、管理,生长草本植物的土地。

(3)草本植物、林木、灌木混合生长,无法区分,且以草本植物为主的土地。

(4)草地中,直接用于放牧、割草等服务设施的土地。

(5)用于对草本植物进行科学研究、试验、示范的土地(不包括其教学楼、实验楼等的建设用地)。

(6)由于工程需要、改善生存环境等因素,农民整建制或部分移民,造成居民点和耕地自然生长或人工种植草本植物的土地。

(7)在居民点外的铁路、公路、渠道两侧(征地范围外或未征地的道沟外),用于固定的、人工种植用于美化环境、绿化,生长草本植物的土地。

5.2 不可确认为草地

(1)城镇内部、公园内用于美化环境和绿化的土地。

(2)在路、渠、堤、堰等的边坡、斜坡和田坎上生长草本植物的土地。

(3)草本植物、树木、灌木混合生长,无法区分,且以林木、灌木为主的土地。

(4)由于自然灾害造成耕地耕作层破坏,而自然生长草本植物的土地。

(5)墓地等自然或人工种植生长草本植物的土地。

(6)耕地人为撂荒,自然生长草本植物的土地。

6 交通运输用地的认定

交通运输用地指用于运输通行的地面线路、场站等的土地。包括民用机场、港口、码头、地面运输管道和各种道路用地。

(1)国有铁路、公路(道路),以所确定的土地权属界线作为交通用地或水域的地类界。如其界线范围内成片改造成耕地、鱼塘、园地等,应分别划定地类界,即根据实地现状划定耕地、鱼塘、园地等地类后,再确定国有铁路、公路(道路)。

(2)道路与沟渠并列在一起的,若沟渠作为道路附属设施,应将沟渠划入道路类界内;若道路、沟渠彼此独立,则应分别确定地类界;若道路通行是因沟渠结构而形成的,应将道路归入沟渠地类界内。

(3)公路与大堤合一的,若为正规公路并由公路部门维护保养,应划入公路用地。

(4)乡(镇)集体所有的道路,以所确定的权属界作为地类界。村集体道路主要是指村庄范围外,村集体所有土地范围内,联系农村居民点和用于田间运输的固定道路,以道路两侧坡底边或坡顶划定地类界(两侧内有道沟的应以道沟外侧为界)。与堤坝结合使用的村道路,如果是联系村与村的主要交通干线,应归入交通用地,但如果是以防洪堤为主的,应归入水工建筑。

7 水域及水利设施用地的认定

水域及水利设施用地指陆地水域,滩涂,沟渠、水工建筑物等用地。不包括滞洪区和已垦滩涂中的耕地、园地、林地、居民点、道路等用地。

（1）村集体所有的河流，无堤坝的以岸边线划定地类界，有堤坝的以背水坡底边划定地类界，但属主要防洪堤的，以常水位划定河流地类界，常水位至堤坝背水坡为堤坝地类界。

（2）河流、湖泊、水库等水面以岸边线划定地类界，但有防洪堤坝的，以常水位划定地类界。

（3）坑塘以其边缘划定地类界。连片若干个通过整治的人工开挖的用于渔业生产的池塘，其范围以成片鱼池外围划定。

（4）堤坝的地类界以确定的权属界划定，但权属界内堤坝背水坡底之外，成片用于其他用途的，按相应地类划定地类界。

（5）沟渠地类以沟渠外侧坡底边为界，与道路并列的，以道路外侧坡底边为界。

8　城镇村及工矿用地的认定

（1）城镇范围的划定。城镇范围根据镇（街道）集中连片建成区外围线与集体土地的接边关系，以及建成区域边缘线状地物状况等综合因素划定。

（2）村庄范围的划定。村庄范围根据村庄边缘线，结合相邻权属界线、线状地物、村庄与农田的接边线等因素划定。

村庄边缘为权属界线的，以权属界线为村庄范围线；村庄边缘为农田的，以农田的地类界为村庄范围线；村庄边缘为村集体所有河流的，以岸边线作为村庄范围线，有堤坝的，以背水坡底边为村庄范围线；村庄边缘为排灌沟渠的，以沟渠所确定的地类界为村庄范围线；村庄边缘与上述界线之间有零星的自留地、空地、坑塘等小块地时，仍可以上述界线作为村庄范围线。村庄范围划定后，以农村居民点确定类别，暂不论范围内其他用地类别。

（3）独立工矿用地的划定。为城镇、农村居民点范围以外的集体土地的，或为国有土地的非农业建设用地的，按企事业单位所确定的权属界线或实际使用范围作为地类界。以工业生产为主要内容的部队主管企业，包括在工矿用地范畴内。

（4）部队主要用于农副业生产的基地不划入特殊用地中的国防用地，而根据土地的种植状况和生产生活布局划定相应的地类界及类别。

（5）风景区内地类界的划分。风景区不为一个权属单位而仅是一个管理范围时，如为国有土地使用权属单位，以权属界作为地类界，以实际用途作为地类；如为集体土地所有权属单位，在权属界内按相应的地类划定地类界；其内的国有公路、河流用地，有明确使用者的，以权属界作为地类界，无明确使用者的，按公路、河流地类界划分规定划定地类界；其他不明确土地使用者的国有土地按相应的地类划定地类界。

第三节　土地利用现状调查的实施

1　调查准备工作

1.1　**调查申请**

具备了调查条件的县（市），由县级土地管理部门编写《土地利用现状调查任务申请书》,也可与初始土地登记、初始土地统计一并申请,编写《土地利用现状调查和登记、统计任务申请书》。其主要内容包括:全县基本情况,需用图件资料,组织机构及技术力量情况,调查计划及经费预算等。该申请书要经县级人民政府同意,然后报上级土地管理部门审批。

1.2 组织准备

组织准备包括建立领导机构、组织专业队伍、建立工作责任制等。

开展土地利用现状调查的县,首先要成立领导班子,由县级政府主管领导挂帅,有关部门领导参加,下设办公室,主要负责组织专业技术队伍、筹集经费、审定工作计划、协调部门关系、裁定土地权属等重大问题。同时,为确保土地利用现状调查的质量及进度,还应组建一支以土地管理技术人员为主,由县人事部门从水利、农业、计委、城建、统计、民政、林业、交通等部门抽调技术干部参加的专业队伍。专业队设队长、技术负责人、技术指导组、若干作业组、面积量算统计组、图件编绘等,也可分片按每 3 ~4 个乡编为一组,作业组下可再设作业小组。乡土地管理员主要配合专业队员进行权属界、行政界调查与接边以及地类调绘等。经验表明,为增强调查人员责任感,还应建立各种责任制,如技术承包责任制、阶段检查验收制、资料保管责任制等。

1.3 资料准备

资料准备包括收集、整理、分析各种图件资料、权属证明文件以及社会经济统计资料。权属证明文件的收集包括土地权属文件、征用土地文件、清理违法占地的处理文据、用地单位的权源证明等。

土地利用现状调查,从准备工作到外业调绘、内业转绘,都是为了获得真实反映土地利用现状的工作底图。工作底图都是由基础图形成的。常见的基础图件有以下几种类型:

(1)航片、遥感图像(DOM)。应收集最新的航片或卫星图片及其相关信息,如航摄日期、航片比例尺、航高、航摄倾角、航摄仪焦距等数据资料。利用最新 DOM 进行外业调绘,其优点是能充分利用 DOM 信息量丰富且现势性强的特点,技术较易掌握,外业基本不需仪器,所需调查经费较少,又能保证精度。

(2)地形图。需购置两套近期地形图,一套用于外业调查,另一套留室内用于编制工作底图。如果地形图成图时间长,在此期间内地物都会有一定变化,这就加大了外业补测的工作量。

1.4 仪器和设备的准备

调查前要准备好调查必需的仪器、工具和设备。其包括配备必要的测绘仪器、转绘仪器、面积量算仪器、绘图工具、计算工具、聚酯薄膜等;印制各种调查手簿、表格;准备必要的生活、交通和劳动用品等。

2 外业工作

土地利用现状调查外业的主要工作是外业调绘,包括境界和土地权属界的调查、线状地物调绘及图斑调绘等。通过外业调绘和补测,将地类界线、权属界线、行政界线、地物界线以及线状地物等调绘到 DOM 上。经清绘、整饰,检查验收合格后,方可进行室内工作。

调绘、补测是外业工作的核心，DOM 整饰和接边是内业工作的基础。

在进行外业调查过程中，应当注意飞地的现象。所谓的飞地，是指一个权属单位的小块土地在另一个权属单位的土地范围内。在进行权属调查时应在熟悉情况的领界员带领下，避免出现遗漏。

境界和土地权属界线的调查可参阅第二章内容。

2.1 地类调查方法

依据影像，按照《土地利用现状分类》，将实地不同的地类、地物按一定的要求用线划符号绘在正射影像图上。可采用综合调绘法或全野外调绘法。

2.1.1 综合调绘法

综合调绘法是内业解译、外业核实和补充调查相结合的调绘方法。

适应条件：遥感影像资料新（一般不超过 2 年），影像空间分辨率高，已有调查成果现势性好。

综合调绘法的步骤如下。

2.1.1.1 收集资料

室内解译前可广泛收集与调查区域有关的资料，如以往土地调查图件资料、土地利用数据库，自然地理状况，最新的交通图、水利图、河流湖泊分布图、地名图等，作为室内判读的参考资料。

2.1.1.2 室内预判解译

在室内对影像进行预判解译，可采用直接目视判读解译，也可将已有土地利用数据库与调查底图（DOM）套合，参考原来调查数据进行解译，并在计算机中依据影像将预判解译的界线、图斑、地类等标绘在调查底图上（见图 3-2）。

正射影像图　　原始调查成果　　数据叠加显示

图 3-2　地类套合影像图

通过室内解译，将能够确认的地类和界线、不能够确认的地类或界线，分别用不同的线划、颜色、符号、注记等形式标绘在调查底图上。对影像不够清晰或室内无法判读解译的地类或界线,以及线状地物宽度,应由野外补充调查确定。

2.1.1.3 外业实地核实和补充调查

外业调查应到实地对内业标绘的地类、界线等内容逐一进行核实、修正或补充调查;对内业不确定或无法解译的影像作重点调查;对影像上没有的、新增加的地物进行补测,并将核实、补测的内容及属性标绘在调查底图上或记录在《农村土地调查记录手簿》中。

2.1.2 全野外调绘法

携带调查底图直接到实地调绘,将影像所反映的地类信息与实地状况一一对照,进行判读识别,将各种地类图斑实际位置、界线依据影像用规定的线划、符号在调查底图上标绘出来,将地物属性标注在调查底图或填写在《农村土地调查记录手簿》上,最终获得能够反映调查区域内的土地利用状况的原始调查图件和资料,作为内业数据库建设的依据。

2.2 外业调绘的程序和要求

2.2.1 外业调查基本程序

(1)设计调绘路线。在外业实地调查核实前,首先要在室内设计好外业调绘路线。调绘路线以既要少走路又不至于漏掉要调绘的地物为原则,并做到走到、看到、问到、画到(四到)。

(2)确定站立点。为了提高调绘的质量和效率,首先要选好站立点,并确定站立点在图上的位置,按计划路线调绘,同时要向两侧铺开,尽量扩大调绘范围。

(3)核实、调查。实地核实、调查应采取“远看近判”的方法,将地类的界线、范围、属性等调查内容准确调绘在调查底图上。

通过外业调查,依据实地现状,将内业解译或无法解译的内容,依据实地现状进行核实或调绘。对室内解译正确的予以确认,有错误的进行修正。对未解译的部分,根据实地情况调绘或补测在调查底图准确位置上。同时,将调查的内容、属性标注在调查底图上或填写在《农村土地调查记录手簿》中。

(4)边走边调绘。根据调查设计的路线,在到达下一站立点途中,可依据影像边走、边看、边判、边记、边画,对室内预判的内容逐一核实、记载,在到达下一站立点后,再进行调绘。

(5)询问。在调查过程中应多向当地群众或向导询问,及时了解当地的土地利用的各种情况,主要用地类型、地名、工矿企业单位和权属等情况,保证调查的准确性。

2.2.2 外业调查基本要求

(1)尽量充分利用已有的土地调查资料对影像进行解译,将未变化的各种界线、属性、注记等调查内容,依据影像直接转绘在调查底图上,并实地核实确认。

(2)对已变化的调查内容,在实地依据影像调绘在调查底图上。当影像不清晰或实地地物与影像不一致时,应采用实地测量方法,将地物补测到调查底图上。

(3)对有设计图、竣工图等相关资料的新增地物,可依据资料将新增地物的地类界线直接转绘在调查底图上,但必须实地核实范围是否正确。

(4)调查精度要求,与影像对比,调绘、转绘的各种明显界线与 DOM 上同名地物的移位不得大于图上 0.3 mm,不明显界线不得大于图上 1.0 mm。

2.3 线状地物调查

线状地物主要包括河流、铁路、公路、管道用地、农村道路、林带、沟渠和田坎等。

2.3.1 线状地物调绘要求

线状地物宽度大于等于图上 2 mm 的，按图斑调查。

宽度小于图上 2 mm 的，调绘中心线，用单线符号表示。

实地宽度大于等于 1 m(南方)或 2 m(北方)，应实地量测宽度，精确到 0.1 m。

应在宽度均匀处实地量测宽度，在调查底图相应位置打点标记量测点及其宽度值；当宽度变化大于等于 20% 时应分段量注，在变化处垂直线状地物绘一短实线。

当线状地物与行政区域界线、土地权属界线、地类界线重合时，线状地物调绘在准确位置上，行政区域界线、土地权属界线用符号表示，地类界省略不表示。

2.3.2 线状地物编码注记与要求

线状地物属性有编号、坐落、权属单位、权属性质、类型、面积等，应注记在数据库中。在图上只注记部分属性。如图上表示不清楚的，可填写农村土地调查记录表(线状地物)(见表 3-3)。

表 3-3 农村土地调查记录表(线状地物)

行政村名称：　　　　单位：m(0.0)　　　　第　页共　页

序号	图幅号	预编号	编号	地类编码	权属单位	权属性质	宽度	比例	备注
1	2	3	4	5	6	7	8	9	10
草图									

调查人：　　　　调查日期：　　　　检查人：　　　　检查日期：

线状地物编码采用 ab/c(见图 3-3)的形式。

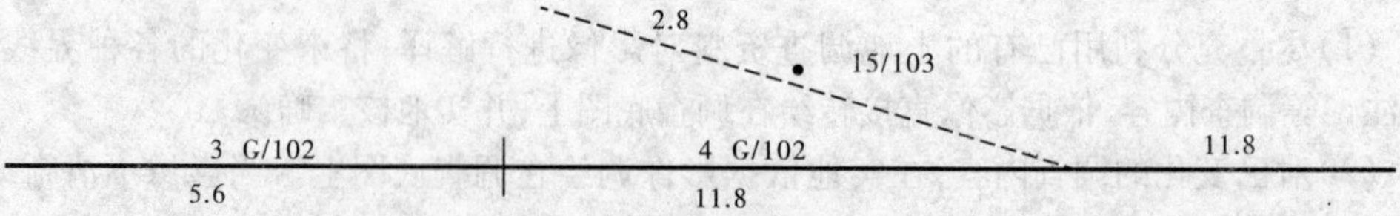

图 3-3 线状地物的表示

a 表示线状地物编号；b 表示权属性质(国有为"G"，集体土地不标注)；c 表示地类编号。编码标注方法，在线状地物宽度量测点上，字头朝北(东北)或西(西北)，平行线状地物标注 ab/c 及宽度；在非宽度量测点上只标注其宽度(主要用于面积计算)。当线状地物较长时，为了用图方便，相隔一定距离注记其宽度，但不需打点以示区别。

2.4 图斑调查

图斑指的是单一地类地块，以及被行政界线、土地权属界线或线状地物分割的单一地类地块。图斑调查是整个土地利用现状调查的重点工作，在调查过程中除在相应的调查底图上注记图斑属性外，还应填写农村土地调查记录表（图斑）（见表3-4）。调查时不要求每个图斑必须填表，能在调查底图上表示清楚的可以不填表，农村土地调查记录表（图斑）上只填写调查底图上无法完整表示内容的图斑，以及补测地物，其他能在调查底图上表示清楚的图斑，可视情况填写。

表3-4 农村土地调查记录表（图斑）

行政村名称： 第 页共 页

序号	图幅号	图斑预编号	图斑编号	地类编码	权属单位	权属性质	耕地类型	备注
1	2	3	4	5	6	7	8	9
草图								

调查人： 调查日期： 检查人： 检查日期：

2.4.1 图斑划分要求

（1）按《土地利用现状分类》末级地类划分图斑，以地类界线分割形成图斑。其中城市用地、建制镇用地、村庄用地、采矿用地、风景名胜及特殊用地外围闭合界线形成的地块为一个图斑。

（2）图上宽度大于2 mm的线状地物划分为图斑。

（3）被行政区域界线、土地权属界线、单线线状地物分割的地块形成图斑。

（4）不同耕地类型梯田、坡地应单独划分图斑。

2.4.2 图斑界线的表示

（1）图斑以地类界线表示，当地类界线与线状地物、行政界线或土地权属界线重合时，可省略不绘。

（2）当各种界线重合时，依行政区域界线、土地权属界线、线状地物、地类界线的高低顺序，只表示高一级界线。

（3）行政区域界线、土地权属界线作为符号使用时不视为图斑界线；作为非符号使用时视为图斑界线。

（4）当以单线线状地物为图斑界时，线状地物与行政区域界线或土地权属界线重合，线状地物表示在准确位置作为图斑界，行政区域界线或土地权属界线作为符号使用，在线状地物一侧或两侧跳绘表示。

2.4.3 最小上图图斑面积

(1)城镇村及工矿用地为图上 4.0 mm^2,相对于 1:10 000DOM 图,实地面积 0.6 亩(0.04 hm^2)。

(2)耕地、园地为 6.0 mm^2,相对于 1:10 000DOM 图,实地面积 0.9 亩(0.06 hm^2)。

(3)林地、草地等其他地类为 15.0 mm^2,相对于 1:10 000DOM 图,实地面积 2.25 亩(0.15 hm^2)。

2.4.4 图斑编码注记与要求

图斑的编号统一以行政村为单位,对每一个地类图斑按从左到右、自上而下由"1"顺序编号,并注记图斑属性。补测地物的编号在顺序号前加"B"。

图斑属性一般包括图斑编号、图斑坐落、权属单位、权属性质、地类编号、图斑面积等内容。当图斑为耕地时,还包括基本农田、耕地坡度分级、梯田、坡地、田坎系数等内容。

图斑的编码采用 ab/c 的形式:

a——图斑顺序编号(不能重复);

b——表示权属性质(国有土地标注"G",集体土地不标注);

c——图斑地类编号(末级分类)。当图斑较小时,编码用引线引出,标注在图斑外。

2.5 零星地物调查

零星地物是指耕地中小于最小上图图斑面积的非耕地,或非耕地中小于最小上图图斑面积的耕地。

对零星地物原则上可不调查。对于山区图斑破碎地区,由于零星地物直接较大地影响到耕地面积,部分地区也可进行零星地物调查。若需要调查零星地类,只对耕地中的非耕地、非耕地中的耕地且实地面积大于 100 m^2 的零星地物进行调查和实地丈量其面积,将面积记载在《农村土地调查记录手簿》上,内业面积量算时扣除。

零星地物编码形式与图斑编码相同,采用 ab/c 的形式。

2.6 坡度调查

在地类界及地类调查的同时,一般在地形图上对面状地类界范围实施坡度调查。坡度是指成片土地的坡度,其中小块土地的异常坡度并不改变成片土地的坡度。坡度分级按表 3-5 执行。在确定成片土地的坡度分级后,对每一面状地类界范围按平地、梯田、坡地再进行分类,形成两位数的坡度代码。如代码"32",表示坡度分级为 3 的梯田。坡底代码与地类类别一并标在 DOM 或地形图上。

表 3-5 坡度分级

地面倾角 α		≤2°	2°~6°	6°~15°	15°~25°	>25°
分级		1	2	3	4	5
1	平地					
2	梯田					
3	坡地					

注:坡度上含下不含。

2.7 补测

为了保持图件的现势性而进行的野外测量,称为补测。当地物、地貌变化范围不大时,采用补测;当其变化范围超过 1/3 时,则需进行重测或重摄。补测可在 DOM 上,也可在工作底图上进行。在具有近期大比例尺地形图或像片平面图和影像图的条件下，最好直接补测在图上，通常外业补测与外业调绘结合进行。补测的方法有交会法、坐标法等 。

3 内业工作

土地利用现状调查的内业工作，包括 DOM 影像转绘、面积量算、成果整理等。DOM 影像转绘和面积量算是内业工作的中心内容。成果整理包括面积的汇总统计，土地利用现状图、权属界线图的编制及土地利用现状调查报告或说明书的编写等。

DOM 影像转绘是将 DOM 外业调绘与补测的内容转绘到内业底图上的室内工作，其成果是编制土地利用现状图和土地权属界线图的原始存档工作底图。

DOM 影像转绘的方法很多，随着数字技术的不断发展，传统的转绘方法如图解转绘法和仪器转绘法不再使用，取而代之的是数字扫描矢量化的方法。扫描矢量化的方法费用少、方法简单、易于操作及普及且生产的产品是数字产品，便于下一工序的使用。

扫描矢量化可采用两种方法：一是直接根据 DOM 结合调查底图进行矢量化，这种方法简单实用且精度高，不需要考虑在扫描过程中的图纸变形等问题；二是通过扫描仪扫描后进行矢量化，这种方法是在没有 DOM 的前提下进行，相对于前一方法精度低。扫描矢量化的作业流程如图 3-4 所示。

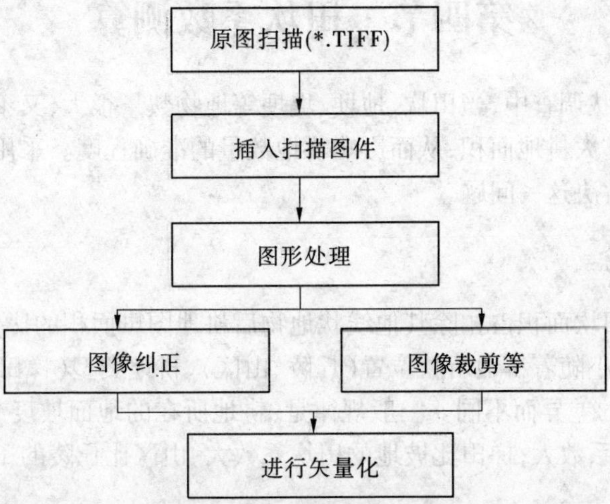

图 3-4 扫描矢量化流程

可根据自己的实际情况，选择各自适宜的转绘方法。

土地利用现状图及土地权属界线图见第七章，有关面积量算内容见第八章。

4 土地利用现状调查报告的编写

4.1 编写要求

乡级要编写土地利用现状调查说明书，县级要编写土地利用现状调查报告。县级土地利用现状调查报告应着重归纳土地利用现状调查成果，分析土地利用的特点，并从宏观上提出开发、利用、整治、保护土地的意见。调查报告的内容应充实，文句要通顺，尽量做到文、表、图并茂。

4.2　**乡级土地利用现状调查说明书的内容**

主要叙述全乡概况，各类土地面积及分布状况，利用特征及问题，土地权属问题等。文后附调查人员名单及在调查中承担的任务。

4.3　**县级土地利用现状调查报告的内容**

（1）自然与社会经济概况。包括调查区的地理位置及行政区划，本县行政区域形成的历史沿革及行政区划变化情况。进行外业调绘时，还包括本县所辖区、乡（镇）、场、村，自然条件与社会经济条件等。

（2）调查工作情况。包括调查工作的组织领导、调查队伍的组建与培训，工作计划与方法，执行规程的情况，技术资料的收集与应用，经费的筹集与使用，调查工作经验与存在问题等。

（3）调查成果及质量分析。包括各项调查成果名称并简介其内容；对土地利用调查及土地权属调查结果的分析，如各类土地的比重与分布、地界的调绘与补测等；对各项调查成果质量的评价，即精度分析；存在的问题及产生的原因等。

（4）土地合理开发利用、整治保护的途径及建议。包括土地利用结构、利用程序、利用水平，土地利用中存在的问题，合理开发、利用、整治、保护土地的途径及建议。

第四节　田坎系数测算

在土地利用现状调查中，当田坎、地埂、堤埂等地物数量很大，又不能全部上图和上簿时，可能会人为地扩大耕地面积，从而影响耕地数量的准确程度。采用求田坎系数的技术措施，可以较好地解决这一问题。

1　田坎系数概念

田坎系数，指田坎面积占扣除其他线状地物后耕地图斑面积的比例（%）。

田坎系数的大小随着耕地所处位置（丘陵、山区）、耕地类型（梯田、坡耕地）和利用方式（水田、旱地）等的差异而不同。一般规律是：耕地所在的地面坡度越大田坎系数越大，旱地比水田的田坎系数大，梯田比坡地的田坎系数大，山区比丘陵的田坎系数大。

2　田坎系数类型

根据我国耕地的分布状况、类型和利用方式，我国耕地主要有两大类，第一类为平地上的耕地；第二类为梯田和顺山耕作的坡耕地。另外，在个别的地区还有一类耕地，耕地中没有明显的田坎，而是散列分布着许多零星非耕地，如裸岩、石砾等，或在非耕地中，散列分布着许多零星耕地。在这种情况下，不扣除这些非耕地，耕地面积将增加很多，不符合实际情况，而零星耕地不统计，这一地区的耕地又将减少很多，也不符合实际情况。因此，根据以上情况，田坎系数可分为以下类型。

2.1　**梯田田坎系数**

梯田田坎系数是指梯田图斑中，梯田田坎（如图 3-5 所示）面积占梯田图斑面积的比例（%）。

2.2 坡耕地田坎系数

坡耕地田坎系数是指坡耕地图斑中，坡耕地田坎（如图3-6所示）占坡耕地图斑面积的比例（%）。

图3-5　梯田田坎

图3-6　坡耕地田坎

2.3 散列式非耕地系数和散列式耕地系数

散列式非耕地系数是指按照破碎耕地调查，确定的图斑中无规律散列分布的耕地多于非耕地，非耕地面积占耕地图斑面积的比例。

散列式耕地系数是指按照破碎耕地调查，确定的图斑中无规律散列分布的耕地少于非耕地，耕地面积占非耕地图斑面积的比例。

3 田坎系数测算方法及要求

影响田坎系数的因素主要有自然因素和人为因素。自然因素包括地貌类型、地面坡度等；人为因素包括样方选取、样方代表性、样方数量、样方大小、测量精度等。为了保证田坎系数测算的准确性、统一性和一致性，最大限度地反映当地实地情况，各级土地管理部门应当统一组织对本地区的田坎系数的测算，同时结合实地情况按下列要求和步骤进行。

3.1 分区

对完整省（区、市）辖区，按地貌类型划分为丘陵、山区、高山区不同的地貌类型区域。分区时尽可能不打破完整县或乡辖区。特殊地区，可进一步细分地貌类型区域。地貌类型可划分为丘陵、山区和高山区三类，具体划分指标见表3-6。

表3-6　地貌分区指标

名称	绝对高度（m）	相对高度（m）	地貌特征
丘陵	—	<200	没有山脉形体，低岭宽谷
山区	<3 500	<1 000	有山脉形体，但分割破碎
高山区	>3 500	>1 000	峰尖、坡陡、谷深、山高

3.2 分组

在每个区内，再根据不同的坡度级和耕地类型组合进行分组，组号用（1）、（2）、（3）等表示，见表3-7。

表 3-7　样方分组

类型	2°~6°		6°~15°		15°~25°		>25°	
	梯田	坡地	梯田	坡地	梯田	坡地	梯田	坡地
丘陵	1(1)组	1(2)组	1(3)组	1(4)组	1(5)组	1(6)组	1(7)组	1(8)组
山区	2(1)组	2(2)组	2(3)组	2(4)组	2(5)组	2(6)组	2(7)组	2(8)组
高山区	3(1)组	3(2)组	3(3)组	3(4)组	3(5)组	3(6)组	3(7)组	3(8)组

由表 3-7 可看出，根据地貌类型、耕地坡度分级、耕地类型，一般情况下可分为 24 个组。对于特殊地区，如散列式非耕地、散列式耕地等，可进一步分组。

3.3　确定样方

在每个组内，布设不少于 30 个均匀分布的样方，单个样方面积不小于 0.4 hm^2（6 亩）。样方一般为完整的耕地图斑。布设的样方须在调查底图上标注，同一组的样方从影像上看地貌及耕地纹理应基本一致。

3.4　田坎测量

在确定的样方内，实地丈量南方≥1.0 m、北方≥2.0 m 每一条田坎的长度和宽度，按长乘以宽计算每一条田坎面积。若影像清晰，田坎长度也可在调查底图上量取。田坎宽度不均匀时，须分段丈量宽度，分别计算。将每一条田坎的长度、宽度和计算的田坎面积，填写在样方田坎系数测算表上，见表 3-8。

表 3-8　样方田坎系数测算表

区：　组：　样方编号：　县：　乡：　村：　图幅编号：

耕地类型：　坡度级：　单位：m^2(0.0)、m(0.0)

田坎				其他线状地物			
编号	长	宽	面积	编号	长	宽	面积
1	2	3	4	1	2	3	4
合计				合计			
样方面积：				样方面积：			
草图：				备注：			

量测人：　日期：　检查人：　日期：　第　页共　页

填表说明：

1. 本表以样方为单位填写；
2. 样方田坎系数计算公式：样方田坎系数(%) = 田坎面积合计/(样方面积 - 其他线状地物面积合计)；
3. 草图栏，实地绘制样方及样方内的田坎和其他线状地物位置、编号等；
4. 备注栏，填写需要备注的有关内容。

3.5　**平均田坎系数计算**

为了保证同一组样方田坎系数的准确性和代表性，同一组样方各田坎系数应在一定区间范围内。当同一组样方田坎系数相对集中、最大值不超过最小值的30%时，取其算术平均数作为该组耕地的田坎系数。对本组内不符合要求的田坎系数，应剔出，查找原因或重新选择样方。平均田坎系数计算表见表3-9。

表3-9　平均田坎系数计算表

坡度级	样方类型	样方田坎系数总和	样方数	田坎系数	坡度级	样方类型	样方田坎系数总和	样方数	田坎系数
2°~6°	梯田				6°~15°	梯田			
	坡地					坡地			
15°~25°	梯田				>25°	梯田			
	坡地					坡地			
备注：									

计算人：　　　　日期：　　　　检查人：　　　　日期：

田坎系数计算出后，在土地利用现状调查过程中，就可以根据当地田坎系数来计算扣除田坎面积。在扣除田坎面积时应当注意，不能一个整县、整乡、整村扣除系数，而应当逐图斑扣除。

第五节　土地利用变更调查

由于土地利用过程中，其用途会发生变化，为及时反映这种变化，保持原有土地利用调查资料的现势性，为土地管理和规划服务，必须调查和记载土地用途的变更。土地利用变更调查是指在完成土地利用现状初始调查之后，为适应日常土地管理工作的需要而进行的土地所有权属、位置、数量的变更调查。通过变更调查，不仅可以使地籍资料保持现势性，还可提高数据精度，修正以前的错误，逐步完善地籍内容。

土地利用变更调查的基本技术和方法与前面讲述的一致。由于日常土地管理工作已积累了丰富的资料，而测绘技术比初始土地利用现状调查时有了很大的进步，加之计算机的普及和应用（要求日常的土地管理和规划工作尽可能地运用计算机技术和信息技术），因此在进行土地利用变更调查时，可以收集和运用更丰富的资料，应用测绘新技术和信息管理技术，使我们的调查工作更快捷、更方便。土地利用变更调查的作用和特点与变更地籍调查的作用和特点是一致的。下面就土地利用变更调查的几个关键问题进行简要论述。

1　资料的准备

（1）原土地利用现状调查资料，包括土地利用现状图、土地权属图、各种文件资料等。

（2）近期的航空摄影像片、正射像片等。

(3)初始和日常城镇村庄地籍调查资料。

(4)土地复垦资料、土地开发资料、土地征用资料和土地整理资料等。

2　变更调查的技术流程

近年来,摄影测量技术、GIS 技术、GPS 动态定位技术的迅速发展,为土地管理技术增添了新的技术手段。GPS 动态定位技术的飞速发展导致了 GPS 辅助航空摄影测量技术的出现和发展。实践表明,该技术可以极大地减少地面像片控制点的数量,缩短成图周期,降低成本。目前,该技术已进入实用阶段,北京市、海南省和中越边境等地区就相继成功实施了 GPS 辅助航空摄影测量。

借用已有的 GIS 平台和数字摄影测量技术,开发和建立土地信息方面的管理系统,实现数据的采集、处理、分析、应用的信息流过程,减少了中间环节,降低了错误发生率,提高了精度和效益,并为今后的变更调查提供了极大的方便。例如,根据收集到的资料,建立土地利用数据库、土地权属数据库和航空影像数据库(栅格)等。把土地利用现状线划图形与影像数据叠加,采用自动分析或人工分析技术,可自动或半自动地判定和提取地类变更区域,并输出正射影像图(含线划)用于外业调绘和修测。然后利用数字摄影测量技术测制数字土地利用现状图和土地权属图,并建立和更新数据库,实现面积的自动量算和汇总。基本技术流程如下:

(1)航空摄影、像片控制测量。

(2)已有资料的数据库建立。

(3)图形叠加、分析、正射影像的输出。

(4)外业地类调绘、权属调查。

(5)内业修测、编辑及图形回放、检查。

(6)图形精编、面积计算和汇总。

(7)坡向图制作和坡度坡向数据库建立。

(8)编写各项技术报告、说明书、成果资料等。

(9)土地利用变更调查成果输出及成果资料建档。

(10)检查、验收。

思考与练习

3-1　土地分类体系大致有哪三种?

3-2　土地利用现状分类应遵循哪几项原则?

3-3　全国土地利用现状采用二级分类,其中一级共分几类?二级共分几类?

3-4　土地利用现状调查的目的有哪几项?

3-5　土地利用现状调查的内容有哪些?

3-6　土地利用现状调查的程序共分几个阶段?

3-7　叙述田坎系数的测算方法与要求。

3-8　县级土地利用现状调查报告的内容有哪几项?

第四章　土地等级调查

第一节　概　述

1　土地的质量与性状

土地能作为资源被人类加以利用,主要是因为土地有一定的质量表现。不同质量水平的土地被人们利用的程度是不一样的。因而,认识土地的质量,客观上是人们利用土地资源的基础。

土地性状指标,通常是指土地的一些可度量或可测定的属性。总的来看,土地有两种类型的属性,即土地自然属性及土地利用的社会经济属性,或称土地的自然属性和社会属性。自然属性包括土壤、地形、地貌、水文、植被、气候等因素;社会属性包括土地利用的现状、地理位置、交通条件、单位面积产量、城市设施、环境优劣度等因素。

2　土地等级评价

土地等级是反映土地质量与价值的重要标志。土地等级评价,又叫土地分等定级,是指在特定的目的下,对土地的自然和社会经济属性进行综合鉴定并使鉴定结果等级化的工作。

按城乡土地的特点不同,土地分等定级可以分为城镇土地分等定级和农用土地分等定级两种类型。

城镇土地分等定级是对城镇土地利用的适宜性的评定,也是对城镇土地资产价值进行科学评估的一项工作。其等级是提示城镇不同区位条件下,土地价值的差异规律的表现形式。

农用土地分等定级则是对农用土地质量,或是对其生产力大小的评定,也是通过对农业生产条件的综合分析,对农用土地生产潜力及其差异程度的评估工作。农用土地分等定级成果直接为指导农用土地利用和农业生产服务。

3　土地质量等级调查的目的

土地质量等级调查的目的主要体现在以下几个方面:

(1)为制定各项计划、规划及土地政策提供主要的基础资料。

(2)为编制农业规划和农业生产服务。

(3)为城乡土地资源的优化配置提供科学依据。

(4)为城乡土地分等定级、土地经济、土地税收提供可靠资料。

(5)充分发挥土地资源的生产潜力。

4　土地质量等级调查的基本内容

土地质量等级调查包括土地的自然条件调查和社会经济条件调查两部分。土地自然条件主要内容为气候、地形、地貌、土壤、水资源、植被等自然条件;土地社会经济条件主要是指城乡土地的区位、交通情况和土地投入产出状况等社会经济条件,如表4-1所示。

表4-1　土地质量等级调查的主要内容

自然条件调查内容		社会经济条件调查内容	
气候条件	太阳辐射、降水、土温、气温、作物生长基点温度、农业界限温度及积温	城市土地	城市规划、繁华程度、区位、交通、运输条件、基础设施条件、环境条件、公共设施条件、人口状况
地形地貌条件	山地、丘陵、平原、高山、盆地	农用土地	地理位置、交通、运输条件、耕作制度、土地经济效果指标、土地经济分析指标、土地经济分析效果指标
土壤条件	土壤类型、土壤剖面、pH值、土地养分状况、盐碱土		
水资源条件	地表水、地下水、水质		
植被条件	植被类型、森林覆盖率、产草量、载畜量		

第二节　土地性状指标的调查

土地性状调查是指对土地性状指标的调查,包括土地自然属性及土地利用的社会经济属性的调查。

1　土地自然属性调查

在土地自然属性方面,包括面非常广,每个方面都包含着许多具体的项目指标,每个方面也都有专门的调查知识和方法,有专门的论著可以借鉴。本书仅就其地形、土壤、农业气候、植被的调查内容作简要介绍。

1.1　地形地貌调查

主要应当查清地貌类型、地面坡度、坡向、绝对高度、相对高度等。

1.1.1　地貌类型

地貌类型从大的方面,划分为山地、丘陵、平原。它们在土地性状方面表现出极大的差异。有时为了较细地考察土地性状,从地形特征的角度还可再细分,如平原、山地丘陵、河谷等。

1.1.2 坡度

坡度大小对土地性状影响很大，它与土壤厚度、质地、土壤水分及肥力都直接相关，制约着土壤中水分、养分、盐分的运动规律，是各类农业生产用地适宜性的重要指标。坡度的测定方法很多，主要是确定两点间高差与水平距离的比值。

1.1.3 坡向

坡地的朝向是坡地接受太阳辐射的基本条件。坡向对地面和土温，对土壤水分状况都有直接的影响，对于某些农业生产（果树病害、作物适种性）尤为重要，对于居民住房建设也有很大的影响。坡向可从地形图上或实地判断。

1.1.4 绝对高度（海拔）

地面高度通常是农业生产利用价值尤其是一些农作物适宜种植的临界指标，对于农、林、牧分布也极为重要。我国的海拔起始面为黄海平均海水面，称为1985高程基准，根据地形图上的高程点注记及等高线，可直接从地形图上查得任意位置土地的绝对高度。

1.1.5 高差

高差表示地面上两点间的高程上的差值。由于地面各点的绝对高度可从地形图上查取，所以高差同样可以从地形图上推算而知。高差为区分地形特征、考虑灌排条件以及为农业技术的运用提供依据。

1.2 土壤调查

土壤性状是土地性状的主要构成部分，特别是对于农业土地利用来讲，土地的生产性能主要取决于土壤肥力，即土壤供给和调节作物所需水分、养料、空气和热量的能力，因而土壤调查的中心应当是反映土地的肥力水平。应当承认，农作物产量是反映土地质量水平的重要标志，但单纯从农作物产量来考察土壤质量性状，有较大的局限性，而且需一系列附加条件。实际上，需要在土壤供肥过程发生之前就能判断土壤供肥能力。

土壤调查的项目很多，其中一些项目，针对不同地点和不同用途，其调查的价值相差极大，在调查前需认真选择。调查的项目主要是土壤质地、地层厚度及土层构造、土壤养分、土壤酸碱度和土壤侵蚀等。

1.3 农业气候调查

农业气候调查的主要内容为光照、热量、水分等要素。

光的强度只在个别地区才会有过大或过小的情况。光照的显著差异，通常是小气候的特征之一，在考察小气候条件时有必要调查这方面的资料。

热量对农作物发育有着十分重要的影响。热量以温度表示。常用指标有农业界限温度的初终日期、持续日数、活动积温（大多数作物均以大于10 ℃的活动积温为指标）、霜冻特征等。

水分条件对于作物生长尤其是作物的生产率影响甚大。过多或过少的水分都会抑制作物的生命活动。主要调查内容为年降水量、干燥指数等，尤其是农作物生长需水季节的降水量。有条件时最好统计降水量高于或低于某作物需水值的累计总频率，即降水保证率。对于空气中的水分，可通过测定空气相对湿度、测算湿润指数（或干燥指数）或者计算干燥度来调查。

1.4 植被调查

植被调查主要查清植被群落、覆盖度、草层高度、产草量、草质以及利用程度等。

群落通常以优势植物命名。覆盖度则以植被的垂直投影面积与占地面积的百分比来表示，它们共同反映了当地对植物生长的适宜程度及适宜种类，是土地质量多种因素的综合反映指标。

草地调查在荒地及草原等地区尤为重要。草层高度是其首要指标，主要是指草种的生长高度。其营养枝的高度称为叶层高度。它们是草层生产能力的重要指标。按植株的生长高度、健壮程度等可将草被的生活力按强、中、弱加以分别调查。草被更为有效的反映指标是草被质量和产草量。对于草被质量，主要是调查可食用的草的数量和营养价值，以及其中有毒有害植物的种类及分布。

2 土地社会经济属性调查

土地利用从来不是一项只受自然规律制约的人类活动。土地利用方向和效果在很大程度上受社会经济因素的制约。这方面的有关项目指标非常多，有许多是社会经济与农业经济调查的内容，这里仅就主要调查指标加以介绍。

2.1 地理位置与交通条件

从地理位置来讲，重要的在于反映土地与城市、集镇的相对位置，与行政、经济中心的相对位置，与河流、主要交通道路的相对关系。可以通过对地图的分析和调查，查清上述要素的分布、相互距离、各自规模、利用（效益）程度等。对于城市用地，位置优势往往是衡量土地质量的主要因素。对于农业利用来说，虽然位置的作用具体表现上与城市不完全一样，但它依然十分重要，是决定土地利用方向、节约利用程度和土地生产力的重要因素。交通条件方面除对道路分布、等级、宽度、路面质量、车站、码头等有必要调查外，对当地货流关系的调查有时很有必要，因为它对于开发产品、疏通流通环节、充分发挥土地资源优势都是十分重要的。在交通条件调查中，有时也需对运输手段、运输量作出调查。

2.2 人口及劳动力

人口及劳动力对提高土地利用集约化水平是重要的因素。应当查清人口、劳动力数及其构成情况。尤应调查统计人均土地、劳均耕地等直接关系到土地利用集约程度的指标。此外，人口增长率、人口流动趋势也可为调查的指标。

2.3 农业生产及农业生产条件

农、林、牧、渔生产结构与布局，反映了当地土地利用的方向，应当加以查明。作物品种、布局、轮作制度、复种指数、农产品成本、用工量、投肥量、单产、总产、产值、纯收入、林木积蓄量、草地载畜量、出栏率、牲畜品种、鱼种类等，根据研究土地资料的目的，可有选择地加以调查。农业生产条件方面，水利（灌溉、排水）条件，包括水源、渠系，水利工程、机电设备，这些往往是对土地质量水平有关键作用的因素，应加以调查。此外，与农业机构有关的机械设备、机械作业经济效益等指标在机械化作业地区也是很重要的。

2.4 土地利用水平

上述不少指标与土地利用水平有关。除已叙述的项目外，主要有土地开发利用和土地组织利用方面的项目。土地开发利用方面，可以对反映当地土地质量水平的指标作调查,如土地垦殖率、土地农业利用率、森林覆盖率、田地比、稳产高产农田比重、水面养殖利用率等;土地组织利用方面,主要有农、林、牧、渔用地结构和地段形态特征的调查。

2.5 地段形态特征

地段形态特征在机械化作业的情况下是很重要的调查项目,是指一定范围土地的外形及内部利用上的破碎情况,是影响土地高效利用的因素。调查具体项目指标按需要选取,小到每一个地块的耕作长度、外部形状,大到一定范围内土地的破碎情况,甚至整个土地使用单位在整体上土地片的规整程度。土地范围规整程度可用规整系数、紧凑系数和伸长系数来衡量。

第三节 土地分等定级概述

1 城镇土地分等定级概述

1.1 城镇土地等级体系

为正确反映土地质量的差异,土地分等定级采用"等"和"级"两个层次的划分体系。

城镇土地的"等"反映城镇之间土地的地域差异。它是将各城镇看做一个点,研究整个城镇在各种社会、自然、经济条件影响下,从整体上表现出的土地差异,土地"等"的顺序是在各城镇间进行排列的。

以前全国城镇土地共分15等,上海、北京、深圳、广州为1、2等,发达省会城市为3、4等,一般省会城市和发达省辖市为5、6、7等,一般省辖市和发达县级市为8、9、10、11等,其他城镇为12、13、14、15等。新的城市土地全国分等共分七等,四大直辖市和一些发达城市为一等,经济比较发达城市为二等,经济比较发达中等规模的城市为三等,经济较好的地级市为四等,一般的地级市为五等,其他为六、七等。

城镇土地的"级"反映城镇内部土地的区位条件和利用效益的差异。通过分析投资于土地上的资本、自然条件、经济活动程度和频率条件得到收益的差异,并据此划分出土地的级别高低。土地"级"的顺序是在各城镇内部统一排列的。土地"级"的数目,根据城镇的性质、规模及地域组合的复杂程度,一般规定:大城市,5~10级;中等城市,4~7级;小城市以下,3~5级。

1.2 城镇土地分等定级方法体系

城镇土地分等定级方法目前主要有三种,即多因素综合评定法、级差收益测算评定法、地价分区定级方法。

1.2.1 多因素综合评定法

多因素综合评定法是通过对城市土地在社会经济活动中所表现出来的各种特征进行综合考虑,揭示土地的使用价值或价值及其在空间分布的差异性,划分土地级别的方法。多因素综合评定法的指导思想是从影响土地使用价值或质量的原因着眼,采用由原因到结果、由投入到产出的思维方法,即通过系统地、综合地分析各类因素和因子对土地的作用强度,推出土地在空间分布上的优劣差异。

1.2.2 级差收益测算评定法

级差收益测算评定法是通过级差收益确定土地级别的方法。其指导思想是从土地的产出(企业利润)入手,认为土地级别由土地的级差收益体现,级差收益又是企业利润的一部分,所以由土地的区位差异所产生的土地级差收益完全可以通过企业利润反映出来。级差收益测算方法主要对发挥土地最大使用效益的商业企业利润进行分析,从中剔除非土地因素如资金、劳力等带来的影响,建立适合的经济模型,测算土地的级差收益,从而划分土地级别。

1.2.3 地价分区定级方法

地价分区定级方法的指导思想是直接从土地收益的还原量——地价出发,根据地价水平的高低在地域空间上划分地价区块,制定地价区间,从而划分土地级别。

由于上述三种方法各有优缺点,在实际土地定级中,应根据实际情况将各种方法结合使用。

2 农用土地分等定级

我国古代对农用土地进行评价就有三等九级,新中国成立后土壤普查时,又把全国的土地分成八等(某些地方的做法除外)。但如何在全国范围内统一对农用土地进行分等定级工作,还缺乏十分成熟的实践经验与方法。目前,我国对农用土地分等定级也是采用"等"和"级"两个层次划分体系。

农用土地的"等"反映不同质量农用土地在不同利用水平、不同利用效益条件下收益的差异。土地"等"的顺序按全国农用土地间的相对差异进行比较划分。

农用土地的"级"反映土地"等"影响下的土地的差异。级的划分依据是土地质量和易变的自然条件的差别,以及利用水平、利用效益的细小差异。级的数目、级差及排列顺序在县、区范围内按相对差异评定。

农村土地等级由土地部门实施、提供等级资料。

2.1 农用土地的特点

土地是农业的主要生产资料,其质量的优劣直接决定农作物的产量和经济收益,农用土地具有如下特点:

(1)影响农用土地质量的诸因素区域差异大。

(2)土地的自然肥力是农用土地质量的基础。

(3)农用土地的农作物具有多种适宜性和利用上的多变性。

(4)影响农用土地质量的因素可以分为长期稳定因素和短期易变因素。

2.2 农用土地分等的方法

农用土地分等综合采用自然和经济评定的方法。首先,按土地的自然条件计算土地的潜力,以反映土地质量的优劣和土地对作物生长的适宜程度和本质差异;其次,用体现社会平均开发利用水平的土地利用系数,将土地潜力订正为现实产出水平;最后,在现实产出水平的基础上,用土地经济系数衡量在目前社会平均产出水平上土地收益的差异。土地分等采用的主要方法有以下几方面:

(1)各指定作物气候产量的计算采用农业生态带法。

(2)土地质量的衡量采用参数法。

(3)不同土地上各作物理论产量值采用分估—理论产量对照法。

(4)各作物产量之间的换算采用标准粮产量比值折算法。

(5)土地潜力采用标准粮食产出总量比较法。

(6)土地利用系数和土地经济系数的计算采用相对值法。

2.3 农用土地定级的方法

农用土地定级由于所要达到的目的和土地分等有所差异,所以其工作方法和土地分等比较具有一定的差别,如不必考虑全国横比,不必计算光温生产力、气候产量等,选择的因素也多为易变因素。但两类工作过程仍有很多相似工作步骤及方法,如根据土地自然、经济差异规律,采用评分法、指数法等进行土地评定,同样采用标准产出量作为经济指标等。因此,土地定级除原则上要遵循土地分等的原则及方法外,还要注意做好下列几项工作:

(1)准备工作。组织工作人员队伍、收集资料和野外调查,注意吸收当地有经验的农民参加。对影响土地生产率起主导作用的某种因素,要进行细致的调查,或取样进行化验分析,还要充分利用现有土肥、农业经济资料。定级的工作底图,一般为县、乡 1:10 000 地形图和土地利用现状图等。

(2)定级基本单元的划分。定级的基本单元要结合承包地块的现界,按划分土地评价单元的基本原则进行。属于同一个定级单元的地块,其地形、坡向、坡度、土种(或土属)及其土质、肥力、农田水利设施等主要因素的指标要基本一致,否则,还要进行细分。定级基本单元的划分,既要考虑土地因素的一致性,也要注意保持承包户地块的完整性。

(3)定级因素指标的选择。农用土地定级是在土地分等的基础上进行的土地质量细分。在选择反映土地定级的指标时,凡已用于土地分等的土地属性指标,均不能再用于土地定级。同时,土地定级的指标一般可能选择受人为影响大、易变化的要素,如地块离居民点的距离,土壤中氮、磷、钾含量,地块离灌溉水源的距离,地块大小,地块平整状况等。

思考与练习

4-1　名词解释:土地分等定级、多因素综合评定法。

4-2　土地自然属性调查的内容是什么?

4-3　土地社会经济属性调查的内容是什么?

4-4　土地质量等级调查的目的是什么?

4-5　农业土地定级的基本思路是什么?

第五章　房产调查

第一节　概　述

房屋是土地上非常重要的附着物，是地籍资料不可缺少的重要组成部分。房产调查是一项十分细致严肃的工作，同时也是一项准确性、技术性要求都很高的调查工作，为此调查人员必须予以充分的重视。房产调查成果资料的好坏将影响地籍内容的准确性，也将直接影响房地产登记和管理工作。

1　房产调查的基本概念

房产调查的对象是房屋及房屋用地。主要是调查房屋及其用地的位置、权属、权界、数量和利用状况等基本情况。其目的是获取房产要素资料，通过确权审查、定质定量，认定房屋及其用地产权归属，并建立房产测绘基础资料，为城市房地产管理提供服务。

房产调查包括房屋调查和房屋用地调查。

2　与房屋有关的名称解释

(1)假层。房屋的最上一层，四周外墙的高度一般低于正式层外墙的高度，内部房间利用部分屋架空间构成的非正式层，其高度大于 2.2 m 的部分，面积不足底层 1/2 的叫做假层。

(2)气层。利用房屋的人字屋架下面的空间建成，并设有老虎窗的叫做气层。

(3)夹层和暗楼。建筑设计时，安插在上下两屋之间的房屋叫做夹层。房屋建成后，利用室内上部空间添加建成的房间叫做暗楼。

(4)过街楼和吊楼。横跨里巷两边房屋建造的悬空房屋叫做过街楼。一边依附于相邻房屋，另一边有支柱建筑的悬空房屋叫做吊楼。

(5)阳台。房屋建筑的上层，伸出屋外的部分，作为吸收阳光和纳凉使用的叫做阳台或眺台。阳台分为外(凸)阳台、内(凹)阳台、凸凹阳台，绘图时把突出墙面的部位绘成虚线。

(6)天井和天棚。房屋内部的小块空间，无盖见天的叫做天井。天井上有透明顶棚覆盖的叫天棚。

3　房产调查的方法

房产调查是一项极其细致而又严肃的工作。其测绘成果经过确权、登记、发证后便具有法律效力。因此，在组织管理上，房产调查必须在当地国土房产管理部门的领导下进行，会同房屋权属主和房屋相邻权属主等有关人员，到现场指认界址。各方认可后，在权属调查表上签字盖章方有效。房产调查一般应经过政府公告、资料准备、实地调查、确权定界、成果整理五个阶段。调查人员应熟练掌握房地产法规、政策、办法以及了解调查的程序,在房产调查工作中广泛收集包括测绘、土地划拨、房屋批建、房地产等级评估、标准地名及房地产产权产籍等有关资料,采取"先阅后查"的办法进行调查。

所谓先阅,即是在实施房产调查前,就对房产权属单元的有关权属文件,结合产籍档案按房地产法规、政策、办法等对照审阅,其根本目的在于明确其权属是否合法属实。如资料不全,应及时通知权利人补充有关权属证明文件;否则如果在毫无准备的情况下,贸然直赴现场调查,往往会因过多权属纠纷或无从下手而影响调查工作的顺利开展和造成大量后续工作"尾巴",同时也可能因权属调查时的偏听而给调查成果质量留下难以预料的隐患。

房产调查应在广泛审阅产权产籍资料后在现场进行调查。现场调查的基本原则,一是不允许将产权产籍资料原件带至现场,以防散失;二是调查者通常必须携带工作用图、房屋产权产籍资料、调查表、房屋用地调查表、其他房产调查用具等到现场;三是调查者应会同房地产各方权利人代表共同到现场指界认定,如果其中一方因故不能到场,必要时应按法律程序完善委托代理手续;四是必须现场如实记录各权属单元房地产调查情况,对于房地产权属纠纷一并要客观记载,上级主管部门调处,调查者不能越权仲裁。

房产调查应充分利用已有地形图、地籍图、航摄像片及相关资料,按国家标准《房产测量规范》的要求,以权属单元为单位,逐项在实地调查。

4 房产区与房产分区

房屋用地调查以丘为单位分户进行,丘以房产分区为单位划分,房产分区又是以房产区为单位划分。房产区可以是行政建制区的街道办事处、镇或乡的行政辖区,或根据房地产管理划分的区域范围为基础划定;房产区应该是有边界,由连续成片的较为规则的几何图形组成,尽量和行政区相吻合,不能穿越行政建制区的区划线。

房产区应在市辖区或县、县级市的范围内统一编号,避免重号,保证代码的唯一性。房产分区以房产区为单元划分,可按自然界线,依街坊、居民点、大的企业单位等进行划分,房产分区应构成连续成片的几何图形。在进行房产区和房产分区划分时,都要顾及城市今后的发展,预留部分编号。

5 丘、幢的划分与编号

丘是指地表上一块有界空间的地块,是调查的最小单元。根据丘内产权单元的情况,丘有独立丘与组合丘之分。一个地块只属于一个产权单元时,称独立丘;一个地块属几个产权单元共有时,称组合丘。

5.1 丘的划分

丘在划分时,有固定界标的按固定界标划分,即已有界址点的必须按界址点走向划分丘;没有固定界标的按自然界线划分,一般以一个单位或一个门牌号或一处院落的房屋用地划丘。能清楚划分出权属单元的用地范围(如一个单位、一处院落、一个门牌号)的,可划分为独立丘。一个产权单元的用地由不相连的若干地块组成时,则每一地块均应划分为独立丘。一个地块内当多个权属单元的用地范围相互渗透,权属界线难以划分时,或各权属单元的用地范围较小,在分幅图上难以逐一表示各自范围(如对私房集合划分为组合丘)时,将地块划分为组合丘。丘界线不应穿越行政境界线。

5.2　**丘的编号**

丘的编号由市、市辖区(县)、房产区、房产分区、丘五级编号组成。

丘号编立格式如下:

市代码	市辖区(县)代码	房产区代码	房产分区代码	丘号
(2位)	(2位)	(2位)	(2位)	(4位)

市代码、市辖区(县)代码采用《中华人民共和国行政区划代码》(GB/T 2260—2002)规定的代码。

丘号编立顺序,以房产分区(或房产区)为单位,从北到南、从西向东呈反"S"形编列。在变更测量或修补测量中,新增的丘号接原编号顺序连续编立。

由于房产区及房产分区随着城市发展变化而不断地变动,实际工作中进行小范围的房地产基础测绘时,丘号的编立也可临时以图幅为单位进行,待全市基础测绘工作进行到一定阶段,再作统一的调整。当丘跨越图幅时,按主门牌号所在图幅编立,相邻图幅该丘不再编号,以该丘主门牌号所在图幅的丘号加括号表示,如(12)。

在丘号编立的实际工作中,客观地存在着各丘的形状不一、大小不等等诸多复杂状况,因此应根据丘的平面分布情况,从编立首号起,按编号的前进方向,综合考虑毗连地块编号的连贯性以及跨图接边等具体情况进行编号,以便利于管理及资料的检索与查询。

5.3　**支丘号的编立**

在组合丘内,为反映各权属单元用地状况,可在丘号的基础上编立丘支号。各丘支号的编立按照从左到右、从上到下呈反"S"形顺序编立。丘支号的表示方法为:丘号在前,支丘号在后且字级小一号,中间加短线表示,如"48—6"。

5.4　**幢与幢号**

幢是指一座独立的包括不同结构和不同层数的房屋。幢号以丘为单位编号,从大门起(或丘的入口处),从左到右,从前到后,用数字1,2,…按反"S"形顺序编号。幢号注记在房屋轮廓线的左下角,并加括号。当丘内房屋已有连续而完整的幢号也可继续沿用。若本幢房屋是在他人权属范围的土地上建造的房屋,或自己权属范围内的土地上有他人建造的房屋,还应在幢号的后面加注房产权号。房产权号用大写英文字母A表示,注记在房屋幢号的右侧,和幢号并列,且字号相同。若多户共有一幢房屋,还应在幢号后加注共有权号,用B表示,以相同的字号与幢号并列,注在房屋幢号右侧。

第二节　房屋调查

房屋是人们直接或辅助生产、生活、办公与学习的场所。房屋是指具有门窗、顶盖(屋面)、承重结构及围护墙体的建筑物。这四要素缺一不可。有些建筑物的顶盖如为石棉瓦、油毡纸等材料,即使其他三要素都齐全,也只能叫做简易房,不算房屋,也不是房屋调查对象。另外,借助高架桥(立交桥)的路面当做屋面的建筑物,也不是房屋调查的对象。

房屋调查的主要内容包括：房屋的坐落、产权人、使用人、产权性质、产别、层数、所在层次、建筑结构、建成年份、用途、建筑面积、占地面积、分摊面积、墙体归属、权源、产权纠纷及他项权利等，并绘出房屋权属界线示意图。在进行房屋调查时应按表 5-1 所列内容逐项调查。

表 5-1　房屋调查表

市区名称或代码________房产区号________房产分区号________丘号________序号________

<table>
<tr><td>坐落</td><td colspan="12">区(县)　　街道(镇)　　胡同(街巷)　号</td><td colspan="2">邮政编码</td><td></td></tr>
<tr><td>产权主</td><td colspan="7"></td><td colspan="2">住址</td><td colspan="6"></td></tr>
<tr><td>用途</td><td colspan="7"></td><td colspan="2">产别</td><td colspan="3"></td><td colspan="2">电话</td><td></td></tr>
<tr><td rowspan="6">房屋状况</td><td rowspan="2">幢号</td><td rowspan="2">权号</td><td rowspan="2">户号</td><td rowspan="2">层数</td><td rowspan="2">层次</td><td rowspan="2">建筑结构</td><td rowspan="2">建成年份</td><td rowspan="2">占地面积(m²)</td><td rowspan="2">使用面积(m²)</td><td rowspan="2">建筑面积(m²)</td><td colspan="4">墙体归属</td><td rowspan="2">产权来源</td></tr>
<tr><td>东</td><td>南</td><td>西</td><td>北</td></tr>
<tr><td></td><td></td><td></td><td></td><td></td><td></td><td></td><td></td><td></td><td></td><td></td><td></td><td></td><td></td><td></td></tr>
<tr><td></td><td></td><td></td><td></td><td></td><td></td><td></td><td></td><td></td><td></td><td></td><td></td><td></td><td></td><td></td></tr>
<tr><td></td><td></td><td></td><td></td><td></td><td></td><td></td><td></td><td></td><td></td><td></td><td></td><td></td><td></td><td></td></tr>
<tr><td></td><td></td><td></td><td></td><td></td><td></td><td></td><td></td><td></td><td></td><td></td><td></td><td></td><td></td><td></td></tr>
<tr><td rowspan="2">房屋权属界线示意图</td><td colspan="11" rowspan="2"></td><td>附加说明</td><td colspan="3"></td></tr>
<tr><td>调查意见</td><td colspan="3"></td></tr>
</table>

调查者：　　　　年　　月　　日

1　房屋的权属

房屋的权属包括权利人、权属来源、产权性质、产别、墙体归属、房屋权属界线示意图、房屋权属登记情况。

1.1 权利人

房屋权利人是指房屋所有权人的姓名。私人所有的房屋,一般按照产权证件上的姓名登记。若产权人已死亡则注明代理人的姓名;产权共有的房屋,应注明全体共有人姓名;房屋是典当或抵押的,应注明典当或抵押人姓名及典当或抵押情况;产权不清或无主的房屋可直接注明产权不清或无主,并作简要说明;单位所有的房屋,应注明单位全称;两个以上单位共有的房屋,应注明全体共有单位全称。

1.2 权属来源

房屋的权属来源是指产权人取得房屋产权的时间和方式,如继承、购买、受赠、交换、自建、翻建、征用、收购、调拨、价拨、拨用等。

1.3 产权性质

房屋产权性质是按照我国社会主义经济三种基本所有制的形式,对房屋产权人占有的房屋进行所有制分类,共划分为全民(全民所有制)、集体(集体所有制)、私有(个体所有制)等三类。外资房产、中外合资房产不进行分类,但应按实际注明。

1.4 产别

房屋产别是根据产权占有和管理不同而划分的类别。按两级分类,一级分8类,二级分4类,具体分类标准及编号见表5-2。

表5-2 房屋产别分类标准

一级分类		二级分类		含义
编号	名称	编号	名称	
10	国有房产			指归国家所有的房产。包括由政府接管、国家经租、收购、新建以及国有单位用自筹资金建设或购买的房产
		11	直管产	指由政府接管、国家经租、收购、新建、扩建的房产(房屋所有权已正式划拨给单位的除外),大多数由政府房地产管理部门直接管理、出租、维修,部分免租拨借给单位使用
		12	自管产	指国家划拨给全民所有制单位所有以及全民所有制单位自筹资金建设或购买的房产
		13	军产	指中国人民解放军部队所有的房产,包括由国家划拨的房产、利用军费开支或军队自筹资金购建的房产
20	集体所有房产			指城市集体所有制单位所有的房产,即集体所有制单位投资建造、购买的房产
30	私有房产			指私人所有的房产,包括中国公民、港澳台同胞、海外侨胞、在华外国侨民、外国人所投资建造、购买的房产,以及中国公民投资的私营企业(私营独资企业、私营合伙企业和私营有限公司)所投资建造、购买的房产
		31	部分产权	指按照房改政策,职工个人以标准价购买的住房,拥有部分产权

续表 5-2

一级分类		二级分类		含义
编号	名称	编号	名称	
40	联营企业房产			指不同所有制性质的单位之间共同组成新的法人型经济实体所投资建设、购买的房产
50	股份制企业房产			指股份制企业所投资建设或购买的房产
60	港、澳、台投资房产			指港、澳、台地区投资者以合资、合作或独资在祖国大陆举办的企业所投资建设或购买的房产
70	涉外房产			指中外合资经营企业、中外合作经营企业、外资企业、外国政府、社会团体、国际性机构所投资建设或购买的房产
80	其他房产			凡不属于以上各类别的房屋都归在这一类,包括因所有权人不明,由政府房地产管理部门、全民所有制单位、军队代为管理的房屋以及宗教、寺庙等房屋

1.5 墙体归属

房屋墙体归属是指四面墙体所有权的归属,一般分三类:自有墙、共有墙、借墙。在房屋调查时应根据实际的墙体归属分别注明。

1.6 房屋权属界线示意图

房屋权属界线示意图是以房屋权属单元为单位绘制的略图,表示房屋的相关位置。其内容有房屋权属界线、共有共用房屋权属界线以及与邻户相连墙体的归属、房屋的边长。对有争议的房屋权属界线应标注争议部位,并作相应的记录。

1.7 房屋权属登记情况

若房屋已办理过房屋所有权登记的,在调查表中注明房屋所有权证证号。

2 房屋的位置

房屋的位置包括房屋的坐落、所在层次。

房屋坐落是描述房屋在建筑地段的位置,是指房屋所在街道的名称和门牌号。房屋坐落在小的里弄、胡同或小巷时,应加注附近主要街道名称;缺门牌号时,应借用毗连房屋门牌号并加注东、南、西、北方位;当一幢房屋坐落在两个或两个以上街道或有两个以上门牌号时,应全部注明;单元式的成套住宅,应加注单元号、室号或产号。

所在层次是指权利人的房屋在该幢的第几层。

3 房屋的质量

房屋的质量包括层数、建筑结构、建成年份。

房屋的层数是指房屋的自然层数,一般从室内地坪以上起计算层数。采光窗在室外地坪线以上的半地下室,室内层高在 2.2 m 以上的,则计算层数。地下层、假层、夹层、暗楼、装饰性塔楼以及突出层面的楼梯间、水箱间均不计算层数。屋面上添建的不同结构的房屋不计算层数,但仍需测绘平面图且计算建筑面积。

根据房屋的梁、柱、墙及各种构架等主要承重结构的建筑材料确定房屋的结构,房屋建筑结构分类标准见表 5-3。一幢房屋一般只有一种建筑结构,如房屋中有两种或两种以上建筑结构,如能分清楚界线的,则分别注明结构,否则以面积较大的结构为准。

表 5-3　房屋建筑结构分类标准

类型		内容
编号	名称	
1	钢结构	承重的主要结构是用钢材建造的,包括悬索结构
2	钢、钢筋混凝土结构	承重的主要结构是用钢、钢筋混凝土建造的。如一幢房屋一部分梁柱采用钢筋混凝土构架建造
3	钢筋混凝土结构	承重的主要结构是用钢筋混凝土建造的,包括薄壳结构、大模板现浇结构及使用滑模、开板等先进施工方法施工的钢筋混凝土结构的建筑物
4	混合结构	承重的主要结构是用钢筋混凝土和砖木建造的。如一幢房屋的梁是用钢筋混凝土制成,以砖墙为承重墙,或者梁是用木材制造,柱是用钢筋混凝土建造
5	砖木结构	承重的主要结构是用砖、木材建造的。如一幢房屋是木制房架、砖墙、木柱建造
6	其他结构	凡不属于上述结构的房屋都归此类。如竹结构、砖拱结构、窑洞等

房屋的建成年份是指实际竣工年份。拆除翻建的,应以翻建竣工年份为准。一幢房屋有两种以上建筑年份的,应分别调查注明。

4　房屋的用途

房屋的用途是指房屋目前的实际用途,也就是指房屋现在的使用状况。房屋的用途按两级分类,一级分 8 类,二级分 28 类,具体分类标准见表 5-4。一幢房屋有两种以上用途的,应分别调查注明。

5　房屋的数量

房屋的数量包括建筑占地面积、建筑面积、使用面积、共有面积、产权面积、宗地内的总建筑面积(简称总建筑面积)、套内建筑面积等。

5.1　建筑占地面积(基底面积)

房屋的建筑占地面积是指房屋底层外墙(柱)外围水平面积,一般与底层房屋建筑面积相同。

表 5-4 房屋用途分类标准

一级分类		二级分类		内容
编号	名称	编号	名称	
10	住宅	11	成套住宅	指由若干卧室、起居室、厨房、卫生间、室内走道或客厅等组成的供一户使用的房屋
		12	非成套住宅	指人们生活起居的但不成套的房屋
		13	集体宿舍	指机关、学校、企事业单位的单身职工、学生居住的房屋。集体宿舍是住宅的一部分
20	工业交通仓储	21	工业	指独立设置的各类工厂、车间、手工作坊、发电厂等从事生产活动的房屋
		22	公用设施	指自来水、泵站、污水处理、变电、燃气、供热、垃圾处理、环卫、公厕、殡葬、消防等市政公用设施的房屋
		23	铁路	指铁路系统从事铁路运输的房屋
		24	民航	指民航系统从事民航运输的房屋
		25	航运	指航运系统从事水路运输的房屋
		26	公交运输	指公路运输公共交通系统从事客货运输、装卸、搬运的房屋
		27	仓储	指用于储备、中转、外贸、供应等各种仓库、油库用房
30	商业金融信息	31	商业服务	指各类商店、门市部、饮食店、粮油店、菜场、理发店、照相馆、浴室、旅社、招待所等从事商业和为居民生活服务的房屋
		32	经营	指各种开发、装饰、中介公司从事经营业务活动所用的场所
		33	旅游	指宾馆饭店、乐园、俱乐部、旅行社等主要从事旅游服务所用的房屋
		34	金融保险	指银行、储蓄所、信用社、信托公司、证券公司、保险公司等从事金融服务所用的房屋
		35	电信信息	指各种电信部门、信息产业部门从事电信与信息工作所用的房屋
40	教育医疗卫生科研	41	教育	指大专院校、中等专业学校、中学、小学、幼儿园、托儿所、职业学校、业余学校、干校、党校、进修学校、工读学校、电视大学等从事教育所用的房屋
		42	医疗卫生	指各类医院、门诊部、卫生所(站)、检(防)疫站、保健院(站)、疗养院、医学化验、药品检验等医疗卫生机构从事医疗、保健、防疫、检验所用的房屋
		43	科研	指各类从事自然科学、社会科学等研究设计、开发所用的房屋

续表 5-4

一级分类		二级分类		内容
编号	名称	编号	名称	
50	文化娱乐体育	51	文化	指文化馆、图书馆、展览馆、博物馆、纪念馆等从事文化活动所用的房屋
		52	新闻	指广播电视台、电台、出版社、报社、杂志社、通讯社、记者站等从事新闻出版所用的房屋
		53	娱乐	指影剧院、游乐场、俱乐部、剧团等从事文娱演出所用的房屋
		54	园林绿化	指公园、动物园、植物园、陵园、苗圃、花圃、花园、风景名胜、防护林等所用的房屋
		55	体育	指体育场(馆)、游泳池、射击场、跳伞塔等从事体育所用的房屋
60	办公	61	办公	指党政机关、群众团体、行政事业等行政、事业单位等所用的房屋
70	军事	71	军事	指中国人民解放军军事机关、营房、阵地、基地、机场、码头、工厂、学校等所用的房屋
80	其他	81	涉外	指外国使(领)馆、驻华办事处等涉外机构所用的房屋
		82	宗教	指寺庙、教堂等从事宗教活动所用的房屋
		83	监狱	指监狱、看守所、劳改场(所)等所用的房屋

5.2 建筑面积

建筑面积是指房屋外墙(柱)勒脚以上各层的外围水平投影面积,包括阳台、挑廊、地下室、室外楼梯等,有上盖,结构牢固,层高 2.2 m 以上(含 2.2 m)的永久性建筑的面积。每户(或单位)拥有的建筑面积叫分户建筑面积。平房建筑面积指房屋外墙勒脚以上的墙身外围的水平面积。楼房建筑面积则指各层房屋墙身外围水平面积的总和。

5.3 使用面积

使用面积是指房屋户内全部可供使用的空间面积,按房屋的内墙面水平投影计算。包括直接供办公、生产、经营或生活使用的面积和辅助用房如厨房、厕所或卫生间以及壁柜、户内过道、户内楼梯、阳台、地下室、附层(夹层)、2.2 m 以上(指建筑层高,含 2.2 m,以下同)的阁(暗)楼等面积。

5.4 共有面积

共有面积是指各产权主共同拥有的建筑面积。主要包括:层高超过 2.2 m 的单车库、设备层或技术层、室内外楼梯、楼梯悬挑平台、内外廊、门厅、电梯及机房、门斗、有柱雨篷、突出屋面有围护结构的楼梯间、电梯间及机房、水箱等面积。

5.5 房屋的产权面积

房屋的产权面积是指产权主依法拥有房屋所有权的房屋建筑面积。房屋产权面积由直辖市、市、县房地产行政主管部门登记确权认定。

6　其他情况

6.1　他项权利

他项权利是产权人和权利人用契约形式设定的权利，如典当权、抵押权的设定。房屋设有他项权利的，应在调查表中相应栏作出说明。

6.2　产权纠纷

产权纠纷可能发生在各相邻权属单元之间，包括单位与单位之间、单位与私人之间、私人之间的纠纷。纠纷协调解决了的，按已明确权属界线处理；产权不清或有争议的，如实作出记录，图上用未定界符号标注。

第三节　房屋用地调查

房屋用地调查可以与房屋调查同时进行，也可分别进行。调查前，要做好充分的准备，收集相关的测绘资料、土地定级资料和一些图件。房屋用地调查的主要内容包括用地坐落、产权性质、土地等级、税费、用地人、用地单位性质、土地使用权来源、四至、界标、房屋用地用途、面积、用地略图以及其他情况的记录等。房屋用地调查记录簿应采用专门的房屋用地调查表（见表5-5），并绘制房屋用地范围示意图（用地略图）。

表5-5　房屋用地调查表

市区名称或代码______　房产区号______　房产分区号______　丘号______　序号______

<table>
<tr><td colspan="2">坐落</td><td colspan="7">区（县）　街道（镇）　胡同（街巷）　号</td><td>电话</td><td></td><td>邮政编码</td><td></td></tr>
<tr><td colspan="2">产权性质</td><td></td><td>产权主</td><td></td><td colspan="2">土地等级</td><td colspan="2"></td><td>税费</td><td></td><td rowspan="7">附加说明</td><td rowspan="7"></td></tr>
<tr><td colspan="2">使用人</td><td></td><td>住址</td><td colspan="5"></td><td>所有制性质</td><td></td></tr>
<tr><td colspan="2">用地来源</td><td colspan="7"></td><td>用地用途</td><td></td></tr>
<tr><td rowspan="4">用地状况</td><td rowspan="2">四邻</td><td>东</td><td>南</td><td>西</td><td>北</td><td rowspan="2">界标</td><td>东</td><td>南</td><td>西</td><td>北</td></tr>
<tr><td></td><td></td><td></td><td></td><td></td><td></td><td></td><td></td></tr>
<tr><td rowspan="2">面积（m^2）</td><td colspan="2">合计用地面积</td><td colspan="2">房屋占地面积</td><td colspan="2">院地面积</td><td colspan="2">分摊面积</td><td></td></tr>
<tr><td colspan="2"></td><td colspan="2"></td><td colspan="2"></td><td colspan="2"></td><td></td></tr>
<tr><td colspan="2">用地略图</td><td colspan="11"></td></tr>
</table>

调查者：　　　　　年　　月　　日

1　房屋用地情况的调查

1.1　用地人、用地人所有制性质

用地人是指房屋用地使用权人的名称或姓名,用地人的所有制性质按第二节中房屋所有人所有制性质填写。

1.2　权源

权源即房屋用地(土地)使用权的来源。权源调查主要是调查房屋用地使用权的单位和个人取得其使用权的时间、方式及数量。时间以获得土地使用权正式文件的日期为准;取得土地使用权的方式有征用、划拨、出让和转让等;数量以文件中规定范围内的面积为准。

1.3　土地等级

城镇土地等级是根据市政建设情况、经济繁荣程度、商业发展程度、公用事业及交通状况、城市发展规划、工程地质条件及自然生态环境等条件综合评估而划分的等级。

各地方人民政府根据国家土地等级划分的总原则,结合本地区的特点制定适合本地区的地区性土地等级评估标准,并按该标准划分土地各等级的区域。房屋用地等级根据其所在区域土地等级填写。

1.4　房屋用地的税费

按房屋用地使用人向税务部门缴纳的年度金额为准,按年计征额填写。其中属于免征对象应注明"免征",并简注原因。对于外资企业和中外合资企业的用地,依照国家法律和国务院有关规定执行,调查中也必须向征收部门收集有关资料填写。

1.5　土地的所有制性质

《中华人民共和国土地管理法》规定,城市市区的土地属国家所有。农村和城市郊区的土地,除由法律规定属于国家所有外,属于集体所有。土地的所有制性质不受土地使用权人性质和土地上附着物产权性质的限制。即土地的所有制性质只有国家所有和集体所有,集体所有的还应加注土地所有权的单位名称,如"集体(李家村)"。

1.6　房屋用地用途分类

一块用地内的房屋类别不完全相同时,以其主要的或多数的类别为准,填写二级分类代码。房屋用地用途分类可参阅《房产测量规范》。

1.7　房屋用地面积

调查房屋用地面积时应根据用地单位合法取得土地使用权的文件或已进行过房屋用地登记的产权产籍档案资料进行调查。房屋用地面积指的是用地单位实际面积,即为红线内的面积,除记录实际面积外,还应对红线范围内的代征道路、市政设施及各类通道所用面积进行调查记录。组合丘内对丘面积和各权属单元的用地面积应逐一调查。对于几个权属单元因权属界线相互交错,分幅图上难以表示而划分的组合丘,丘内各权属单元用地面积总和应与丘面积比较。对其不符值应进行分析,查找原因,属于误差范畴的按各权属单元用地面积比例进行配赋,省去不符值,即保证各权属单元用地面积总和与丘面积相等。

2 房屋用地权属界线

2.1 房屋用地界址线的调查

房屋用地界址线是指用地单位合法使用土地范围的边界线，它是一闭合的多边形。房产调查中对房屋用地界址线调查时，如已进行确权登记的，以相关产权产籍资料为准，如未进行确权的，调查人员必须根据资料档案结合实地情况，会同用地权利人和所涉及相邻关系的权利人现场共同指界确定，这也是确认用地使用权属的工作程序。对于资料档案和双方皆无法确定或存在争议的界址线，调查人员应如实详细做好记录，报请相关主管部门进一步落实解决。

2.2 界标

界标指房屋用地范围权属界址线界址标志。调查时可填写用地范围边界界标物的名称，例如围墙、墙壁、栅栏、篱笆、界桩，或河流、道路名称等。当界标物为线状地物时，一定要确定界址线与界标的位置关系（一般以内、中、外表示）。

2.3 用地的四至关系

房屋用地四邻地块情况为房屋用地的四至。房屋用地的四至一般按东、南、西、北概略方位，分别调查与之相邻的街道名、丘号，或沟、渠、水域等名称。

2.4 房屋用地范围示意图的绘制

房屋用地范围示意图，是以房屋用地单元即丘为单位，主要表示房屋用地范围及其权属界线，并用概略比例尺绘制的略图。房屋用地范围示意图应表示的内容有：

（1）用地界线及其权属，包括共用院落界线。

（2）界标及其类别。

（3）用地范围内房屋的位置及形状。

（4）注记房屋用地界线边长，包括共用院落的相对定位关系尺寸。

（5）标注用地四至名称。

第四节 房屋建筑面积测算

房屋面积测算为房地产产权产籍管理、核发权证、房地产开发等提供必不可少的资料；同时也为房地产税费的征收、城镇规划和建设提供重要的依据。

1 面积测算的精度要求

依据我国现行国家标准《房产测量规范》，房地产面积精度分为三级，各级房屋面积测算的精度要求见表5-6。对城市繁华地段、商业区以及某些特殊建筑物的房屋，或者产权人自己有要求时可使用一级房屋面积精度标准，对城市的商品房或进入房地产市场的房屋面积应达到二级精度要求，其他房屋应达到三级房屋面积的精度标准。

表 5-6　房屋面积测算的中误差与限差　（单位：m^2）

房屋面积精度等级	房屋面积中误差	房屋面积误差的限差
一级	$\pm 0.01\sqrt{S} + 0.0003S$	$\pm 0.02\sqrt{S} + 0.0006S$
二级	$\pm 0.02\sqrt{S} + 0.001S$	$\pm 0.04\sqrt{S} + 0.002S$
三级	$\pm 0.04\sqrt{S} + 0.003S$	$\pm 0.08\sqrt{S} + 0.006S$

2　建筑面积计算范围

2.1　计算全建筑面积的范围

(1)单层建筑物,不论其高度如何,均按一层计算,其建筑面积按建筑物外墙勒脚以上的外围水平面积计算,单层建筑物内如带有部分楼层,亦应计算建筑面积。

(2)高低联跨的单层建筑物,如需分别计算建筑面积,高跨为边跨时,其建筑面积按勒脚以上两端山墙外表面间的水平长度乘以勒脚以上外墙表面至高跨中柱外边线的水平宽度计算;当高跨为中跨时,其建筑面积按勒脚以上两端山墙外表面间的水平长度乘以中柱外边线的水平宽度计算。

(3)多层建筑物的建筑面积按各层建筑面积总和计算,其中第一层按建筑物外墙勒脚以上外围水平面积计算,第二层及第二层以上按外墙外围水平面积计算。

(4)地下室、半地下室、地下车间、仓库、商店、地下指挥部等及相应出入口的建筑面积按其上口外墙(不包括采光井、防潮层及其保护墙)外围的水平面积计算。

(5)坡地建筑物利用吊脚做架空层加以利用且层高超过 2.2 m 的,按围护结构外围水平面积计算建筑面积。

(6)穿过建筑物的通道,建筑物内的门厅、大厅,不论其高度如何,均按一层计算建筑面积。门厅、大厅内回廊部分按其水平投影面积计算建筑面积。

(7)图书馆的书库按书架层计算建筑面积。

(8)电梯井、提物井、垃圾道、管道井、烟道等均按建筑物自然层计算建筑面积。

(9)舞台灯光控制室按围护结构外围水平面积乘以实际层数计算建筑面积。

(10)建筑物内的技术层或设备层,层高超过 2.2 m 的,应按一层计算建筑面积。

(11)突出屋面的有围护结构的楼梯间、水箱间、电梯机房等按围护结构外围水平面积计算建筑面积。

(12)突出墙外的门斗按围护结构外围水平面积计算建筑面积。

(13)跨越其他建筑物的高架单层建筑物,按其水平投影面积计算建筑面积。

2.2　计算一半建筑面积的范围

(1)用深基础做地下室架空加以利用,层高超过 2.2 m 的,按架空层外围的水平面积的一半计算建筑面积。

(2)有柱雨篷按柱外围水平面积计算建筑面积;独立柱的雨篷按顶盖的水平投影面积的一半计算建筑面积。

(3)有柱的车棚、货棚、站台等按柱外围水平面积计算建筑面积;单排柱、独立柱的车棚、货棚、站台等按顶盖的水平投影面积的一半计算建筑面积。

(4)封闭式阳台、挑廊按其水平面积计算建筑面积;凹阳台、挑阳台、有柱阳台按其水平投影面积的一半计算建筑面积。

(5)建筑物墙外有顶盖和柱的走廊、檐廊按其投影面积的一半计算建筑面积。

(6)两个建筑物间有顶盖和柱的架空通廊,按通廊的投影面积计算建筑面积;无顶盖的架空通廊按其投影面积的一半计算建筑面积。

(7)室外楼梯作为主要通道和用于疏散的均按每层水平投影面积计算建筑面积;楼内有楼梯的,室外楼梯按其水平投影面积的一半计算建筑面积。

2.3　不计算建筑面积的范围

(1)突出墙面的构件配件和艺术装饰,如柱、垛、勒脚、台阶、挑檐、庭园、无柱雨篷、悬挑窗台等。

(2)检修、消防等用的室外爬梯。

(3)层高在2.2 m以内的技术层。

(4)没有围护结构的屋顶水箱,建筑物上无顶盖的平台(露台),舞台及后台悬挂幕布、布景的天桥、挑台。

(5)建筑物内外的操作平台、上料平台,以及利用建筑物的空间安置箱罐的平台。

(6)构筑物,如独立烟囱、烟道、油罐、贮油(水)池、贮仓、园库、地下人防干支线等。

(7)单层建筑物内分隔的操作间、控制室、仪表间等单层房间。

(8)层高小于2.2 m的深基础地下架空层、坡地建筑物吊脚、架空层。

(9)层高2.2 m及以下的建筑。

3　房屋共有面积分摊计算

3.1　房屋共有面积含义

房屋共有面积包括应分摊的共有面积和不应分摊的共有面积。

3.1.1　应分摊的共有面积

应分摊的共有面积主要有室内外楼梯、电梯井、管道井、楼梯间、垃圾道、变电室、设备间、公共门厅、过道、值班警卫室等,以及为整幢房屋服务的公共用房和管理用房的建筑面积,以水平投影面积计算;还包括套与公共建筑之间的分隔墙,以及外墙(包括山墙)水平投影面积一半的建筑面积;多层房屋中突出屋面的楼梯间、有维护结构的水箱间等建筑面积。

3.1.2　不应分摊的共有面积

不应分摊的共有面积是指,除前所列应分摊面积外,建筑报建时未计入容积率的共有面积和有关文件规定不进行分摊的共有面积,包括独立使用的机动车库、地下室、半地下室、车棚和人防工程的建筑面积,梁底标高不高于2 m的架空结构转换层和架空作为社会公众休息或交通的场所等建筑面积。

由于房地产市场交易、办理房屋抵押贷款等适应社会经济发展的需要,共有面积的分摊必须符合有关法律法规的要求,严格按照技术规程的要求进行分摊计算。

3.2　共有面积的分摊原则

3.2.1　按文件或协议分摊

有面积分割文件或协议的,按其文件或协议分摊。这种情况一般是对一幢房屋有两个以上权利人而言,在实际情况中并不多见。

3.2.2 按比例分摊

无面积分割文件或协议的,按其使用面积的比例分摊,即:

各单元应分摊的共有面积 = 单元套内建筑面积 × 分摊系数 k

其中:

k = 应分摊的共有面积/各单元套内建筑面积之和

3.2.3 按功能区分摊

对有多种功能的房屋(如综合楼、商住楼),共有面积应参照其服务功能进行分摊,具体如下:

(1)对服务于整个建筑物的共有面积应共同分摊,否则按其服务的建筑功能分别进行分摊。

(2)仅服务于住宅的共有面积,计入住宅部分进行分摊;服务于住宅部分的电梯间、楼梯间,通过其他建筑功能的楼层,则按住宅部分面积和其他建筑面积的各自比例分配相应的分摊面积。

(3)建筑物报建时计入容积率的其他共有面积均应分摊。

(4)共有面积的分摊除有特殊规定外,一般按服务功能进行分摊,分摊时凡属本层的共有面积只在本层分摊,服务于整幢的共有面积在整幢分摊,只为某部分建筑物服务的共有面积,只在该部分分摊。

(5)建筑物天顶部分的共有面积,如无特殊要求,则无条件由整幢建筑物分摊。

3.3 共有面积的分摊方法

3.3.1 住宅楼共有建筑面积的分摊方法

住宅楼的共有建筑面积以幢为单位进行分摊,根据整幢的共有建筑面积和整幢套内面积的总和求取整幢住宅楼的分摊系数,再根据各套房屋的套内建筑面积,求得各套房屋应分摊的共有建筑面积。

各套房屋的分摊面积

$$\delta S_{Ti} = \frac{\Delta S_z}{\sum S_{Ti}} \cdot S_{Ti} \tag{5-1}$$

式中 $\frac{\Delta S_z}{\sum S_{Ti}}$——整幢房屋共有建筑面积的分摊系数;

S_{Ti}——各套(第 i 套)房屋的套内建筑面积,m^2,i 为套号;

$\sum S_{Ti}$——整幢房屋各套房屋套内建筑面积的总和,m^2;

ΔS_z——整幢房屋的共有建筑面积,m^2。

整幢房屋的共有建筑面积是由整幢房屋的建筑面积扣除各套房屋的套内建筑面积之和,并扣除作为独立使用的地下室、车棚、车库等建筑面积和为多幢房屋服务的警卫室、管理用房、设备用房,以及人防工程等建筑面积,即为该幢房屋的共有建筑面积。

3.3.2 多功能综合楼共有建筑面积的分摊方法

多功能综合楼是指具有多种用途的建筑物。按照谁使用谁分摊的原则,对各级共有建筑面积按照各自的功能和服务对象分别进行分摊,即进行多级分摊。参照国家标准

《房产测量规范》的规定,采取由上而下的分摊模式,即首先分摊整幢的共有建筑面积,把它分摊至各功能区;功能区再把分到的分摊面积和功能区原来自有的共有建筑面积加在一起,再分摊到功能区各个层,然后层把分到的分摊面积和层的共有建筑面积加在一起,最后分摊至各套或各户。如果各功能区内,各层结构相同,共有建筑面积也相同,则可免去这一级分摊,由功能区直接分摊至套或户。

3.3.3　*商住楼共有建筑面积的分摊方法*

商住楼共有建筑面积的分摊可参照多功能综合楼共有建筑面积的分摊方法。首先根据住宅和商业等的不同使用功能按各自的建筑面积将全幢的共有建筑面积分摊成住宅和商业两部分,即住宅部分分摊得到的全幢共有建筑面积和商业部分分摊得到的全幢共有建筑面积。然后住宅部分和商业部分将分摊所得的共有建筑面积各自进行分摊。

住宅部分:将分摊得到的全幢共有建筑面积,加上住宅部分本身的共有建筑面积,按各套房屋的套内建筑面积计算各套房屋分摊的共有建筑面积。

商业部分:将分摊得到的全幢共有建筑面积,加上商业部分本身的共有建筑面积,按各层套内建筑面积依比例分摊至各层,作为各层共有建筑面积的一部分,加至各层的共有建筑面积中,得到各层总的共有建筑面积,然后根据层内各套房屋的套内建筑面积按比例分摊至各套,求出各套房屋分摊的共有建筑面积。

第五节　房屋调查及面积测算的技术要求

1　房屋调查技术要求

在现场调查中要在草图上注记门牌号、街坊名称、业主(单位)名称、四至、幢号、房屋结构、层数、墙体归属等情况,同时按墙体归属丈量其建筑面积。

在房屋面积统一调查之前,已签订《购房合同书》的,或已办了房屋所有权证的,按原合同或原所有证的面积为准。

在地籍调查过程中,已有资料中有建筑面积的,要查清建筑面积的来源,如果原面积数据未按技术要求调查计算求得,而是采用框算数据或自报数据的,要重新调查,把建筑面积更新为准确面积数据。

2　面积测算技术要求

2.1　房屋丈量工具及精度要求

(1)经检定的钢卷尺。使用钢卷尺量距时,钢尺两端应选取房屋的相同参考点,以保持钢尺处于水平位置,同尺 2 次丈量读数之差 ΔD 应满足:

$$|\Delta D| \leqslant 0.0005D(D > 10\ \mathrm{m})$$

$$|\Delta D| \leqslant 0.0001D(D \leqslant 10\ \mathrm{m})$$

(2)红外测距仪或全站仪。使用红外测距仪或全站仪测边时,应使测线离地面约 1.2 m,并使测线两端符合房屋边长。一测回读数较差 ΔD 应满足:

$$|\Delta D| \leqslant 0.01\ \mathrm{m}$$

(3)手持式测距仪。经检定的手持式测距仪两次测量读数之差 ΔD 应满足：

$$|\Delta D| \leqslant 0.005\ \text{m}$$

2.2 房屋丈量技术要求

(1)没有建筑设计图纸的旧房屋,其边长全部实测获取。

(2)有建筑设计图的住宅楼、写字楼、公寓楼和只需提供整层面积的厂房、仓库、商业楼的边长数据,按如下办法采集：

①使用经批准的房屋建筑设计图到现场与实际建筑物从形状、结构、层数上进行全面对照。若实际建筑物形状、结构、层数与图纸上相符,则抽查测量部分房屋的边长,实测边长与图纸上尺寸之差的绝对值 $\leqslant 0.003D$(其中 D 为实测边长值,以 m 为单位,当 D 小于 10 m 时,以 10 m 计)时,则该房屋的边长可取用建筑设计图上的尺寸。

②抽查房屋边长应遵守选取具有代表性的和具有关键性的这一原则。具体是:房屋的总长度及总宽度、内外走廊的宽度、梯间面积中的两条边、住宅房每一套型中的两条边及阳台两条边、设备房两条边、消防避难层中非消防避难部分的两条边、屋面梯间及水箱间的两条边、写字楼的上下层中各一单元中的两条边。此外,在对照过程中有疑问部分应实测。

③属下列情况的,整幢房屋边长全部实测:全面对照后,房屋 1/3 以上楼层的形状或结构与图纸不符的,但房屋各楼层中均相同的个别部位不符者除外,如各楼层均加(少)建一阳台或一个管道井、垃圾道等;房屋的总长度或总宽度的实测值与图上尺寸之差超规定限值的;除总长度及总宽度外的其他抽查边中差值超限差的边数达 50% 以上的。除总长度或总宽度外,个别抽查边长与图纸上尺寸之差超限值时,应增加相应边的测量次数或该边的测量次数,该边长取用实测值计算面积。

2.3 房屋面积计算要求

房屋面积计算的一般要求是：

(1)房地产面积的测算,均指水平投影面积的测算。

(2)各类面积的测算,必须独立测算两次,其较差应在规定的限差以内,取中数作为最后结果。

(3)边长以 m 为单位,取至 0.01 m;面积以 m^2 为单位,取至 0.01 m^2;共有建筑面积分摊系数至少保留五位小数。

(4)房屋建筑面积测算的最大误差为两倍中误差。

思考与练习

5-1　名词解释:房产调查、假层、气屋、夹层、暗楼、过街楼、吊楼、阳台、天井、天棚。

5-2　简述房产调查的方法。

5-3　叙述丘、幢的划分与编号方法。

5-4　房屋调查的内容有哪些?

5-5　房屋用地调查的内容有哪些?

5-6　叙述房屋面积测算的要求。

5-7　如何进行房屋共有建筑面积的分摊计算?

第六章　地籍控制测量

地籍控制测量是地籍图件的数学基础,是关系到界址点精度的全局性的技术环节。它是根据界址点及地籍图的精度要求,结合测区范围的大小、测区内现有控制点数量和等级情况,按控制测量的基本原则和精度要求进行技术设计、选点、埋石、野外观测、数据处理等的测量工作。

地籍控制测量的目的是在测区建立一个有一定精度和密度的地籍控制点网,为地籍测量提供一个准确可靠的定位基准。其质量直接影响界址点测量、地籍图测绘和面积量算的质量,也影响地籍资料更新的质量和效率。

地籍控制测量包括地籍平面控制测量和地籍高程控制测量。地籍平面控制测量又可分为基本控制测量和图根控制测量两个层次。对地籍测量来说,通常只对测区建立平面控制,仅在山区和丘陵地区才实施高程控制测量。

同地形控制网点相比,地籍控制网点不但要满足测绘地籍图的需要,还要以厘米级的精度(城镇)测定土地权属界址点的坐标和用于日常的地籍变更测量。因此,地籍控制测量除具有一般地形控制测量的特点外,在质和量上又有别于地形控制测量。其特点是:

(1)精度要求高。地籍图的比例尺一般较大(1:500~1:2 000),地籍元素间的相对误差限制较严。因此,地籍平面控制测量精度要求较高,以保证界址点和地籍元素的精度。

(2)平面控制网多采用导线形式。在城镇地区由于房屋密集、视野不开阔等因素,为满足界址点坐标精度的要求,必须布设大量的一、二级导线点和图根导线点。

(3)地籍控制点的精度与测图比例尺无关,故其精度就不能像地形控制一样取决于测图比例尺的大小。

(4)现代地籍的一个主要用途,就是其资料能用于城市规划、土地利用总体规划和各类工程设计。为此,所有的地籍图、地籍图形数据库及各种几何数据在大区域内应能进行拼接且不出现矛盾,否则,不但给管理带来不便,而且其数据也难以用于规划设计。这就要求地籍控制网点有更高的精度和可靠性。

本章将根据《城镇地籍调查规程》(简称《规程》)和《地籍测绘规范》(简称《规范》)的有关规定,着重论述城镇地区地籍平面控制测量的基本要求、布设方法、外业施测和内业计算等。

第一节　地籍基本控制测量

地籍基本控制测量包括一、二、三、四等国家平面控制测量;二、三、四等城市平面控制测量;一、二级导线测量;相应等级的 GPS(全球定位系统)测量。

1　地籍基本控制测量的要求

地籍平面控制在精度上要满足测定宗地界址点坐标精度的要求,在密度上要满足权属界址等地籍细部测量的要求。

1.1 精度和密度要求

1.1.1 控制点的精度

地籍平面控制测量的精度是以界址点的精度和地籍图的精度为依据而制定的,《规程》规定:四等网中最弱相邻点的相对点位中误差不得超过 ±5 cm;四等以下网最弱点(相对于起算点)的点位中误差不得超过 ±5 cm。

1.1.2 控制点的密度

平面控制点的密度应根据界址点的精度和密度以及地籍图的比例尺和成图方法等因素来定(一般每幅图的控制点个数为 10 ~ 20 个)。此外,还应考虑地籍测量的特殊性,即应满足地籍测量资料的更新和恢复界址点位置的需要。

为了满足地籍测量资料的更新和恢复界址点位置的需要,不论何种成图方法,都要求每幅图内有一定数量的埋石点,具体规定见表 6-1。

表 6-1 控制点的密度要求

比例尺	埋石点最小密度(个/幅)
1:500	3
1:1 000	4
1:2 000	4

如果城镇地籍测量,特别是南方城镇,旧城居民区内巷道错综复杂,建筑物多而乱,界址点非常多,在这种情况下,适当地增加控制点密度和数目,才能满足地籍测量的需求。

在通常情况下,地籍控制网点之间的平均边长为:

(1)城镇城区,100 ~ 200 m(布设三级地籍控制);

(2)城镇稀疏建筑区,200 ~ 400 m(布设二级地籍控制);

(3)城镇郊区,400 ~ 500 m(布设一级地籍控制)。

1.2 各等级地籍基本控制网的主要技术要求

地籍基本控制测量可以采用常规的三角测量、导线测量等方法,也可采用 GPS 测量方法。按照《规程》和《规范》的有关规定,各等级的三角测量、光电测距导线测量、钢尺量距导线测量和 GPS 测量的主要技术要求见表 6-2 ~ 表 6-6。

表 6-2 三角网的主要技术要求

等级	平均边长(km)	测角中误差(″)	起始边长相对中误差	最弱边长相对中误差
二等	9	±1.0	1/300 000	1/120 000
三等	5	±1.8	首级 1/200 000 加密 1/120 000	1/80 000
四等	2	±2.5	首级 1/120 000 加密 1/80 000	1/45 000
一级小三角	1	±5	1/40 000	1/20 000
二级小三角	0.5	±10	1/20 000	1/10 000

表 6-3　光电测距导线测量的主要技术要求

等级	附合导线长度(km)	平均边长(m)	每边测距中误差(mm)	测角中误差(″)	导线全长相对闭合差	水平角观测测回数			方位角闭合差(″)
						DJ_1	DJ_2	DJ_6	
三等	15	3 000	±18	±1.5	1/60 000	8	12		$\pm 3\sqrt{n}$
四等	10	1 600	±18	±2.5	1/40 000	4	6		$\pm 5\sqrt{n}$
一级	3.6	300	±15	±5.0	1/14 000		2	6	$\pm 10\sqrt{n}$
二级	2.4	200	±12	±8.0	1/10 000		1	3	$\pm 16\sqrt{n}$
三级	1.5	100	±12	±12.0	1/6 000		1	2	$\pm 24\sqrt{n}$

表 6-4　钢尺量距导线测量的主要技术要求

等级	附合导线长度(km)	平均边长(m)	往返丈量较差相对误差	测角中误差(″)	导线全长相对闭合差
一级	2.5	250	1/20 000	±5	1/10 000
二级	1.8	180	1/15 000	±8	1/700

表 6-5　各等级 GPS 相对定位测量的主要技术规定

等级	平均边长(km)	GPS接收机性能	观测量	接收机标称精度优于(mm)	同步观测接收机数量
二等	9	双频(或单频)	载波相位	$10+2\times10^{-6}$	≥2
三等	5	双频(或单频)	载波相位	$10+3\times10^{-6}$	≥2
四等	2	双频(或单频)	载波相位	$10+3\times10^{-6}$	≥2
一级	0.5	双频(或单频)	载波相位	$10+3\times10^{-6}$	≥2
二级	0.2	双频(或单频)	载波相位	$10+3\times10^{-6}$	≥2

表 6-6　各等级 GPS 相对定位测量的主要技术规定

项目	等级				
	二等	三等	四等	一级	二级
卫星高度角	≥15°	≥15°	≥15°	≥15°	≥15°
有效观测卫星总数	≥6	≥4	≥4	≥3	≥3
时段中任一卫星有效观测时间(min)	≥20	≥15	≥15		
观测时段数(个)	≥2	≥2	≥2		
观测时段长度(min)	≥90	≥60	≥60		
数据采样间隔(s)	15~60	15~60	15~60		
卫星观测值象限分布	3 或 1	2~4	2~4	2~4	2~4
点位几何图形强度因子(PDOP)	≤8	≤10	≤10	≤10	≤10

2 技术设计

地籍平面控制网的技术设计的拟定是测量工作中的一个重要环节,它将直接影响后续测量工作能否顺利开展以及能否布设最佳控制等问题,所以一定要加以重视。

拟定技术设计,主要依据地籍测量的任务和精度要求,测区内地形情况和地物布置特点,按布网原则进行,其步骤如下。

2.1 收集和研究资料

要使设计做到切合实际,就必须充分收集测区内各种有关资料,包括:

(1)各种比例尺地形图、地籍图、交通图。

(2)已有的各等级控制点成果表、点之记、布网图和技术总结,便于选定测区的坐标系、高程系。

(3)控制点保存情况。

(4)测区内的水文、气象和地质、地下水位及冻土层深度等资料,以便建标、埋石、安排作业时间等参考。

(5)城镇总体规划图。

(6)测区内有关政治、经济、文化以及风土人情等情况。

对已收集到的资料进行分析研究,以确定网的布设形式,起始数据如何获得,网的坐标系、投影带和投影面的选择及网的未来扩展等。取其有价值的部分作为设计的参考。

2.2 坐标系的选择

坐标系的选择应以投影长度变形值不大于2.5 cm/km(即相对变形小于1∶40 000)为原则,并根据测区地理位置和平均高程而定。可按下列顺序选择地籍测量平面控制网的坐标系统。

2.2.1 国家统一坐标系

当长度变形值不大于2.5 cm/km时,应选用国家统一坐标系。

实际上,长度变形值小于2.5 cm/km的测区是不多的。

2.2.2 地方坐标系

当长度变形值大于2.5 cm/km时,可采用地方坐标系,即依次采用:

(1)投影于抵偿高程面上的高斯正形投影3°带的平面直角坐标系。

(2)高斯正形投影任意带的平面直角坐标系,投影面可采用黄海平均海水面或测区平均高程面。

2.2.3 独立坐标系

当测区面积小于100 km^2 时,可不经投影采用假定平面直角坐标系在平面上直接进行计算,即采用独立平面直角坐标系。

2.3 独立平面坐标系的确定方法

在不具备经济实力的条件下,要快速完成本地区的地籍调查和测量工作,可考虑建立独立坐标系,建立方法如下。

2.3.1 起始点坐标的确定

(1)图解法。先准备一张地形图(如1∶10 000),在图上标绘出所要进行地籍测量的区域。在此区域内选择一适当的特征点,例如主要道路交叉点或某一固定地物作为起始待定点,然后对其实地勘察,认为可行后,做好长期保存的标志,并给予编号。回到室内后,在地形图上量取该点的纵横坐标作为首级控制网的起始点坐标。

(2)假定法。如果地籍测量区域搜集正规分幅的地形图有困难,也可直接假定起始点坐标。例如,计划施测九峰乡全乡宅基地地籍图,以便核发土地使用证,经研究确定采用独立坐标系。在实地踏勘后,认为该区域西南角之水塔作为坐标起始点较为合适(见图6-1),并令它的坐标值为 $X=1\ 000.00$ m,$Y=2\ 000.00$ m。数值是任意假定的,但必须注意,用它发展该地区的控制点和界址点,应不使其坐标出现负值。

图6-1　独立坐标系的建立

(3)交会法。在施测集镇和村庄宅基地地籍图中,一般使用岛图形式,并不要求大面积拼接。因此,当本地无起始点,而在几千米范围内找得到大地点时,可采用交会或插点的方法确定一点的坐标,做好固定标志后,用它作为该地独立坐标系的原点,既经济,又简便。

2.3.2　起始方位角的确定

由坐标计算基本原理知,当假定了一点的坐标后,例如图6-1的 A 点(水塔),还必须有一个起始方位角和一条起始边,方能发展新点,进行局部控制测量。起始边长用红外测距仪测距或钢尺量距(具体方法见测量学方面的教材),而方位角可由以下两种方法确定:

(1)量算方位角法。在准备好的地形图上标出起始点和第一个未知点,例如图6-1中的 A 点(水塔)和 B 点(乡政府楼上),用直线连接两点,过 A 点作坐标纵线,将透明量角器置于其上,测出其夹角 α_{AB} 即可。

(2)磁方位角计算法。在起始点 A 设置罗盘仪,后视 B 点,测出 A、B 点的磁方位角

m_{AB}，然后按下式计算出方位角 α_{AB}：

$$\alpha_{AB} = m_{AB} + \delta + \gamma - \Delta\gamma \tag{6-1}$$

式中 δ——磁偏角，可从地磁偏角等线图上查取；

γ——子午线收敛角，可用该地的经纬度计算；

$\Delta\gamma$——罗针改正数，用作业罗针与标准罗针比较而得，当定向角的精度要求不高或罗针磁性较强时可省略此项。

2.4 首级平面控制网的等级的确定

首级平面控制网的等级主要由测区面积来确定，参照表 6-7。

表 6-7 首级平面控制网的等级的确定

首级控制网等级	三角网或边角网				导线网			
	三等	四等	一级	二级	三等	四等	一级	二级
测区面积(km^2)	30 ~ 300	4 ~ 60	2 ~ 10	1 ~ 2	100 ~ 300	4 ~ 100	< 4	< 1

在确定首级平面控制网的等级时，还应考虑测区已有的控制点情况、仪器设备条件和委托单位的具体要求等。

2.5 控制网的图上设计

根据测量任务的要求和测区的具体情况，在测区内已有合适的比例尺地形图上，设计出最适宜的布点方案，拟定出最恰当的点的位置。

2.5.1 控制网的布点方案

首先在图上绘制地籍测量范围线，标出已有控制点的位置，确定起算边和起算方位角的位置。

然后设计控制网的布点方案，并在图上沿城镇主要交通干线拟定首级控制网点的位置。首级控制网点数一般较少，以减少首级网的图形单元，增强网的图形强度，同时应与测区附近的国家或城市控制网联测，首级控制网全面控制整个测区，并顾及向外扩展的便利。

2.5.2 拟定加密方案

根据界址点的密度和精度、测区情况及首级点的分布等，在图上拟定加密方案(有关要求见本章第一节)。

在图上选点时，应根据各相邻点方向线上的障碍物位置和高度，检查各相邻点之间的通视，并拟定觇标的类型和最有利的觇标高度，避免短边与长边相连接，即两相邻导线边长度比不应大于 1∶3。

2.5.3 精度估算

对所设计的控制网进行精度估算，根据设计的相应等级控制网及拟定的观测方案进行精度估算，以判断其预计成果精度是否满足规定的精度要求。精度估算有严密计算法和近似估算法，对于二、三、四等基本平面控制网采用严密计算法，对于一、二级小三角或导线可采用近似估算法。

在图上设计过程中，应进行控制网优化设计。在力求节省工作量和经费的情况下，从中选择满足精度要求的优化设计方案(具体请参照《控制测量》教材)。

3 平面基本控制测量的外业

3.1 实地选点造标和埋石

控制网图上设计选点后,应到实地进一步核对和调整点位,尤其要检查控制点之间的通视情况,注意三角网的图形和导线网的节点位置。

实地选点结束后,应对拟构成初步图形的控制网进行精度估算。关于控制网的精度估算所涉及的内容请参照《控制测量》教材。

二、三等控制点应建造觇标,四等控制点视需要而定。一、二级小三角(导线)点不需建造觇标。觇标的类型有寻常标、墩标、马架标和屋顶标等。

基本平面控制点应视控制网的等级和测区的土质条件,埋设相应的不同规格的标石,它是基本控制点的永久性标志。标石的类型有中心标石、屋顶标石、岩上标石及普通标石。

造标和埋石结束后,对各等级的基本平面控制点均应做点之记及绘制控制网略图,控制网略图是上交资料之一,无论测区大小都要做好这项工作。对于二、三、四等基本平面控制点还要办好标志委托保管手续。

3.2 角度测量

3.2.1 三角点水平角(方向)观测

各等级三角点的水平角,一般采用方向观测法。二等三角点的全部测回应在两个或两个以上时段的时间内完成,在一时段内观测的基本测回数应不超过全部基本测回数的2/3。

各等级三角点的水平角观测的主要技术要求见表6-8。

表6-8 三角点的水平角观测的主要技术要求

控制网等级		二等	三等		四等		一级		二级	
仪器型号		DJ_1	DJ_1	DJ_2	DJ_1	DJ_2	DJ_2	DJ_6	DJ_2	DJ_6
方向观测测回数		12	6	9	4	6	2	6	1	2
各项限差	光学测微器两次重合读数差(″)	1	1	3	1	3	3	—	3	—
	半测回归零差(″)	6	6	8	6	8	8	18	8	18
	一测回内2C互差(″)	9	9	13	9	13	13	—	13	—
	同一方向值各测回互差(″)	6	6	9	6	9	9	24	—	24
三角形闭合差(″)		±3.5	±7.0		±9.0		±15.0		±30.0	
测角中误差(″)		±1.0	±1.8		±2.5		±5.0		±10.0	

3.2.2 导线点水平角(测回)观测

对于三、四等导线点来说,如果只有两个方向,应按测回法左、右角观测。一般以总测回数的一半测回(奇数测回)观测左角,以另一半测回(偶数测回)观测右角。左角和右角分别取中数得 β_L 和 β_R 后,按 $\beta_L+\beta_R-360°=\Delta_C$ 所计算的 Δ_C 值称为测站圆周角闭合差,其不得超过各等级导线测角中误差的 2 倍,即三等不应超过 ±3.0″,四等不应超过 ±5.0″。各等级导线点测回法水平角观测的主要技术要求见表6-3。

导线点上的观测方向数多于两个时,应按方向观测法进行观测。其限差见表6-8。

3.3 距离测量

基本平面控制网的距离测量主要使用相应精度的光电测距仪进行光电测距。光电测距仪须按规定进行检定。光电测距的技术要求见表6-9。

表6-9 光电测距的技术要求

等级	测距仪等级	测回数 往	测回数 返	一测回读数较差(mm)	各测回间较差(mm)	往返或不同时间段较差
二等	Ⅰ	4	4	5	7	$2(a+b\cdot D)$
三等	Ⅰ	4	4	5	7	
	Ⅱ	4	4	10	15	
四等	Ⅰ	2	2	5	7	
	Ⅱ	4	4	10	15	
一级	Ⅰ,Ⅱ	2		10	15	
	Ⅲ	4		20	30	
二级	Ⅰ,Ⅱ	2		10	15	
	Ⅲ	4		20	30	

注:1. 往返或不同时间段(上、下午)较差应将斜距化算到同一水平面上方可比较。

2. a 为测距仪固定误差,b 为比例误差,D 为距离。

光电测距中,照准一次,读四次数,称为一测回。

在利用光电测距仪进行光电测距时,应同时利用气压计、温度计测定气压和温度等气象数据,以便进行距离的气象改正。测定气象数据的主要规定见表6-10。

表6-10 测定气象数据的主要规定

等级	最小读数 湿度(℃) 干	最小读数 湿度(℃) 湿	最小读数 气压(mmHg)	测定时间间隔	气象数据的取用
二、三、四等	0.2	0.2	0.5	一测站同时段观测始末	测边两端的平均值
一级	0.5		1.0	每边测定一次	观测一端的数据
二级	0.5		1.0	一时段始末各测定一次	取平均值作为各边气象数据

4 平面基本控制测量的内业

4.1 观测成果的概算和验算

外业观测结束后,应进行概算和验算。

对于大面积测区,考虑到地球曲率及投影变形等因素,验算前应先进行概算,其任务是检查与整理外业观测成果,将地面上的观测成果归化至椭球面;将椭球面上的成果归算到高斯平面上。然后进行验算,其任务是计算控制网的各种几何条件闭合差,并与其相应限差作比较,检查观测成果的质量。

4.1.1 概算的内容

(1)外业观测成果的整理与检查。

(2)绘制控制网略图,编制观测数据和起算数据。

(3)有关起算数据的换算。

(4)观测成果归化至标石中心的计算。

(5)观测成果归化至椭球面上的计算。

(6)椭球面上的成果归化至高斯平面上的计算。

(7)编制高斯平面上的观测数据和起算数据表。

4.1.2 验算的内容

4.1.2.1 三角测量的验算

(1)三角形闭合差的计算。

(2)测角中误差的计算。

(3)圆周角条件闭合差的计算。

(4)极条件闭合差的计算。

(5)基线条件闭合差的计算。

(6)坐标方位角条件闭合差的计算。

4.1.2.2 导线测量的验算

(1)坐标方位角条件闭合差的计算。

(2)图形条件闭合差的计算。

(3)测角中误差的计算。

(4)导线边长中误差的计算。

(5)导线全长相对中误差的计算。

以上项目检验的具体内容请参照《规范》要求进行。

4.2 控制网平差及精度评定

二、三、四等平面控制网应采用严密平差,平差后进行精度评定,其中包括单位权中误差、最弱点、最弱相邻点点位中误差,最弱边的边长及方位角中误差等。

四等以下平面控制网可采用近似平差,按近似法评定其精度。采用近似平差方法的导线网,其边长及方位角成果应由坐标平差值反算获得。

手工平差时,应由二人独立计算,确保无误。利用计算机进行平差计算时,应选择经过鉴定、功能齐全的程序。对数据的输入应进行仔细核对,计算的成果亦应进行校验。

有关严密平差、近似平差的方法请参照相关教材。

5 地籍基本控制测量的方法

5.1 利用 GPS 定位技术布测城镇地籍基本控制网

由于 GPS 定位技术的不断改进和完善,其测绘精度、测绘速度和经济效益都大大优于目前的常规控制测量技术,利用 GPS 定位技术可以加强和改造已有的城市控制网作为地籍控制网,或在测区直接布设地籍控制网,因此 GPS 定位技术可作为地籍控制测量的主要手段。

对于边长不超过 8 ~ 10 km 的二、三、四等基本控制网和一、二级地籍控制网的 GPS 基线向量，都可采用 GPS 快速静态定位方法。试验分析与检测证明，应用 GPS 快速静态定位方法，施测一个点的时间，从几十秒到几分钟，最多十几分钟，精度可达到 1 ~ 2 cm，完全可以满足地籍控制的要求，可以成倍地提高观测时间和经济效益。

建立 GPS 定位技术布测城镇地籍控制网时，应与已有的控制点进行联测，联测的控制点最少不能少于 2 个。有关 GPS 定位技术布测城镇地籍控制网的具体内容详见本教材第十二章的有关内容。

5.2 利用已有城镇基本控制网的办法

(1)凡符合 1999 年发布的《城市测量规范》要求的二、三、四等城市控制网点和一、二级城市控制网点都可利用。

(2)对已布设二、三、四等城市控制网而未布设一、二级城市控制网的地区，可以其为基础，加密一级、二级或三级地籍控制网。对布设有一级城市控制网的地区，可以其为基础，加密二级或三级地籍控制网。

(3)对隐蔽复杂地区，当布设的三级地籍控制网仍不够用时，可在需要处加辅助控制点，方法有测角法、交会法、导线法等，但这些方法精度低且不易发展，应尽量少做。

(4)在利用已有控制成果时，应对所利用的成果有目的地进行分析和检查。在检查和使用过程中，如发现有过大误差，则应进行分析，对有问题的点(存在粗差、点位移动等)，则应避而不用。

5.3 一、二、三级导线地籍控制网的布设

目前各大城市所建立的质量良好的城市控制网，基本能满足建立地籍控制网的需要。可直接在城市控制网的基础上进行一、二、三级地籍控制测量。各等级导线测量主要技术指标应符合表 6-3 的规定。

一般情况下，导线应尽可能布设成直伸导线，并构成导线网。当导线布设成节点网时，节点与节点、节点与高级点之间的附合导线长度，不应超过表 6-3 中的附合导线长度的 0.7 倍。当附合导线长度短于规定长度的 1/2 时，导线全长的闭合差可放宽至不超过 0.12 m。

5.4 三角测量法布设

地籍控制网可以用三角测量的方法布设三角网和边角网，随着全站仪的普及使用，更多的是用导线测量的方法布设电磁波测距导线网，或用小三角和导线结合的形式布网。首级控制网等级的选择，可根据测区范围大小、技术条件等而定。满足地籍控制测量精度要求的二、三、四等及一级、二级平面控制网都可作为测区的地籍首级控制网。各等级三角网应符合表 6-2 中的规定。

第二节 地籍图根平面控制测量

1 概述

地籍图根控制测量在地籍基本平面控制测量的基础上加密，直接满足解析界址点和地籍图测绘的需要。地籍图根控制测量在精度上应满足 ±5 cm 或 7.5 cm 界址点坐标测

量的精度要求,控制点的密度要满足测量界址点位置的需要,如城镇的建筑物密集,道路错综复杂,通视条件差,这时应根据地籍细部测量的实际要求,适当加大图根点密度。

地籍图根控制测量不仅要为当前的地籍细部测量服务,而且要为日常地籍管理服务,所以在地籍图根控制点上应尽可能埋设永久性或半永久性标志。同时,为了今后使用方便,应提交地籍图根控制点成果,应有点位描述及附图根点网图。

地籍图根控制测量通常采用图根导线测量的方法。随着 GPS RTK 技术的成熟,利用其进行地籍图根控制测量所具有的优点是其他方法所不及的。GPS RTK 技术在地籍图根控制测量中的应用详见本教材第十二章有关内容。

2 图根导线测量

在城镇建成区,由于导线测量的优势,加之全站仪的普遍使用,所以图根控制基本上是导线测量。图根导线可布设为导线网或单一导线,在布设单一导线时,最好布设等边直伸型附合导线,其次为闭合导线,只有在非常困难的地区才允许布设支导线。由于导线测量只要求测站与前后点通视,可沿道路布设,故城镇及工业厂区地籍测量多用此法加密图根控制点。

通常布设地籍图根控制网的导线一般分两级布设,导线布设形式见图 6-2(a)、(b)、(c),即闭合导线、附合导线和支导线。图根导线的边长测量采用光电测距的方法。

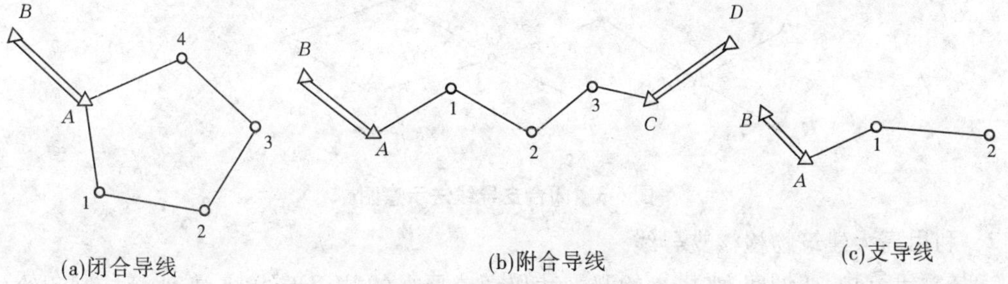

图 6-2 单一图根导线

2.1 图根导线测量的主要技术要求

图根导线测量的主要技术要求见表 6-11 的规定。

表 6-11 图根导线测量的主要技术要求

级别	导线长度(km)	平均边长(m)	测回数		测回差(″)	方位角闭合差(″)	导线全长相对闭合差	坐标闭合差(m)
			DJ_2	DJ_6				
一级	1.2	120	1	2	18	$\pm 24\sqrt{n}$	1/5 000	0.22
二级	0.7	70		1		$\pm 40\sqrt{n}$	1/3 000	0.22

注:n 为测站数。导线总长度小于 500 m 时,相对闭合差分别降为 1/3 000 和 1/2 000,但坐标闭合差不变。电磁波测距导线可按需要自行设计,但精度不得低于表中的规定。

2.2 光电测距图根导线

每条边观测一测回,读两次数。两次读数差:Ⅱ级仪器应小于 10 mm,Ⅲ级仪器应小于 20 mm。

距离观测值中，应加入仪器的加常数改正、乘常数改正、气象改正和倾斜改正。

3 支导线的应用

在工作实践中，支导线的应用非常普遍，在一些较隐蔽处，支导线的边数可能达到三条或更多，因缺乏检核条件致使支导线出现粗差和较大误差也不能及时发现，造成返工，给工作带来损失。在实际工作中应加强对支导线的检核，采取一些措施以保证支导线的精度，从而保证整个地籍调查界址点的测绘精度。

3.1 闭合支导线法

如图6-3所示，M、N、Q为已知点，为了求出界址点B的坐标，首先要求出A点的位置。P_1、P_2、P_3、P_4、P_5为只起连接作用的导线点，且P_1与P_2，P_4与P_5的距离很近。导线点观测顺序为M、P_1、P_2、P_3、P_4、P_5、A，其观测方法类似闭合导线，但又与闭合导线的观测顺序不同。当观测结束后，按闭合导线M、P_1、P_3、P_5、A、P_4、P_3、P_2、M计算。这时P_3可以得到两组坐标，可以起到一种检核作用，然后根据A的坐标可以很方便地求出界址点B的坐标。这种方法虽然增加一点外业工作量，但较好地解决了位于隐蔽处界址点的施测问题，同时导线点也得到了检核和精度保证。

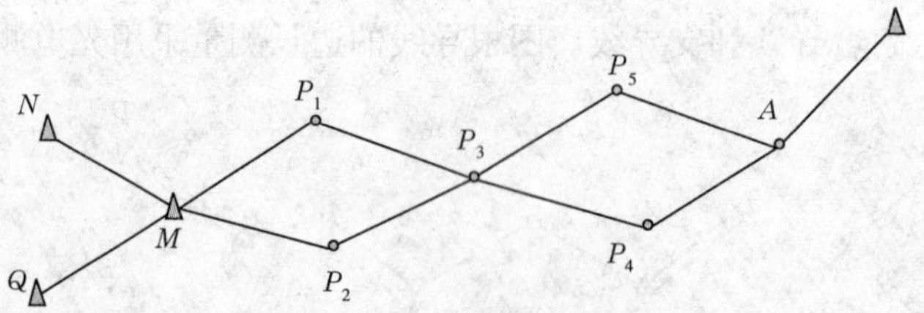

图6-3 闭合支导线法示意图

3.2 利用高大建筑物检核支导线

高大建筑物，如烟囱、水塔上的避雷针和高楼顶上的共用天线等，在地籍控制测绘中有很好的控制价值。在作业时，高大建筑物的交会随首级地籍控制一次性完成，这样做工作量并未增加多少。用前方交会法求出高大建筑物上的避雷针等的平面位置后，即可按下面的方法施测支导线。

如图6-4所示，M、N、Q为已知点，B为高大建筑物上的避雷针，且平面位置已知。求出A点的坐标，并观测β_4，根据测得的角度和边长计算各导线点坐标。

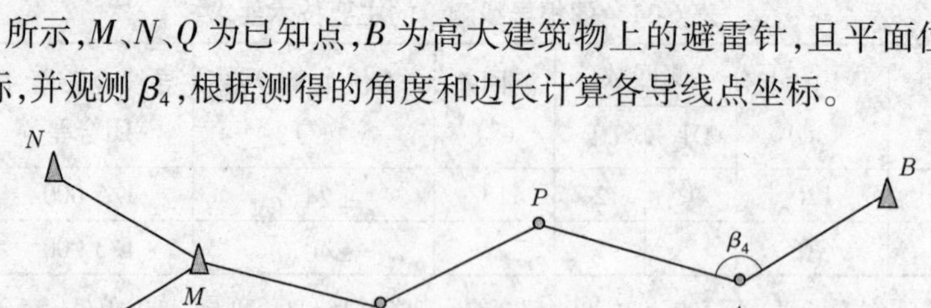

图6-4 利用高大建筑物检核支导线示意图

求AP和AB边的坐标方位角：

$$\alpha_{AP} = \arctan[(Y_P - Y_A)/(X_P - X_A)] \tag{6-2}$$

$$\alpha_{AB} = \arctan[(Y_B - Y_A)/(X_B - X_A)] \tag{6-3}$$

设$\beta'_4 = \alpha_{AB} - \alpha_{AP}$，$\beta'_4$与观测值$\beta_4$比较，当$|\beta'_4 - \beta_4|$小于限差时，成果可以采用。该法能够发现观测和计算中的错误，起到了检核支导线的作用。

3.3 双观测法支导线

如图6-5所示，因受地形条件的限制，布设支导线时，可布设不多于四条边，总长不超过200 m的支导线。为了防止在观测中出现粗差和提高观测的精度，支导线边长应往返观测，角度应分别测左、右角各一测回，其测站圆周角闭合差不应超过40″。此法在计算中容易出现错误，因此在计算各导线点的坐标时一定要认真检查，仔细校核，尤其在推算坐标方位角时更要细心，一般要有二人分别计算整理以便检核。

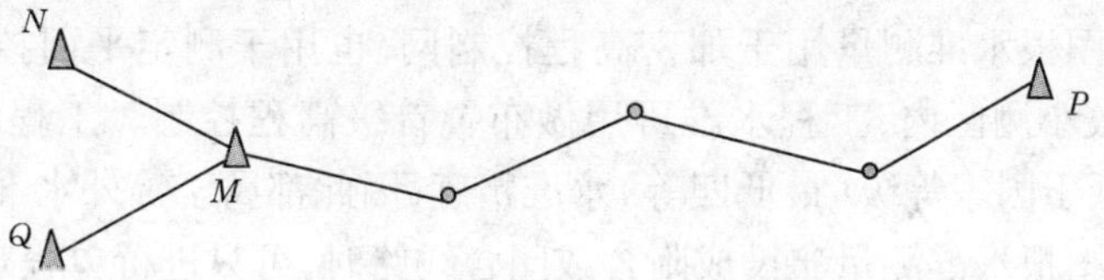

图6-5　双观测法支导线示意图

4　地籍图根控制测量的验算和平差

4.1 验算

图根导线测量的验算项目为方位角闭合差、坐标闭合差和导线全长闭合差的计算。各项限差见表6-11。

4.2 平差

图根导线可采用近似平差方法。角度取到秒，边长和坐标取到0.01 m。

第三节　地籍高程控制测量

地籍图的内容主要由地籍要素和必要的地形要素所构成。一般只测定地物的平面位置，可不表示地貌要素。但在特殊情况下，例如：为了获得一测多用的效果，建立控制网时，不仅应满足地籍测量和地籍变更测量的要求，还应满足该地区的各类工程测量的要求；测区是山城或山区及平地突起的陡石山等，需用地性线来划分地界；由于用图单位的特殊要求，在测绘地籍图的同时需完成地形图的测绘，这时，应采用高程点注记和地理名称相结合的形式，来表示某些突出地物，也可用等高线表示。当然，使用高程注记或地貌符号时，应考虑图面清晰和图面负载等因素，不应主次失调。

1　四等水准测量

四等水准以国家二、三等水准点为起算，主要沿四等导线点和GPS点组成水准网，用不低于DS_3型的水准仪及木质双面水准尺，按四等水准测量要求施测，其主要技术要求见表6-12。

表 6-12　四等水准主要技术要求

等级	视线长度（m）	前、后视距差（m）	视距累积差（m）	黑、红面读数差（mm）	黑、红面高差较差（mm）	线路闭合差（mm）
四等	80	≤5	≤10	不超过 ±3	不超过 ±5	$\pm20\sqrt{L}$

注：L 为水准路线长度，以 km 为单位。

外业工作结束，对观测成果检查合格后，由计算机按严密平差模型进行平差计算、评定精度并打印计算成果。

2　等外水准测量

工程水准和图根水准测量用于加密高程控制网，也用于测定平面控制点（包括图根点）的高程。在较小测区内，工程水准可用做布置首级高程控制。工程水准和图根水准测量的精度，均低于国家等级（最低四等）水准精度，因此都属于等外水准测量。

工程水准或图根水准测量布设成附合或闭合线路时，可只进行单程观测；作为首级高程控制或布设成支水准时需往返观测。其主要技术要求见表 6-13。

表 6-13　等外水准主要技术要求

等级	水准仪	水准尺	视线长度（m）	往返较差、附合或闭合路线闭合差	
				平地（mm）	山地（mm）
工程	DS_3	单面	不超过 ±100	$\pm30\sqrt{L}$	$\pm8\sqrt{n}$
图根	DS_3	单面	不超过 ±100	$\pm40\sqrt{L}$	$\pm12\sqrt{n}$

注：L 为附合或闭合路线长度，以 km 为单位；n 为测站数。

3　三角高程测量

三角高程测量根据所采用的仪器不同可分为光电测距三角高程测量和经纬仪三角高程测量。

3.1　光电测距三角高程测量

代替四等水准的光电测距高程导线，应起闭于不低于三等的水准点上，在四等导线的基础上布设成光电测距三维控制网，各边的高差均采用对向观测。边长的测定，采用测距精度不低于 $m_D = 5\ \text{mm} + 5D$（mm）（其中 D 为测距水平边长，单位为 km）的测距仪往返观测各一测回；垂直角观测应采用觇牌为照准目标，用 DJ_2 级经纬仪按中丝法观测三测回，光学测微器两次读数之差不应大于 3″，垂直角测回差和指标差较差均不应大于 7″。对向观测高差较差不应超过 $\pm40\sqrt{D}$（mm）（D 为测边水平距离，单位为 km）。附合或环形闭合差限差同四等水准测量要求。

仪器高、目标高在观测前后用经过检验的测杆各测量一次，精确读到 1 ㎜，当较差不大于 2 mm 时，取用中数。

内业计算时，垂直角度的取位，应精确至 0.1″；距离与高程的取位，精确至 1 mm。

3.2　经纬仪三角高程测量

经纬仪三角高程导线，应起闭于不低于四等水准联测的高程点上。目标高和仪器高均应用钢尺丈量两次，读至 5 mm，两次较差不大于 1 cm 时取用中数，量取目标高度的位置应与观测时照准的位置一致；竖直角观测一般采用盘左、盘右取中数的方法来测定。对于 DJ_2 级经纬仪采用一测回，DJ_6 级经纬仪采用两测回来观测。其垂直角测回差及指标差较差，对于 DJ_2 级经纬仪要求不超过 $\pm 15''$；对于 DJ_6 级经纬仪要求不超过 $\pm 25''$；对向观测高差较差不应超过 $\pm 0.1D$(m)（D 为边长，单位为 km）。附合或闭合差不应超过 $\pm 0.05\sqrt{\sum D^2}$(m)。

若各点均为平面控制点，则两点间水平距离已知，可直接计算直、反觇高差及其平均值；若水平距离未知，则应在直、反觇观测的同时，用钢尺或光电测距仪进行水平距离观测。

在通常的情况下，地籍测量的地籍要素是以二维坐标表示的，不必测量高程。但《地籍测量规程》中规定，在某些情况下，土地管理部门可以根据本地实际情况，要求在平坦地区测绘一定密度的高程注记点，或是要求在丘陵地区和山区的城镇地籍图上表示等高线，以便使地籍成果更好地为经济建设服务。

思考与练习

6-1　地籍控制测量分为哪两部分？

6-2　地籍控制测量的目的及特点是什么？

6-3　地籍基本平面控制测量的方法有哪些？

6-4　地籍基本平面控制测量中如何选择坐标系？

6-5　独立平面坐标系如何确定？

6-6　如何进行控制网图上设计？

6-7　地籍基本平面控制测量的外业和内业工作包括哪些内容？

第七章　地籍细部测量

第一节　概　述

1　地籍细部测量的目的和内容

地籍细部测量是在权属调查和地籍控制测量的基础上进行，是地籍测量工作的重要组成部分。其目的是测定、核实宗地权属界址点和土地权属界线的位置、形状、面积、利用状况等基本情况，为土地登记、核发权属证书奠定基础，为依法管理土地提供相关的凭证资料。

随着我国经济的迅速发展以及小城镇建设步伐的加快，土地的需求日益增加，有关土地方面的纠纷时有发生。所以，通过地籍细部测量，准确掌握每宗土地界址点的位置、形状、面积、利用状况等基本情况，是合理使用土地，调处土地纠纷，依法科学管理土地的重要基础。

地籍细部测量工作的内容包括以下几个方面：

(1)土地权属界址点及其他地籍要素的测定。土地权属界址点的测定是要确定宗地界址点的位置，设置界桩并测定其坐标。其他地籍要素包括地面建筑物、构筑物、河流、沟渠、湖泊、道路等，需通过测量的方法确定其平面位置，并以地籍图的形式表示出来。

(2)地籍图测绘。地籍图测绘包括基本地籍图绘制和宗地图的制作。地籍图内容包括各级行政界线、地籍平面控制点、地籍编号、宗地界址点及界址线、街道名称、门牌号、土地使用单位名称、河流和湖泊名称、必要的建筑物、构筑物、地类号、宗地面积等。

宗地图是土地证和宗地档案的附图，一般用32开、16开、8开纸。宗地图从基本地籍图上摹绘或复制，宗地过大或过小时，可调整比例尺绘制。宗地图上的内容包括本宗地号、地类号、宗地面积、界址点及界址号、界址边长、邻宗地使用者名称、邻宗地号及邻宗地界址示意线等。

(3)房产图测绘。房产图是房产产权、产籍管理的基础资料，是房产测量的主要成果。房产图测绘分房产分幅平面图(简称分幅图)测绘、房产分丘平面图(简称分丘图)测绘和房产分层分户平面图(简称分户图)测绘。

2　地籍细部测量的精度要求

地籍细部测量的基本精度要求，包括界址点的精度要求、地籍原图的精度要求、房产图测绘的精度要求和面积量算的精度要求。

2.1　界址点的精度指标

《规程》将城镇地区的权属界址点分为二类。城镇街坊外围界址点及街坊内明显的界址点为一类;城镇街坊内部隐蔽的界址点及村庄内部界址点为二类。

界址点的精度指标应符合表 7-1 的规定。从精度上看,界址点测定介于图根控制测量与地形碎部测量之间。

表 7-1　界址点精度指标

类别	界址点对邻近图根点点位误差(cm)		界址点间距允许误差(cm)	界址点与邻近地物点关系距离允许误差(cm)	使用范围
	中误差	允许误差			
一	±5	±10	±10	±10	城镇街坊外围界址点及街坊内明显的界址点
二	±7.5	±15	±15	±15	城镇街坊内部隐蔽的界址点及村庄内部界址点

注:界址点对邻近图根点点位误差是指用解析法测量界址点应满足的精度要求;界址点间距允许误差及界址点与邻近地物点关系距离允许误差是指各种方法测量界址点应满足的精度要求。

2.2　地籍原图的精度

地籍原图的精度包括两个方面,即绘制精度和原图的基本精度。

2.2.1　绘制精度

(1)地籍原图的内图廓长度误差不得超过 ±0.2 mm,内图廓对角线误差不得超过 ±0.3 mm。

(2)图廓点、控制点和坐标网的展点误差不得超过 $\pm 0.1\Delta\rho(\leqslant 0.0003M)$,其他解析坐标点的展点误差不得超过 ±0.2 mm。

2.2.2　原图的基本精度

(1)图上相邻界址点间距、界址点与邻近地物点间关系距离的中误差不得超过图上 ±0.3 mm。依测量数据转绘的上述距离中误差在图上不得超过图上 ±0.3 mm。

(2)宗地内部与界址边不相邻的地物点,不论采用何种方法测定,其点位中误差均不得超过 ±0.5 mm;邻近地物点间距中误差在图上不得超过 ±0.4 mm。

2.3　房产图测绘的精度

(1)模拟方法测绘的房产分幅图上的地物点,相对于邻近控制点的点位中误差不超过图上 ±0.5 mm。

(2)利用已有的地籍图、地形图编绘房产分幅图时,地物点相对于邻近控制点的点位中误差不超过图上 ±0.6 mm。

(3)对全野外采集数据或野外解析测量等方法所测的房地产要素点和地物点,相对于邻近控制点的点位中误差不超过 ±0.05 m。

(4)采用已有坐标或已有图件展绘成房产分幅图时,展绘中误差不超过图上 ±0.1 mm。

第二节　界址点的测定

1　概述

界址点又称地界点，是土地权属界线的转折点。界址点的位置，确定了宗地的地理位置、形状与面积。因此，界址点是地籍管理的重要依据。在地籍测量中，界址点是地籍图应该表示的重要内容，界址点的测定是地籍细部测量的核心，其坐标成果可用于解析法测算宗地面积并具有法律效力。

界址点坐标是在某一特定的坐标系中利用测量手段获得的一组数据，即界址点地理位置的数学表达。一旦界址点标志被人为地或自然地移动或破坏，则可用已有的界址点坐标，用测量放样的方法恢复界址点原来的位置。如把界址点坐标输入计算机，则可以方便地进行管理和用于规划设计。

2　界址点测量的方法

当实地确认了界址点位置并埋设了界址点标志后（界址点标志见本教材第二章第一节），即可测量界址点坐标。界址点坐标测量方法主要有解析法、图解法、航测法。

2.1　解析法

根据测区平面控制网，通过测角、量边，计算界址点坐标的方法，称之为解析法。

解析法是目前界址点测量的主要方法。这种方法的优点有：①每个界址点都有自己的坐标，一旦丢失或地物变化，也可使界址点点位准确复原；②有了界址点坐标即可编绘任意比例尺的地籍图，且成图精度高；③有了界址点坐标使面积的计算速度快，精度高，且便于用计算机管理；④从长远角度看，在经济上也是合算的。

解析法的测量仪器可用全站仪或 GPS RTK。这些电子测量仪器可以直接实现界址点坐标的测定，并可将其坐标值存入仪器内存，到室内与计算机连接进行数据传输，通过地籍测量绘图软件编绘地籍图。

解析法测得的界址点精度高，完全可以满足城镇地区地籍管理的要求。解析法测定界址点，野外作业工作量大，生产成本高和成图周期长，如果进行大面积的地籍测量，则需要投入大量的人力、物力，但随着现代测绘技术的不断发展，这一问题已得到解决。

解析法是界址点坐标测定的重要方法，本节将重点介绍其工作程序和计算方法。

2.2　图解法

图解法是以已测得的大比例尺地形图或地籍图为基础，在图上确定界址点的位置，量取界址点坐标。

图解法的野外工作量小，生产工艺简单，速度快，成本低，适合已有大比例尺地形图或地籍图的地区。但它受地形图、地籍图的现势性和成图精度的影响较大，其图上量测确定的坐标和图上量算面积的精度，均取决于原图上地物点的精度。它一般比解析法精度低。

2.3 航测法

航测法是采用航测大比例尺成图技术,先外业调绘、后内业测图的方法制作大比例尺地形图或地籍图。界址点的坐标可直接从像片上量测解算,其精度一般高于图解法的点位精度,而低于解析法的精度。

航测法适合于需要大面积地籍测量的地区。它既可以弥补图解法精度较低的不足,又克服了解析法效率较低、成本较高的缺点。

3 测定界址点坐标的工作程序

解析法测定界址点坐标的工作分为准备工作、野外实测和内业整理三个阶段。

3.1 准备工作

进行地籍测量工作时,除做好一般性的准备工作外,还应充分做好界址点测定的准备工作。

3.1.1 界址点位置的确定

界址点位置的确定一般是同权属调查同时进行。地籍调查表中详细地说明了各个宗地界址点实地位置的情况,并丈量了大量的界址边长,草编了宗地号,详细地绘有宗地草图。这些资料都是进行界址点测量所必需的。

3.1.2 界址点位置野外踏勘

界址点位置野外踏勘应在地籍调查工作人员引导下进行,实地查看界址点位置,了解各宗地的用地范围,并在参考图件(最好是现势性强的大比例尺图件)上用红笔清晰地标记出界址点的位置和宗地的用地范围。如无参考图件,则要绘制踏勘草图,若宗地面积较小,可在一张图纸上描绘若干个相邻宗地,并要注意界址点的共用情况。对于面积较大的宗地要注记好四至关系和共用界址点情况。在绘好的草图上标记权属主的姓名和草编宗地号。在未定界线附近可选择若干固定的地物点或埋设参考标志。测定时按界址点坐标的精度要求测定这些点的坐标,待权属界线确定后,可据此来补测确认后的界址点坐标。这些辅助点也要在草图上标注。

3.1.3 踏勘后的资料整理

进行地籍调查或野外踏勘时草编界址点号和制作界址点观测及面积计算草图,一般不知道地籍调查区内的界址点数量,只知道每宗地有多少界址点,其界址点编号只在本宗地内进行。因此,在地籍调查区内统一编制野外界址点观测草图,并统一编上草编界址点号。这样不但方便了外业观测记簿,而且为内业计算带来方便。

3.2 野外实测

界址点坐标的测量工作可以单独进行,也可以和地籍图的测量同时进行。界址点坐标测量时应使用预制的界址点观测手簿。记录时,界址点的观测序号直接采用观测草图上的草编界址点号。观测用的仪器设备有 DJ_6 级经纬仪、钢尺、测距仪、全站仪等,这些仪器设备都应进行严格的检验。

3.2.1 角度测量

角度观测的方法及要求:精度不低于 DJ_6 级经纬仪方向观测半个测回(视距大于 150 m 时测一测回),多于 3 个方向时,应归零,归零差不大于 24″。对中误差不大于 3 mm。

瞄准目标时尽量直接照准界址点标志,对不能直接照准标志的界址点或控制点,须悬挂垂球线或铅锤立细测钎,尽量不用竖立花杆作照准方向。

3.2.2　距离测量

3.2.2.1　光电测距

光电测距时,应进行两次读数,其差值不得超过 1 cm。测距成果中,须加入加常数、倾斜改正。倾角用经纬仪测半测回。

测距时应注意棱镜中心与界址点的偏差,当界址点分别位于墙的阳角或阴角时(如图 7-1),由扶尺员分别量取改正值 ε(O 点到 J 点的距离),当棱镜垂直于墙面时改正值同阳角。

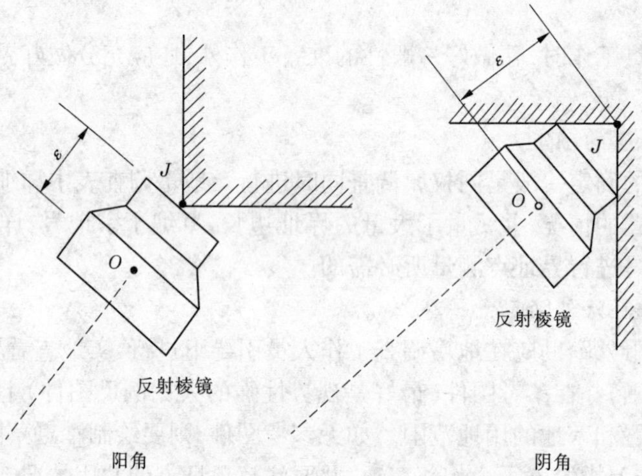

图 7-1　棱镜中心与界址点位置示意

3.2.2.2　钢尺量距

在丈量较短的平坦距离时,钢卷尺量距往往比光电测距还方便。钢卷尺量距时,丈量两次,读到厘米。第二次丈量时,应改变其起始读数位置,两次差不大于 1 cm,当尺长改正和倾斜改正大于 1 cm 时应在量距成果中加入其改正数。

3.3　内业整理

(1)界址点的观测成果应按街坊分册记录和计算。坐标计算取至 0.01 m。有条件时,采用电子手簿或袖珍计算机等手控记录观测成果,打印结果应包括测站点号、已知点号、界址点号、观测值和界址点的坐标值。对于极坐标法等几种常用的测定方法,可编制专门的计算程序。

(2)利用宗地草图的丈量数据校核解析界址点,即反算出所有相邻界址点间的边长,逐一与宗地草图上的丈量边长相比较。一、二类界址边,其差值应分别不超过 10 cm 和 15 cm。若超过了限差值,则应会同权属调查人员实地核查解决。

(3)界址点坐标册的编制。界址点坐标册是地籍调查的重要成果,也是面积量算的起始数据,应用墨水填写,编制者、检查者应签名。当一个地籍调查区内的所有界址点坐标(包括图解的界址点坐标)都经过检查合格后,按界址点的编号方法编号,并计算全部的宗地面积,然后把界址点坐标和面积填入标准的表格中,并整理成册。

4 界址点坐标的计算

在野外通常是利用各种测量工具来获取界址点的观测数据,在室内需利用数学公式计算出界址点的坐标。由于在野外测量过程中根据不同的情况选用了不同的方法,因此在坐标计算时,需采用不同的数学公式计算界址点坐标。

4.1 极坐标法

这种方法是根据测站上的一个已知方向,测出已知方向与界址点之间的角度 β 和测站点至界址点的水平距离 S,来确定界址点的位置的方法。

如图 7-2 所示,已知控制点坐标 $A(x_A, y_A)$, $B(x_B, y_B)$ 和观测数据 β_i, S_i,则界址点 J_i 的坐标(x_i, y_i)为:

$$\left.\begin{aligned} x_i &= x_A + S_i\cos\alpha_i \\ y_i &= y_A + S_i\sin\alpha_i \end{aligned}\right\} \tag{7-1}$$

式中:

$$\alpha_i = \alpha_{BA} + \beta_i + 180^\circ$$

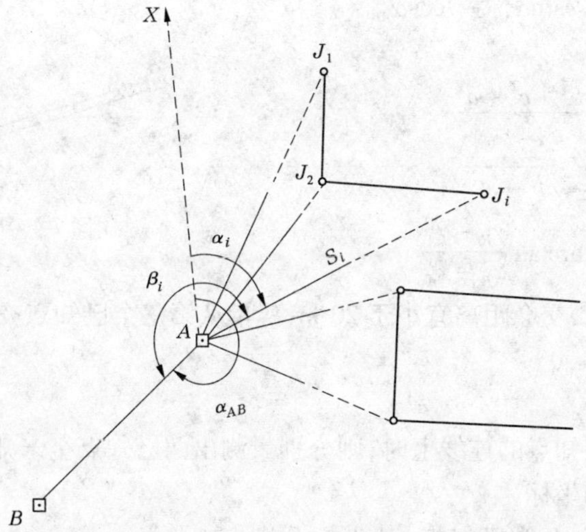

图 7-2 极坐标法

这种方法灵活,量距、测角的工作量不大,在一个测站点上通常可同时测定多个界址点,因此它是测定界址点最常用的方法。其测站点可以是基本控制点或图根控制点。

4.2 交会法

交会法可分为角度前方交会法和距离交会法。

4.2.1 角度前方交会法

角度前方交会法是分别在两个测站上对同一界址点测量两个角度进行交会确定界址点坐标的方法。

如图 7-3 所示,A、B 两点为已知测站点,其坐标为(x_A, y_A), (x_B, y_B);α、β 为两个观测

角，界址点 P 的坐标为 (x_P, y_P)。计算公式如下：

$$x_P = \frac{x_B\cot\alpha + x_A\cot\beta + y_B - y_A}{\cot\alpha + \cot\beta} \tag{7-2}$$

$$y_P = \frac{y_B\cot\alpha + y_A\cot\beta + x_A - x_B}{\cot\alpha + \cot\beta} \tag{7-3}$$

使用角度前方交会法时，交会角 $\angle APB$ 应在 30°～150°。该法无检核条件，作业时应细心，最好从三个已知点进行交会。

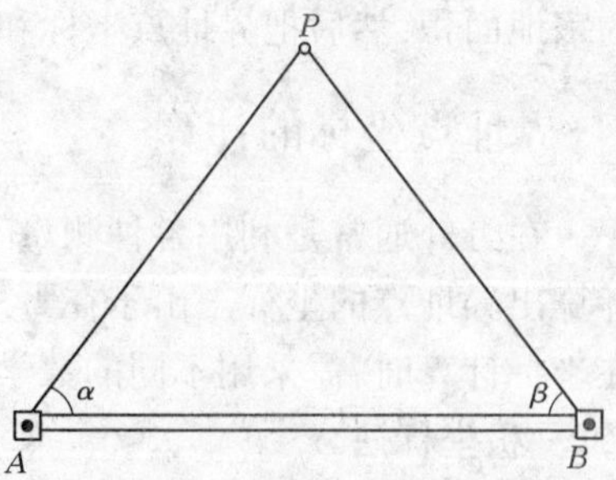

图 7-3　角度前方交会法

4.2.2　距离交会法

距离交会法就是从两个已知点分别量出至一个未知界址点的距离，从而确定出未知界址点坐标的方法。该方法广泛用于二级界址点坐标的测定。

如图 7-4 所示，已知 A、B 两点为已知测站点，其坐标为 (x_A, y_A)，(x_B, y_B)；a、b 为观测值，界址点 P 的坐标为 (x_P, y_P)。计算公式如下：

$$\begin{aligned} x_P &= x_A + e\cos\alpha_{AB} + f\sin\alpha_{AB} \\ y_P &= y_A + e\sin\alpha_{AB} - f\cos\alpha_{AB} \end{aligned} \tag{7-4}$$

式中：

$$e = \frac{b^2 + c^2 - a^2}{2c}$$

$$f = \sqrt{b^2 - e^2}$$

$$\alpha_{AB} = \arctan\frac{y_B - y_A}{x_B - x_A}$$

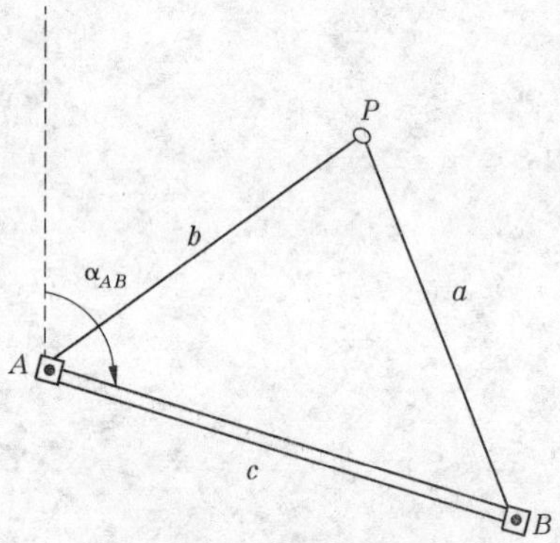

图 7-4　距离交会法

使用距离交会时，交会距离宜小于 20 m，尽量从第三个已知点交会，以便检核。交会角 $\angle APB$ 应在 30°～150°。

4.3　内外分点法

当界址点在两已知点的连线上时，则分别量测出两已知点至未知界址点的距离，从而确定出未知界址点的坐标。

如图 7-5 所示，A、B 为已知点，其坐标分别为 (x_A, y_A)，(x_B, y_B)，P 为界址点，其到已知点的观测距离分别为 a 和 b，由内外分公式计算 P 的坐标为：

$$x_P = \frac{x_A + \lambda x_B}{1 + \lambda}, \quad y_P = \frac{y_A + \lambda y_B}{1 + \lambda} \tag{7-5}$$

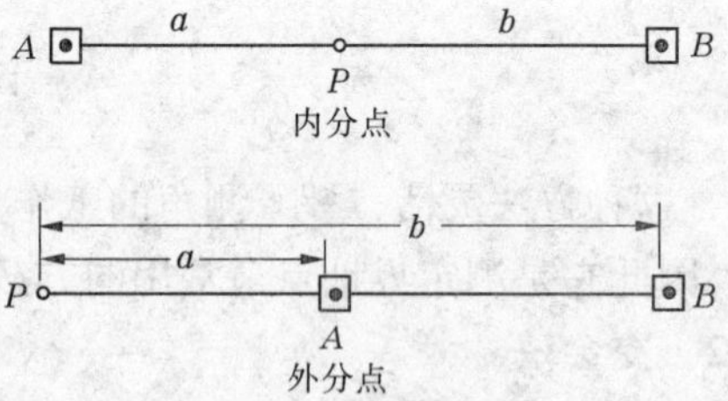

图 7-5　内外分点法

其中，内分时 $\lambda = a/b$，外分时 $\lambda = -a/b$。

该法适用于界址点在测站上无法测定，而已知两界址点与未知界址点在同一直线上的情况。

4.4 直角坐标法

直角坐标法又称截距法，通常以一导线边或其他控制线作为轴线，测出某界址点在轴线上的投影位置，量测出投影位置至轴线一端点的位置。

如图 7-6 所示，A、B 为已知点，以 A 点作为起点，B 点作为终点，在 A、B 间放上一根测绳或卷尺作为投影轴线，然后从界址点 P 引设垂线，定出 P 点的垂足 P_1 点，再用鉴定过的钢尺量出 S_1 和 S_2，则计算公式如下：

$$S = S_{BP} = \sqrt{S_1^2 + S_2^2} \tag{7-6}$$

$$\beta = \arctan \frac{S_2}{S_1} \tag{7-7}$$

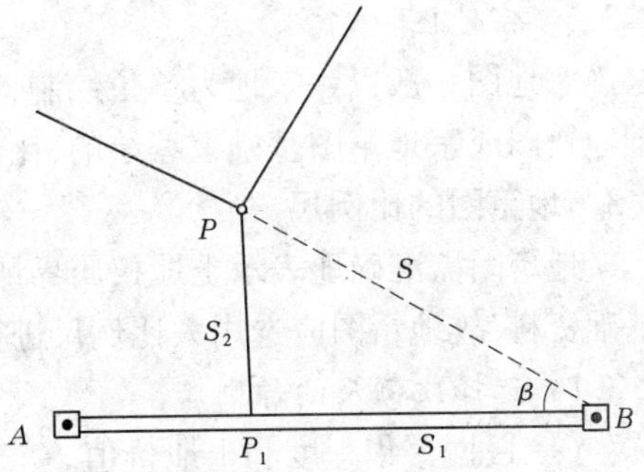

图 7-6 直角坐标法

界址点 P 的坐标为：

$$\begin{aligned} x_P &= x_B + S\cos(\alpha_{BA} + \beta) \\ y_P &= y_B + S\sin(\alpha_{BA} + \beta) \end{aligned} \tag{7-8}$$

这种方法操作简单，使用的工具价格低廉，要求的技术也不高；值得注意的是，引设垂足时操作要仔细，以确保 P 点坐标的精度。

第三节 地籍图测绘

1 概述

1.1 地籍图的概念

所谓地籍图，是按照特定的投影方法、比例关系和专用符号把地籍要素及有关的地物和地貌测绘在平面图纸上的图形，是地籍的基础资料之一。

地籍图既要准确完整地表示基本地籍要素，又要使图面简明、清晰，便于用户根据图上的基本要素去增补新的内容，加工成用户各自所需的专用图。

1.2 地籍图的种类

按表示的内容可分为基本地籍图和专题地籍图；按城乡地域的差别可分为农村地籍图和城镇地籍图；按图的表达方式可分为模拟地籍图和数字地籍图；按用途可分为税收地籍图、产权地籍图和多用途地籍图。我国目前主要测绘制作的地籍图有城镇分幅地籍图、宗地图、农村居民地地籍图、土地利用现状图和土地所有权属图等。

为了满足土地登记和土地权属管理的需要，我国城镇地籍调查需测绘的地籍图主要有以下几种。

1.2.1 宗地草图

宗地草图是描述宗地位置、界址点、界址线和相邻宗地关系的实地记录，在地籍调查的同时实地测绘，是处理土地权属的原始资料。宗地草图的测绘详见第二章第五节有关内容。

1.2.2 分幅地籍图

分幅地籍图是依照《规范》、《规程》的规定，实施地籍测量的基本成果之一，又称基本地籍图。

1.2.3 宗地图

宗地图一般以一宗地为单位绘制，是土地证书及宗地档案的附图。它是在相应的基础地籍图或宗地草图基础上编绘的，比例尺可根据宗地的大小选定。

1.3 地籍图的比例尺

地籍图需准确地表示土地权属界址及土地上附着物等的细部位置，为地籍管理提供基础资料，故地籍图应选用大比例尺进行成图。

1.3.1 选择比例尺的原则

(1)根据繁华程度和土地价值。就土地经济而言，地域的繁华程度与土地价值是相关的，对于土地价值高的城市土地，地籍图对宗地的情况及地物要素的表示要求详细、准确，必须选择大比例尺测图；反之，可以粗略些。

(2)根据建筑物密度和细部详细度。一般来说，建筑物密度大，其比例尺可大些，反之，建筑物密度小的地方，选择的比例尺就可小一些。另外，表示房屋细部的详细程度与比例尺有关，比例尺越大，房屋的细微变化可表示得越清楚。如果比例尺小，细小的部分无法表示，要么省略，要么综合，这就影响到房屋占地面积量算的准确性。

(3)依据地籍图的测量方法。当采用数字地籍测量方法测绘地籍图时，界址点及其地物点的精度较高，面积精度也高，在不影响土地权属管理的前提下，比例尺可适当小一些。当采用传统的模拟法测绘地籍图(如平板仪测图)时，比例尺则相应取较大一些。

1.3.2 我国地籍图的比例尺系列

根据《规程》，我国基本地籍图比例尺一般为1:500或1:1 000，城镇宜采用1:500，独立工矿和村庄可采用1:2 000。对于农村地区地籍图(含土地利用现状图和土地所有权属图)可采用1:5 000或1:10 000的比例尺。

1.4 地籍图的分幅与编号

1.4.1 地籍图的分幅

地籍图的图幅面规格采用50 cm×50 cm正方形图幅。地籍图的图廓以高斯－克吕格坐标格网为界。1:2 000图幅以整公里格网为图廓线；1:500和1:1 000地籍图在1:2 000地籍图中划分。划分方法如图7-7所示。

1.4.2 地籍图的编号

地籍图的编号以高斯－克吕格坐标的整公里格网为编号区，由编号区代码加地籍图比例尺代码组成，编号形式如下：

	编号区代码	比例尺代码
完整编号	×××××××××	××
简略编号	××××	××

其中编号区代码由9位组成，第1、2位数为高斯坐标投影带的带号；第3位数为横坐标的百公里值；第4、5位数为纵坐标的千、百公里值；第6、7位数为横坐标的十公里、整公里值；第8、9位数为纵坐标的十公里和整公里值。

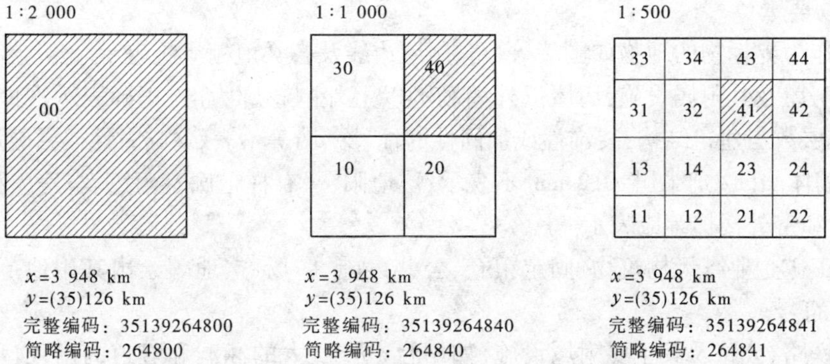

图 7-7　地籍图分幅与编号

比例尺代码由两位数组成,1:2 000 图比例尺代码为 00;1:1 000 图比例尺代码为 10、20、30、40;1:500 图比例尺代码为 11、12、13、14、…。具体见图 7-7。

在地籍图编号标注中可采用简略编号,即略去完整编号中的前 5 位。

2　地籍图的内容

地籍图的内容包括地籍要素、必要的地物要素以及其他要素。必要的地物要素是指与地籍要素有关的一些地物要素。除特殊要求外,地籍图上一般不表示地貌。

2.1　地籍要素

(1)各级行政境界:不同等级的行政境界相重合时只表示高级行政境界,境界线在拐角处不得间断,应在转角处绘出点或线。

(2)地籍区(街道)与地籍子区(街坊)界:地籍区(街道)是以市(县)行政建制区的街道办事处或乡(镇)的行政辖区为基础划定的;地籍子区(街坊)是根据实际情况由道路或河流等固定地物围成的包括一个或几个自然街坊或村镇的地籍管理单元。

(3)宗地界址点与界址线:当图上两界址点间距小于 1 mm 时,以一个点的符号表示,但应正确表示界址线。当界址线与行政境界、地籍区(街道)界或地籍子区(街坊)界重合时,应结合线状地物符号突出表示界址线,行政界线可移位表示。

(4)地籍号注记:包括地籍区(街道)号、地籍子区(街坊)号、宗地号、房屋幢号,分别用数字注记在所属范围内的适中位置,当被图幅分割时应分别进行注记。如宗地面积过小注记不下,允许移注在宗地外空白处并以指示线标明所注宗地。

(5)宗地坐落:由行政区名、街道名(或地名)及门牌号组成。门牌号除在街道首尾及拐弯处注记外,其余可跳号注记。

(6)土地利用分类代码:按二级分类注记(见表 3-1)。

(7)土地权属主名称:选择较大宗地注记土地权属主名称。

(8)土地等级:对已完成土地定级估价的城镇,在地籍图上绘出土地分级界线并注记相应的土地级别代号。

(9)宗地面积:每宗地都应注出其面积,以 m^2 为单位。

2.2 地物要素

(1)作为界标物的地物如围墙、道路、房屋边线及各类垣栅等应表示。

(2)房屋及其附属设施:房屋以外墙勒脚以上外围轮廓为准,正确表示占地状况,并注记房屋层数与建筑结构;装饰性或加固性的柱、垛、墙等不表示;临时性或已破坏的房屋不表示;墙体凸凹小于图上 0.2 mm 不表示;落地阳台、有柱走廊及雨篷、与房屋相连的大面积台阶和室外楼梯等应表示。

(3)工矿企业露天构筑物、固定粮仓、公共设施、广场、空地等绘出其用地范围界线,内置相应符号。

(4)铁路、公路及其主要附属设施,如站台、桥梁、大的涵洞和隧道的出入口应表示,铁路路轨密集时可适当取舍。

(5)建成区内街道两旁以宗地界址线为边线,道牙线可取舍。单位内部道路一般可不测,但大单位内主要道路可适当表示。

(6)城镇街巷均应表示。

(7)塔、亭、碑、像、楼等独立地物应择要表示,图上占地面积大于符号尺寸时应绘出用地范围线,内置相应符号或注记。公园内一般的碑、亭、塔等可不表示。

(8)电力线、通信线及一般架空管线不表示,但塔位占地面积较大的高压线及其塔位应表示。

(9)地下管线、地下室一般不表示,但大面积的地下商场、地下停车场及与他项权利有关的地下建筑应表示。

(10)大面积绿化地、街心公园、园地等应表示。零星植被、街旁行树、街心小绿地及单位内小绿地等可不表示。

(11)河流、水库及其主要附属设施如堤、坝等应表示。

(12)平坦地区不表示地貌,起伏变化较大地区应适当加注高程点。

(13)地理名称应适当注记。

2.3 其他要素

(1)图廓线、坐标格网线及坐标注记。

(2)埋石的各级控制点位、点名或点号注记。

(3)地籍图的比例尺、图名等。

以上地籍图应表示的内容,一部分可通过实地调查得到,如地类编号、土地等级、土地质量、地籍编号、街道名称、单位名称、门牌号、河流和湖泊名称等;而另一部分内容则要通过测量得到,如各级行政界线、界址点位置、必要的建筑物、构筑物及其他地籍、地形要素的位置等。如图 7-8 为城镇地籍样图,图 7-9 为农村地籍样图。

3 分幅地籍图的测制

现有的地形图的测绘方法都可用于测绘分幅地籍图。其不同之处在于地籍图的成图精度要求较高,且对地貌基本没要求。根据使用仪器和方法的不同,分幅地籍图测制的主要方法有平板仪测图、航测法成图、绘编法成图、野外采集数据机助成图等。

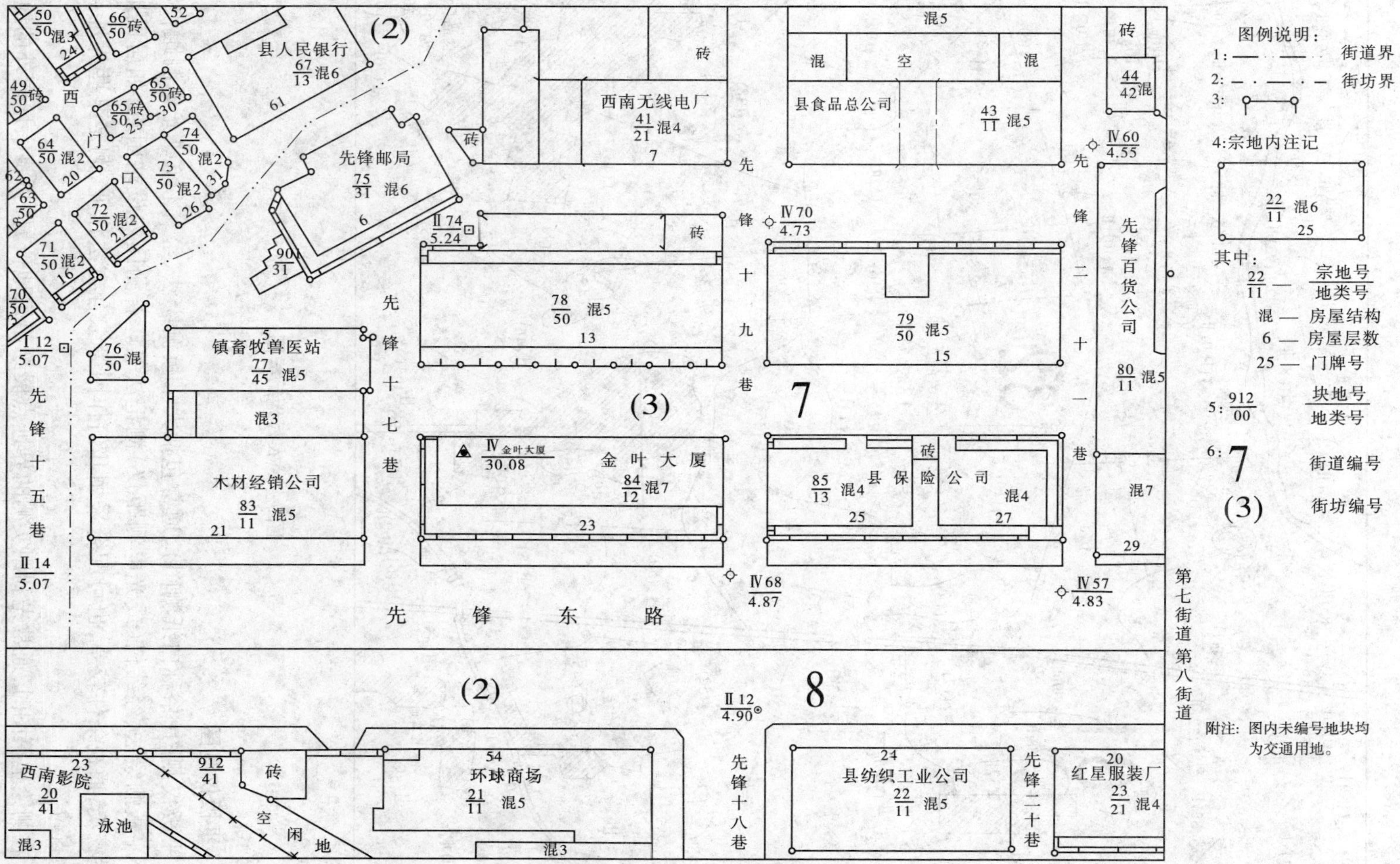
图例说明：
1: 街道界
2: 街坊界
3:
4:宗地内注记
其中：
22/11 — 宗地号/地类号
混 — 房屋结构
6 — 房屋层数
25 — 门牌号
5: 912/00 块地号/地类号
6: 7 街道编号
(3) 街坊编号
附注：图内未编号地块均为交通用地。
县人民银行
先锋邮局
西南无线电厂
县食品总公司
先锋百货公司
镇畜牧兽医站
木材经销公司
金叶大厦
县保险公司
先锋东路
西南影院
泳池
空闲地
环球商场
县纺织工业公司
红星服装厂
先锋十五巷
先锋十七巷
先锋十九巷
先锋二十一巷
先锋十八巷
先锋二十巷
第七街道
第八街道

图 7-8　城镇地籍样图

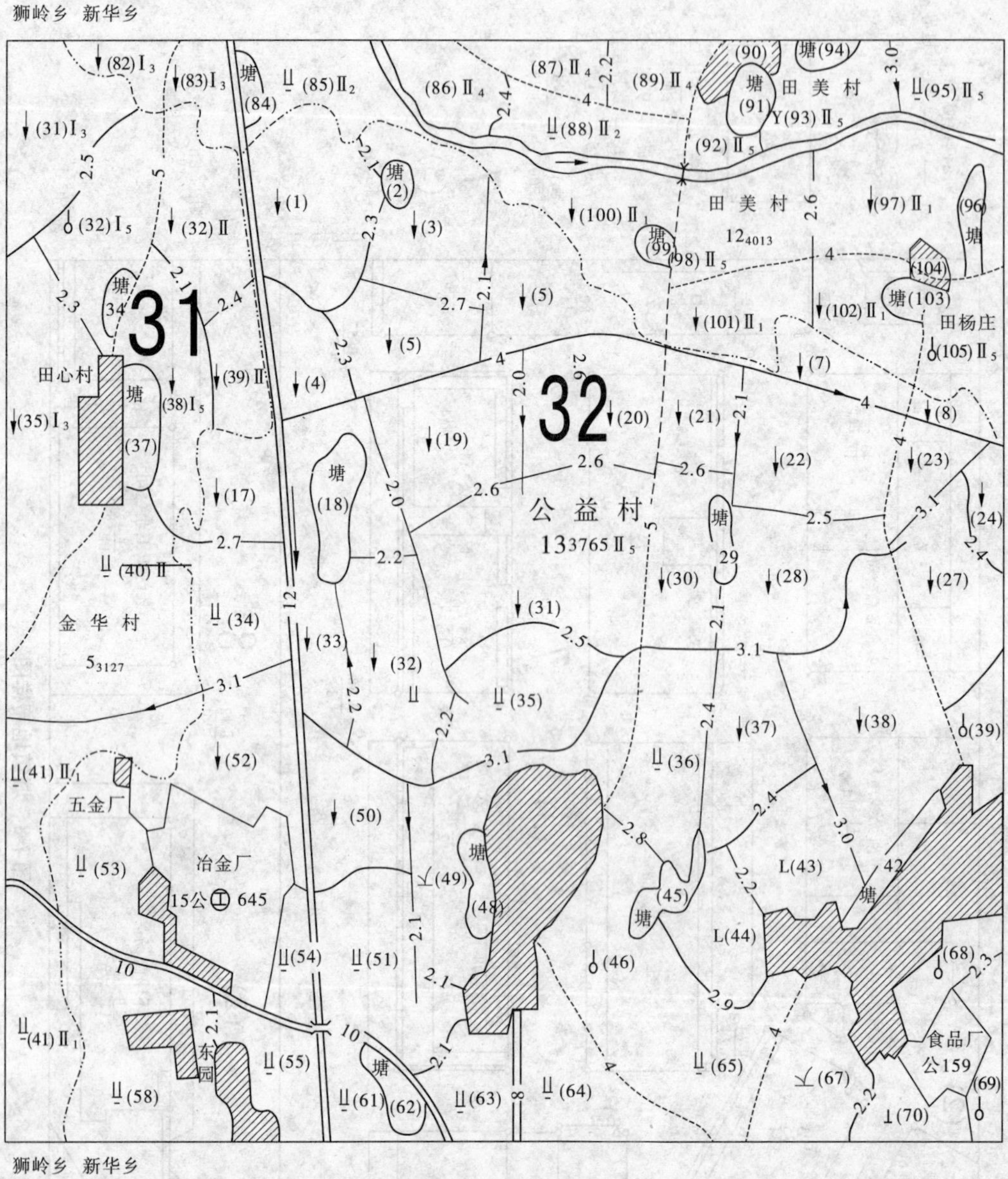

图 7-9　农村地籍样图

3.1　平板仪测图

平板仪测图(俗称白纸测图),通常包括大平板测绘法、经纬仪(或光电测距仪)配合小平板测绘法、经纬仪(或光电测距仪)测记法等。若测区内设站困难,如居民地内房屋密集,通视条件较差,也可配合采用几何作图等综合方法作业,测定某些界址点或地物点位置。

在测绘地籍图时,通常先利用实测的界址点展绘出宗地位置,再将宗地内外的地籍、地形要素位置测绘于图上,这样做可减少地物测绘错误的发生。

在测区较小或不具备其他更好测图条件的单位、地区，平板仪测图仍是成图的主要作业手段。另外，对于地籍资料的动态监测、土地权属变更、修测、补测等方面，采用平板仪测量还具有其优越性。平板仪测图的作业顺序及方法请参考有关教材内容。

3.2 航测法成图

航测法成图特别适宜于中、小比例尺的大范围测图。它的成图速度快，成本低，且精度比较均匀。利用航测技术还可以编制影像地籍图，也可用于建立数字地籍图。航测法测制城镇地籍图详见第十二章相关内容。

土地利用现状图和分幅土地权属界线图可采用航空遥感调查成图。其主要方法是：利用航片进行野外调绘，再以大比例尺地形图为工作底图，把调绘的内容按照一定的精度要求转绘到地形图上，然后将透明绘图膜片蒙贴在转绘有地籍内容的地形图上，清绘制成土地利用现状图或分幅土地权属界线图。

3.3 编绘法成图

利用测区已有的地形图、影像平面图来编制地籍图的方法称编绘法成图。对于大多数城镇来说，已经测制了大比例尺的地形图，在此基础上，按地籍的要求编绘地籍图，不失为快速、经济、有效的方法。如地形图已数字化，则直接在计算机上编绘地籍图。

地籍图编绘的作业程序如下：

（1）选定工作底图。首先选用符合地籍测量精度要求的地形图、影像平面图作为编绘地籍图的工作底图。工作底图的比例尺大小应尽可能与编绘的地籍图所需比例尺相同。

（2）复制二底图。由于地形图或影像平面图的原图一般不能提供使用，故必须利用原图复制成二底图。复制后的二底图应进行图廓方格网变化情况和图纸伸缩的检查，当其限差不超过原绘制方格网、图廓线的精度要求时，方可使用。

（3）外业调绘、补测。外业调绘、补测工作在二底图上进行。调绘、补测时应充分利用测区内原有控制点，可使用平板仪测绘、小平板与经纬仪测绘、交会等方法补测，如控制点的密度不够，可增设测站，也可利用固定的明显地物点作为控制点进行补测。补测的主要内容有界址点位置、权属界址线及其线状地物、变化了的地物等地籍要素和地形要素。补测后的相邻界址点和地物点的间距中误差，不得大于图上 0.5 mm。

（4）清绘、整饰。外业调绘与补测工作结束后，应加注地籍要素的编号与注记，然后进行必要的整饰、着墨，制作成地籍图的工作底图或在工作底图上采用透明薄膜经清绘、整饰后，制作成正式地籍图。

若对已有的满足精度要求的大比例尺地形图（地籍图）数字化，应结合部分外业调绘、补测的要素成果（通过数字化输入计算机）。按以上要求从图形库中提取地籍图所需的地形要素与界址线进行复合，再加上必需的地籍要素，按地籍图的要求由计算机通过数据处理软件处理，采用图形显示编辑方法，由编辑人员及时通过屏幕显示进行编辑处理，就可以得到所需的数字地籍图，其流程见图 7-10。

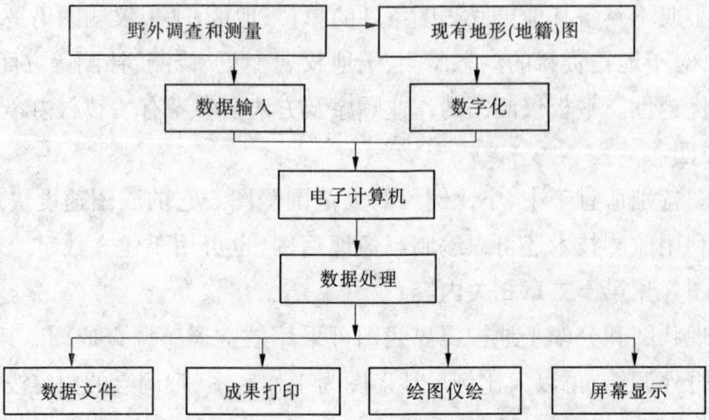

图 7-10 编绘法成图流程

3.4 野外采集数据机助成图

野外采集数据机助成图是指利用测量仪器如全站型电子速测仪、测距仪、光学经纬仪和钢尺等，在野外对界址点、地物点进行实测，以获取观测值（水平角、天顶距、距离等），然后将观测值存入存储器，再通过接口将数据传输到计算机，由计算机进行数据处理，从而获得界址点、地物点的坐标，最后利用计算机通过应用软件，将地籍资料以不同形式输出。野外采集数据机助成图作业流程见图 7-11。

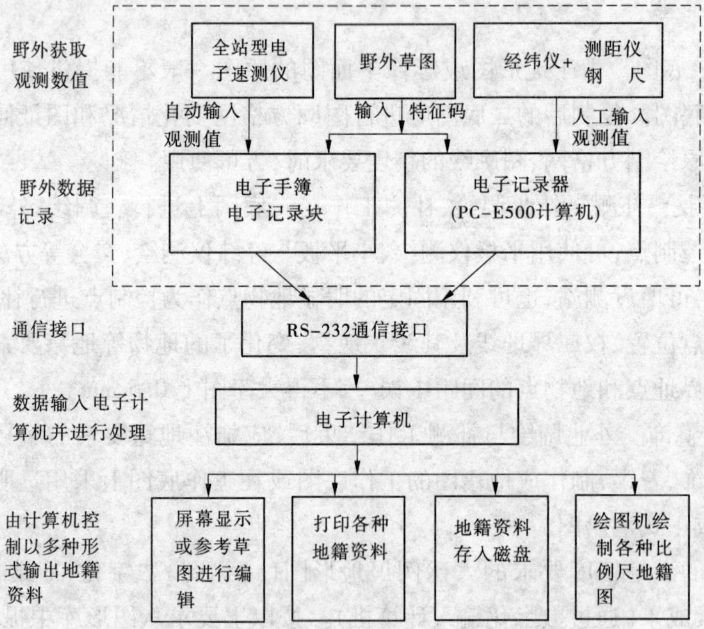

图 7-11 野外采集数据机助成图作业流程

4　宗地图的绘制

4.1　宗地图的概念

宗地图是以一宗地为单位的地籍图,是宗地位置、界址点、界址线、相邻宗地及地物关系的实地描述,是土地证书和宗地档案的附图,经土地登记认可后,便成为具有法律效力的图件。

宗地图的作用主要有:

(1)颁发土地证的依据,其成果资料具有法律效力,是权属法律的依据。

(2)土地税收、转让的依据。

(3)为土地利用管理和规划提供基础资料。

4.2　宗地图的内容

宗地图的内容包括如下几个方面:

(1)宗地图所在图幅号、地籍区(街道)号、地籍子区(街坊)号、宗地号、界址点号、土地利用分类号、土地登记号、房屋幢号。

(2)本宗地用地面积和实量界址边长或反算得到的界址边长。

(3)邻宗地的宗地号及相邻宗地间的界址分隔示意线。

(4)紧靠宗地的地理名称。

(5)宗地内的建筑物、构筑物等附着物及宗地外紧靠界址点的附着物。

(6)本宗地界址点位置、界址线、地形地物的现状、界址点坐标表、权利人名称、用地性质、用地面积、测图日期、测点(放桩)日期、制图日期等。

(7)指北方向和比例尺。

(8)为保证宗地图的正确性,宗地图要经检查审核,宗地图的制图者、审核者均要在图上签名。

4.3　宗地图的绘制

4.3.1　宗地图的编绘

宗地图是土地证书和宗地档案的附图,宜用 32 开、16 开、8 开纸的幅面,宗地过大或过小,可调整比例尺绘制,以能清楚表示宗地情况为原则。比例尺一般可在 1∶100 ~ 1∶2 000。界址点用 1.0 mm 直径的圆圈表示,界址线粗 0.3 mm,用红色或黑色表示。

宗地图的编绘有两种方法。一种方法是透绘法成图:以地籍图为底图,即将透明的绘图薄膜蒙贴在所需描绘的宗地上,逐项准确地透绘所需要素和内容并补充加绘相关内容,整饰加工成宗地图;另一种方法是采用数字化成图:在计算机上剪裁地籍图中的每一宗地内容,加以适当的编辑后形成每一宗地的宗地图,由绘图仪绘制成图。宗地图样图见图 7-12。

4.3.2　精度要求

宗地图是地籍图的局部图,其精度要求及各项限差与地籍图基本相同。解析法测制地籍图时,边长的最大误差为 15 cm。用勘丈数据展绘或装绘地籍图时,边长最大误差为图上的 0.3 mm。

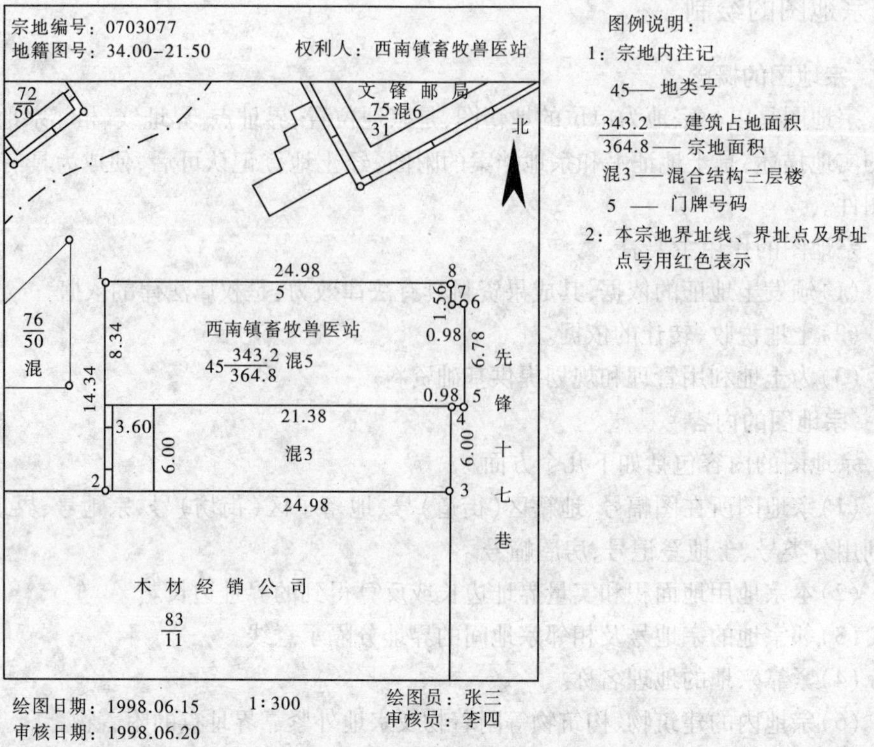

图 7-12　宗地图样图

5　农村居民地地籍图的编制

农村居民地是指建制镇(乡)以下的村民居住区(村寨)及乡村集镇。由于农村地区采用 1∶5 000 或 1∶10 000 等较小比例尺测绘地籍图,在地籍图上就无法表示出村民宅基地的细部位置,故必须绘制大比例尺的农村居民地地籍图,以满足地籍管理工作的需要。

农村居民地地籍图采用自由分幅并以岛图形式表示,因此村庄的轮廓线应与地籍图上相应的地块界线相一致。

农村居民地地籍图测绘方法和要求同城镇地籍图测绘。比例尺一般采用 1∶1 000、1∶2 000,急用图时,也可采用航摄像片放大,编制任意比例尺农村居民地地籍图。

居民地内权属的划分、权属调查、土地利用分类、房屋建筑情况的调查与城镇地籍测量相同。

农村居民地地籍图的编号应与农村地籍图中该居民地和地块号一致,居民地内户地(宗地)编号按居民地自然走向以 1,2,3,…顺序进行编号。居民地内的其他公共设施如球场、道路、水塘等不做编号。

农村居民地地籍图表示的内容一般包括:

(1) 自然村居民地范围轮廓线,居民地名称,居民地所在乡(镇)、村名称,居民地所在农村地籍图的图号和地块号。

(2)户地权属界线、户地编号、房屋建筑结构和层数、利用类别和户地面积。

(3)作为权属界线的围墙、垣栅、篱笆、铁丝网等线状地物。

(4)居民地内公共设施、道路、球场、晒谷场、水塘和地类界等。

(5)居民地的指北方向。

(6)居民地地籍图的比例尺等。

农村居民地地籍图如图7-13所示。

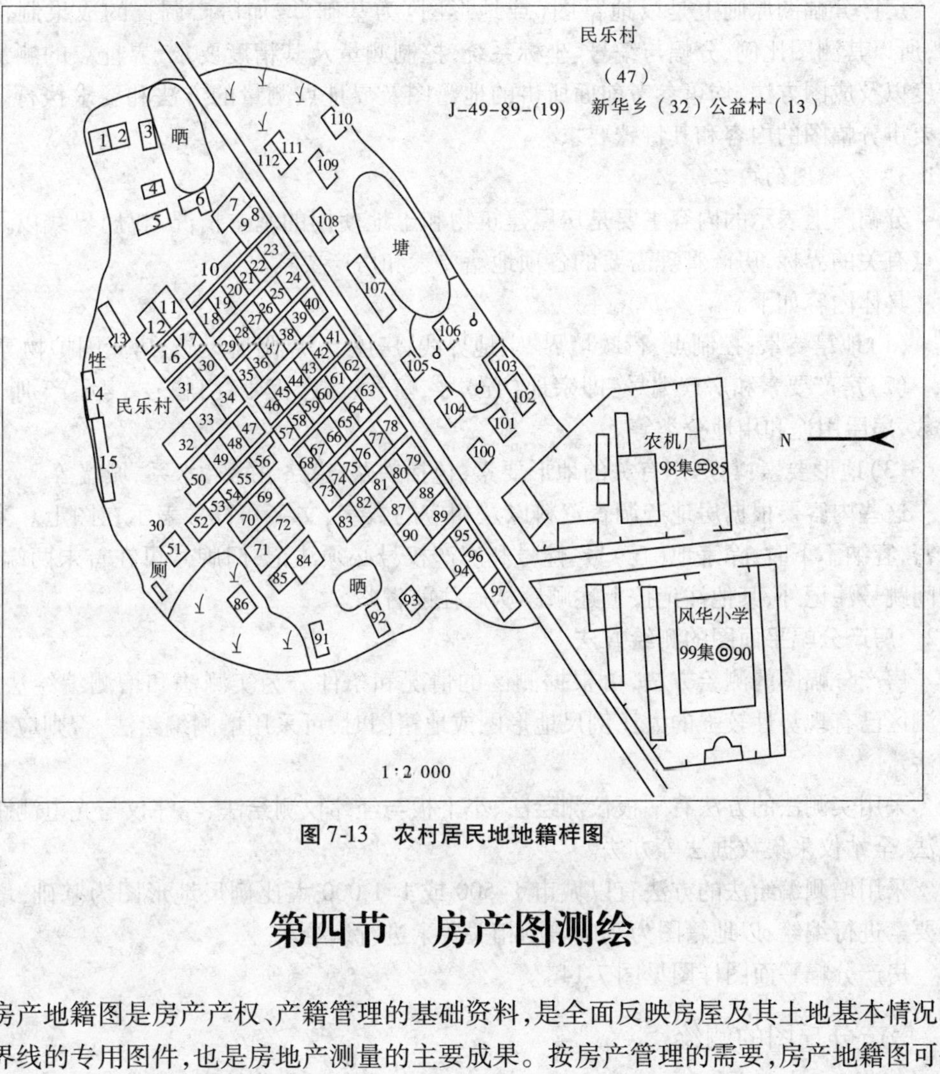

图7-13　农村居民地地籍样图

第四节　房产图测绘

房产地籍图是房产产权、产籍管理的基础资料，是全面反映房屋及其土地基本情况和权属界线的专用图件，也是房地产测量的主要成果。按房产管理的需要，房产地籍图可分为房产分幅平面图（简称分幅图）、房产分丘平面图（简称分丘图）和房产分层分户平面图（简称分户图）。现分别介绍如下。

1　房产分幅图的测绘

房产分幅图是全面反映房屋及其用地平面位置和权属等状况的基本图，是测制分丘图、分户图的基础资料。

1.1 一般规定

1.1.1 分幅图的测图范围

分幅图测图范围原则上为城市、县城、建制镇的建成区和建成区以外的机关、学校、工矿、企事业单位及其相邻的居民点，并应与开展城市房产要素的调查和房屋产权登记的范围一致。

1.1.2 基本技术要求

房产分幅图原则上是以地籍图(或地形图)为基础，增加房产调查的成果制作而成的，所以其测图比例、分幅与编号、坐标系统、控制测量及其精度要求、界址点的测量及其精度以及成图方法，均可参考前面所讲的地籍图及界址点测量的方法和要求执行。下面主要讲分幅图的内容和其特殊要求。

1.1.3 分幅图的内容

分幅图上表示的内容主要是房屋建筑物和土地使用的基本情况、权属界线以及与界址点有关的界标，房产管理需要的各项地籍要素和房产要素。

具体内容如下。

(1)地籍要素:控制点、行政境界、宗地界线;房屋、房屋附属设施、房屋围护物等。

(2)房产要素和房产编号:即宗地(丘)号、幢号、房产权号、门牌号、房屋产别、结构、层数、房屋用途和用地分类等。

(3)地形要素:与房产有关的地形要素，包括铁路、道路、桥梁、水系、城墙等。

这些内容要根据房地产调查资料以及相应的数字、文字和符号表示在图上。当注记过密，容纳不下时，除宗地(丘)号、幢号和房产权号必须注记，门牌号可在首末两端注记，中间跳号注记外，其他注记按上述顺序从后往前省略。

1.2 房产分幅平面图的测绘方法

房产分幅图的测绘方法，可根据测区的情况和条件分为实测法和增测编绘法两种。当测区已有现势性较强的大比例尺地形图或地籍图时，可采用增测编绘法，否则应采用实测法。

采用实测法的方法有平板仪测绘法、小平板与经纬仪测绘法、经纬仪与光电测距仪测记法、全站仪采集数据法等方法。

采用增测编绘法的方法有以城市1:500或1:1 000大比例尺地形图为基础，增测相关要素进行编绘;以地籍图为基础增测相关要素进行编绘。

房产分幅平面图样图见图7-14。

2 房产分丘图的测绘

分丘图是分幅图的局部图件，是绘制产权证附图的基本图。

2.1 有关规定和内容要求

2.1.1 分丘图测绘的有关规定

由于分丘图是分幅图的局部图件，它的坐标系与分幅图的坐标系一致;比例尺可根据宗地图面积大小和需要在1:100~1:1 000之间选用，尽可能与分幅图比例尺相同。幅面大小可选用32开、16开、8开、4开。分丘图可在聚酯薄膜上描绘，也可选用其他图纸展

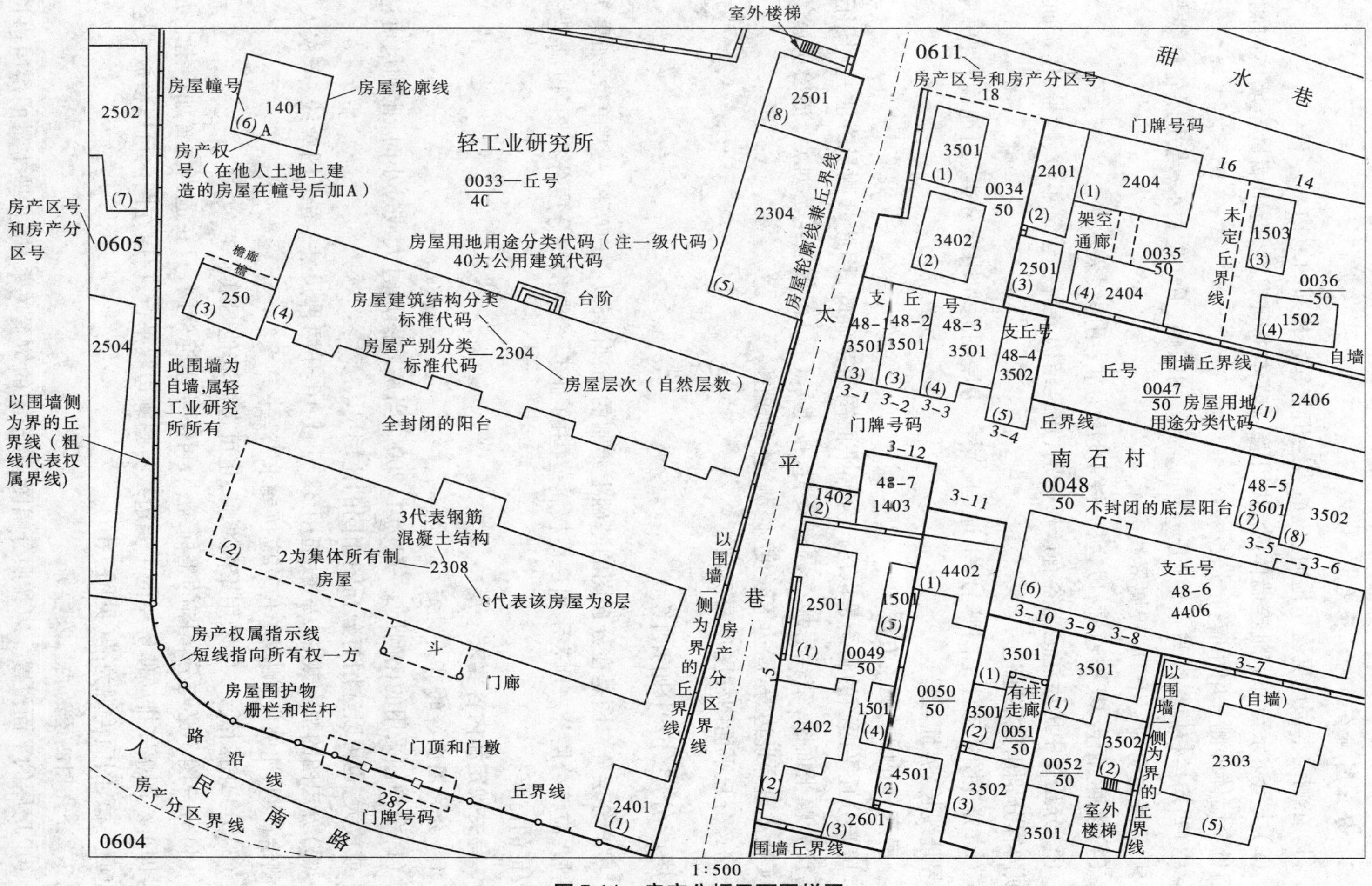

图 7-14　房产分幅平面图样图

绘。为满足产权证附图的需要，一般要求测绘分丘图时，分丘图地物点相对于邻近控制点的点位中误差不超过图上 0.5 mm。

2.1.2 分丘图测绘的内容和要求

（1）在测绘本宗地房屋用地时，应适当绘出与邻宗相邻的地物。

（2）丈量本宗与邻宗毗连墙体时，共用墙以墙体中间为界，借用墙量至墙体内侧，自有墙量至墙体外侧并用相应符号表示。

（3）当房屋权属界线与宗地（丘）线重合时，用宗地（丘）线表示；当房屋轮廓线与房屋权属界线重合时，用房屋权属界线表示。

（4）挑廊、阳台、架空通廊，以栏杆外围投影为准，用虚线表示。

（5）分丘图中房屋注记内容有产权类别、建筑结构、层数、建筑年份、幢号、建筑面积，各项内容分别用数字注记。

（6）分丘图还应注记门牌号、宗地（丘）号、房屋用途和用地分类、用地面积、房屋边长、界址线长、界址点号。

2.2 房产分丘图的测绘方法

房产分丘平面图的测绘是以房产分幅平面图为基础的，因此其测量方法是利用已有的房产分幅平面图，结合房地产调查资料，按本宗（丘）范围展绘界址点，描绘房屋等地物，实地丈量界址边、房屋边等长度，修测、补测成图。

房产分丘平面图样图见图 7-15。

3 房产分层分户图的测绘

房产分层分户图是在分丘图的基础上绘制的局部图，以一户产权人为单位，如果为多层房屋，应该分层分户地表示出房屋权属范围的细部，绘制房产分层分户图，以满足核发产权证的需要。

3.1 有关规定和内容要求

3.1.1 分户图测绘的有关规定

（1）分户图采用的比例尺，一般为 1∶200。当房屋图形过大或过小时，比例尺可适当缩小或放大，也可以选用与分丘图相同的比例尺。

（2）分户图的幅面规格，一般选用 32 开或 16 开两种尺寸，图纸图廓线、产权人、图号、测绘日期、比例尺、测图单位均应按要求书写。

（3）分户图图纸，一般采用聚酯薄膜，也可选用其他图纸。

（4）分户图不必与分幅图的坐标统一，可不绘坐标格网，只在适当位置加绘指北方向符号即可。图幅安排应使房屋的主要边线与图廓边线平行，房屋在图内可以横放或竖放，以重心平稳、图面美观为准（见图 7-16）。

3.1.2 分户图测绘的内容及要求

（1）房屋的平面位置。应参照分幅图、分丘图的位置关系，按实地丈量的房屋边长尺寸绘制，在图上用细实线表示，房屋边长描绘误差不超过图上 0.2 mm，房屋边长应丈量两

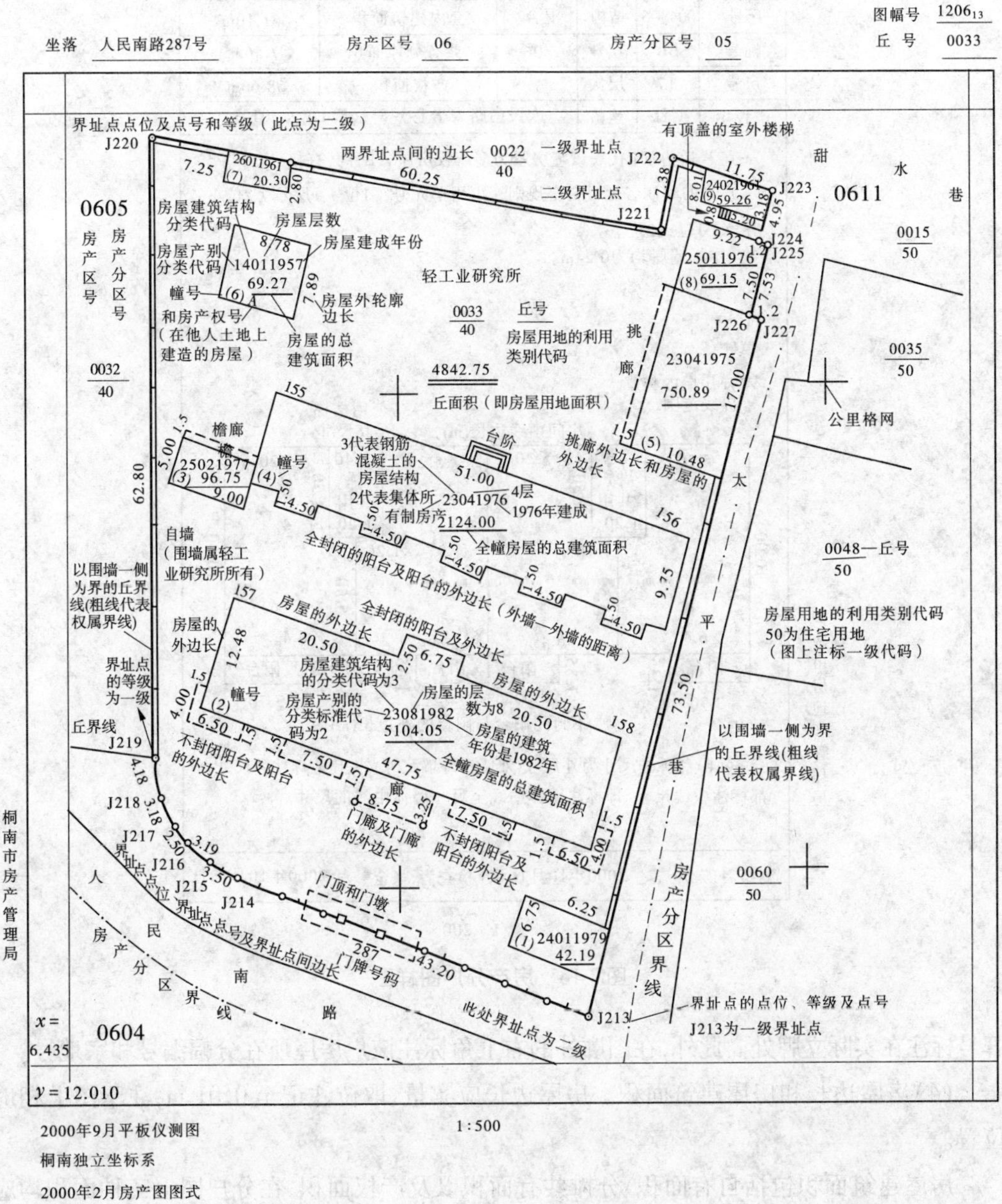

图 7-15 房产分丘平面图样图

次取中数，两次丈量较差应符合《房产测量规范》的要求。

（2）房屋权属要素。分户图的房屋权属要素包括房屋权界线，四面墙体归属和楼梯、走廊等共有共用部位。其中，房屋权界线和四面墙体归属的表示方法与分丘图相同，楼梯、走廊等共有共用部位仍以细实线表示，但应加注名称如“梯”、“廊”等。

（3）房屋坐落号码。准确表示房屋坐落位置的号码有门牌号、幢号、所在层次、室号或户号等，应在规定位置标注。其中本户所在的幢号、层次、户（室）号标注在房屋图形上方，门

丘号	0048-6	结构	混合	套内建筑面积	$61.10m^2$
幢号	6B	层数	06	共有分摊面积	$7.56m^2$
户号	17	层次	5	产权面积	$68.66m^2$
产权主	刘江	坐落	人民南路太平巷3-8号6幢1单元501室		

幢号后边加B代表该幢房屋为多产权房屋，B称共有权号。

户号的编制各地可自定规则，可用单元号（1位）+层号（2位）+房号（1位或2位）。

本幢墙厚均为0.24m。

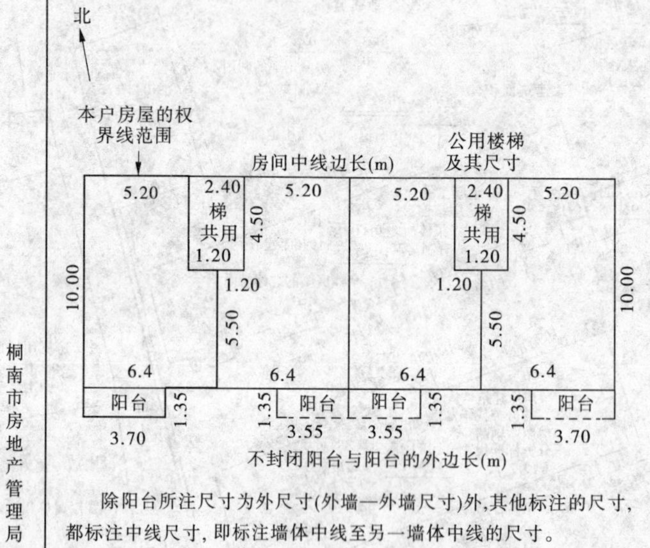

除阳台所注尺寸为外尺寸(外墙—外墙尺寸)外,其他标注的尺寸,都标注中线尺寸,即标注墙体中线至另一墙体中线的尺寸。

测绘者:陈波	2000年10月16日	检查者:张全	2000年10月18日

1∶200

图 7-16　房产分户图样图

牌号标注在实际立牌处。此外,在图廓外的右上角标注该户房屋所在分幅编号和宗地号。

(4)房屋边长和房屋建筑面积。房屋边长应实量,取位注记至 0.01 m,注于图上相应位置。

房屋建筑面积包括自有面积、分摊共有面积以及产权面积,在分户图上三种面积均应表示出来,不能只注记一个总面积。房屋建筑面积注记在房屋图形内,共有共用的分摊面积注记在图的左下角,总面积注在房屋幢号、所在层次、室号的下方。

3.2　房产分户图的绘制

分户图可以直接对已测绘的分幅图、分丘图上属于本户地范围的部分,进行实地调查核实修测后绘制。

如果没有分幅图、分丘图可以提供,房产发证和登记又急需开展,可以按房产分丘、分户的范围,在实地直接丈量房屋的有关边长等数据进行绘制,见图 7-16。

第五节　土地利用现状图的编制

1　土地利用现状图的编制

土地利用现状图是土地利用现状调查工作结束需要提交的主要成果之一，它是地籍管理和土地管理工作的重要基础资料，必须认真编制。

1.1　基本要求

1.1.1　成图的基本类型

目前土地利用现状图有两类：一类是分幅土地利用现状图；另一类是行政区域的土地利用现状图（岛图），它是在分幅土地利用现状图的基础上编绘而成的。

1.1.2　成图比例尺及图幅大小

乡级土地利用现状图的成图比例尺一般与调查底图比例尺一致，即农区1∶1万、重点林区1∶2.5万、一般林区1∶5万、牧区1∶5万或1∶10万，图面开幅可根据面积大小、形状、图面布置等分为全开或对开两种。县级土地利用现状图除面积较大或形状窄长的县用1∶10万比例尺图外，通常以1∶5万比例尺成图，采用全开幅。

1.2　图的内容

土地利用现状图上应反映的内容有图廓线及公里网线、各级行政界、水系、各种地类界及符号、线状地物、居民地、道路、必要的地貌要素、各要素的注记等。为使图面清晰，平原地区适当注记高程点，丘陵山区只绘计曲线。

2　乡级土地利用现状图的编制

2.1　编制方法

按乡级单位的地理位置，将所涉及的图幅土地利用现状调查转绘底图拼接起来。拼接时以四个内图廓点和公里网作控制，并进行接边检查，然后利用0.05～0.07 mm厚的磨面聚酯薄膜，采用连编带绘一次成图的透绘作业，即把制作编绘原图与出版原图两道工序合并在一起的作业方法。

2.2　编制的程序

2.2.1　图上内容的编制顺序及作业要点

（1）图廓线及公里网线。内图廓线、经纬线、公里网线。附图图廓线粗0.15 mm、外图廓线粗1.0 mm，图内公里网线长1 cm、粗0.1 mm。其精度要求：图廓线边长误差±0.1 mm，对角线边长误差±0.3 mm，公里网连线误差±0.1 mm。

（2）水系。湖泊、双线河、大中小型水库、坑塘、单线河（先主后支）、渠道等及其附属物，按原图全部透绘。图式符号及尺寸按《规程》附录要求清绘。

（3）居民地。农村居民点、城镇、独立工矿用地等均按底图形状进行透绘，其外围线用粗0.15 mm实线表示。图形内，根据需要可用粗0.1 mm线条与南图廓线成45°角加绘晕线，线隔0.8 mm。

（4）道路。按主次依次透绘铁路、公路、农村路，其符号及尺寸见《规程》。

(5)行政界。省、地、县、乡、村各级行政界,自上而下依次透绘。线段长短、粗细、间隔均按《规程》要求。行政界相交时要做到实线相交,相邻行政界只绘出2~3节。飞地权属界按其地类用相应符号表示。

(6)地类界。以0.2 mm实线表示。作业过程中,需注意不要因跑线及移位而使图形变形。

(7)进行各要素的注记。

(8)整饰。按图面设计要求,图名配置在图幅上方中间为宜,字体底部距外图廓线1.0~1.5 cm,图签配置在图的右下方。

2.2.2 自检、互检、审核、修改、图幅清绘

整饰完成后,应按设计要求,对照底图全面进行自检、互检,再交作业组、专业队审核。对检查出的问题进行修改,最后提交验收。

2.2.3 复制、着色

(1)复制。乡级土地利用现状图的复制,一般可采用静电复印(照)的方法,也可用熏图复制成图的方法直接晒成蓝图。限于条件,一般不采用线划套印。

(2)着色。一般采用水彩着色,也可用油彩着色。

3 县级土地利用现状图的编制

3.1 编图的原则和依据

(1)制图单元以土地利用现状分类单元为编图依据,进行制图综合。

(2)制图综合时,应贯彻"表示主要的、去掉次要的"原则。根据土地利用类型的区域特征,对各种地类要素进行科学分析,从水系综合、图形碎部综合、面积综合等三方面对图斑进行简化、概括,力求保持地貌单元的完整性,注意图斑形状、走向同地貌单元相吻合,使综合后的图斑面积与原图斑面积相一致。

(3)通过不同的制图单元和图斑间的不同组合差异来反映土地利用现状的分布规律和区域特征的差异性。

3.2 编绘草图

(1)按1:5万比例尺图的编绘要求,在1:1万分幅土地利用现状图上进行综合取舍,逐一编制。

(2)以1:5万地形图或素图的数学基础作为编制县级土地利用现状成果图的数学基础。在1:5万工作底图上标绘出相应的16幅1:1万地形图的图廓点,以图廓点、经纬网、公里网和控制点作控制。

(3)将经过综合取舍、编制的1:1万土地利用现状图的各类要素缩编到1:5万地形图或素图上,编绘成1:5万的分幅土地利用现状草图。缩编可采用机械缩放仪法、复照法等。

3.3 编稿原图

(1)把1:5万分幅的土地利用现状草图,按县级制图范围进行拼幅。拼幅时以图廓点、经纬网、公里网和控制点作控制,并进行图幅接边检查。

(2)用0.05~0.07 mm厚的聚酯薄膜蒙到已拼幅的草图上,进行透绘、整饰,清绘成县级1:5万土地利用现状编稿原图。

(3)图面清绘。按《规程》规定的图式符号进行清绘、透绘，清绘的顺序与乡级土地利用现状图相同。

3.4 复制

已编制好的县级土地利用现状原图，需复制若干份，以提供各部门使用和报上级土地管理部门。其复制方法有熏图复制、晒蓝复制、印刷复制等。

4 土地所有权属图的编制

4.1 分幅土地权属界线图的编制

土地权属界线图是地籍管理的基础图件，也是土地利用现状调查的重要成果之一。

土地权属界线图与其他专题地图一样，除要保持同比例尺线划图的数学基础、几何精度外，在专题内容上，应突出土地的权属关系。它以土地利用现状调查成果图为依据，用界址拐点、权属界址线相应的地物图式符号及注记。

分幅土地权属界线图与土地利用现状调查工作底图比例尺相同。土地权属界址线、界址拐点可利用分幅土地利用现状调查底图透绘得到。编制方法与内容如下：

(1)用0.05～0.07 mm厚的聚酯薄膜覆盖在分幅的土地利用现状调查底图上，透绘图廓点及内、外图廓线和公里网线，并以此作控制进行编制。

(2)用直径0.1 mm的小圆点准确透刺权属拐点，并用半径1 mm的圆圈整饰。无法用圆圈整饰时，需以直径0.3 mm小圆点表示权属界线，用0.2 mm粗的实线透绘。同一幅图内各拐点用阿拉伯数字按顺序编号。图上拐点密集，两拐点间的距离小于10 mm时，可用0.3 mm小圆点只标拐点位置，不画界址点圆圈。

(3)县、乡、村等各行政单位所在地表示出建成区的范围线，并分别注记县、乡村名。

(4)图上面积小于1 cm^2 的独立工矿用地及居民点以外的机关、团体、部队、学校等企事业单位用地，界址点上不绘小圆圈，只绘权属界线，并在适当位置注记土地使用者的名称。

(5)依比例尺上图的线状地物，在对应的两侧同时有拐点且其间距小于2 mm时，只透绘拐点，不绘小圆圈。依比例尺上图的铁路、公路等线状地物，只绘界址线，不绘其图式符号，但应注记权属单位名称。

(6)不依比例的单线线状地物与权属界线重合，用长10 mm、粗0.2 mm、间隔2 mm的线段沿线状地物两侧描绘。当行政界线与权属界线重合时，只绘行政界而不绘权属界。行政界线下一级服从于上一级。

(7)飞地用0.2 mm粗的实线表示，并详细注记权属单位名称，如县、乡、村名。

(8)增绘。根据需要，可增绘对权属界址拐点定位有用的相关地物及说明权属界线走向的地貌特征。

4.2 土地证上所附的土地所有权界线图的蒙绘

土地证上所附的土地权属界线图，以0.05 mm厚的聚酯薄膜蒙在分幅的1∶1万比例尺土地利用现状图上，将本村权属界址点刺出，以半径1 mm小圆圈整饰并编号，用0.2 mm红实线表示界址线。从拐点引绘出四至分界线，用箭头表示分界地段，并注明相邻土地所有权单位和使用单位名称。

思考与练习

7-1　细部测量的目的、内容是什么？

7-2　如何进行地籍图的分幅和编号？

7-3　界址点的测量方法有哪些？如何计算界址点坐标？

7-4　地籍图的内容及测绘方法是什么？

7-5　宗地图有何作用？如何编绘宗地图？

7-6　如何编制农村居民地地籍图？

7-7　房产分幅图中应表示哪些要素？如何测绘？

7-8　房产分丘图如何测绘？与分幅图有何不同？

7-9　房产分层分户图如何测绘？与分丘图有何不同？

第八章　土地面积量算

第一节　概　述

土地面积量算和统计是政府对国土资源进行量化管理的重要依据。地籍调查与测量中的面积量算,一般是一种多层次的面积量算。例如,一个行政管辖区的总面积、各宗地面积、各种利用分类面积等。通过土地面积量算,摸清土地家底及各类用地结构比例,调整土地利用结构,为土地分配和再分配、收取土地费(税)、制定各种发展计划等提供依据。因此,面积量算是地籍调查与测量中一项重要的必不可少的工作。

1　土地面积量算的方法

土地面积量算的方法比较多,但概括起来分为两种,即解析法与图解法。

1.1　解析法

解析法是一种在实地直接量测有关边、角元素进行解析面积计算的方法。具体又可分为两种形式:一是几何要素解析法,即根据量测得到的几何要素(边与角),直接应用简单的几何公式计算面积;二是坐标解析法,通常一个地块是不规则的几何形状,只要测出该形状各拐点的解析坐标,就可直接应用坐标计算面积的公式,计算出地块的面积。

1.2　图解法

图解法通常是指从图上直接量算面积,其方法比较多,例如几何要素与坐标量算法、膜片法、求积仪法、沙维奇法、光电测积法以及电算法等。它们的共同特点,均是直接在图上量算,一般可以很快地得到图形面积,无复杂计算;由于各自使用的量测仪器工具与技术手段不同,各种方法的精度是不一致的,有的精度比较高,且有发展前途,有的方法简单,有一定的实用价值,但就精度而言均不如解析法。

2　面积量算单位的换算

城镇地籍测量中通常以平方米(m^2)为基本单位,大面积可用公顷(hm^2)与平方千米(km^2);农村地籍测量中常以亩为面积量算的基本单位。

为了计算面积方便,介绍一下我国习惯上采用的面积单位亩与公制面积单位的换算方法。

2.1　平方米换算为亩

(1)平方米加其自身的一半,小数点前移三位。

例:10 000 m^2 是多少亩?

$$(10\ 000 + 10\ 000/2) \div 1\ 000 = 15\ 亩$$

(2)平方米乘以 15,小数点前移四位。

$$10\ 000 \times 15 \div 10\ 000 = 15 \text{ 亩}$$

2.2 亩换算为平方米

(1)亩数减去自身的1/3,小数点后移三位。

$$(15 - 15 \div 3) \times 1\ 000 = 10\ 000 \text{ m}^2$$

(2)亩数除以15,小数点后移四位。

$$15 \div 15 \times 10\ 000 = 10\ 000 \text{ m}^2$$

2.3 平方米、公顷与亩的换算

换算关系为

$$10\ 000 \text{ m}^2 = 15 \text{ 亩} = 1 \text{ hm}^2$$

第二节 面积量算方法

土地面积量算,与一般测量工作一样,也有整体与局部、控制与碎部之分,所以其量算的总原则也是符合从整体到局部、先控制后碎部的原则。即通常是以图幅理论面积为基本控制,按图幅分级量算,依面积大小的比例平差,自下而上逐级汇总、统计。

选择面积量算的方法,一般要从实际出发,由面积的大小、精度要求以及设备条件来决定。从要求来讲,无疑控制面积精度应高于碎部面积精度;权属面积精度应高于土地利用分类面积(地块或图斑面积)精度。从方法来看,解析法精度高于图解法精度,电算法精度高于沙维奇法精度;沙维奇法精度又高于求积仪法精度;求积仪法精度高于膜片法精度。不过太小的面积不适于求积仪法,而采用膜片法比较有效,所以面积大小也影响方法的精度。

1 解析法面积量算

解析法按测算的要素不同,计算的方法也不同,可分为坐标解析法和几何要素解析法,下面我们分别介绍这两种方法。

1.1 坐标解析法

坐标解析法是指按地块界线的拐点坐标计算地块面积的方法。各拐点坐标应直接在野外施测,其坐标可以直接沿各拐点设站施测,也可在控制点上施测。有了坐标便可组成闭合多边形,从而根据公式计算出面积。若拐点是权属界址点,则面积即为权属面积(即宗地面积)。此法是城镇地籍测量中面积计算的主要方法,也是地籍测量数字化成图中面积计算应采用的测量方法。

下面给出多边形面积计算公式(其示意图见图8-1):

$$\begin{aligned} P &= \frac{1}{2}\sum_{i=1}^{n}\left[x_i(y_{i+1} - y_{i-1})\right] \\ P &= \frac{1}{2}\sum_{i=1}^{n}\left[y_i(x_{i-1} - x_{i+1})\right] \end{aligned} \tag{8-1}$$

式中 x_i、y_i——地块拐点坐标。

当 $i-1=0$ 时,$x_0 = x_n$,当 $i+1 = n+1$ 时,$x_{n+1} = x_1$。

以上公式中脚标是针对多边形顶点顺时针编号而言,若逆时针编号,则符号相反。上述两个面积计算公式,计算时相互校核。

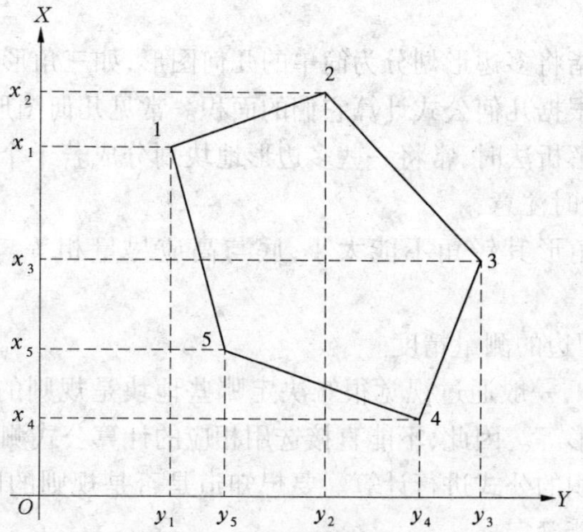

图 8-1　多边形面积计算

采用程序计算器及计算机编程计算将十分方便、迅速。

当地块很不规则，甚至为曲线时，可多加些拐点，测量其坐标。曲线上加密点愈多，就愈接近曲线，计算出的面积愈接近实际面积。

对于计算宗地跨图幅或宗地被图廓线分割的面积时，应计算出界址边与图廓线交点的坐标，然后分别组成闭合多边形。由平面解析几何可知，已知两点坐标可建立直线方程，界址线是由相邻两个已知界址点相连，故可建立一个以斜率表示的直线方程如 $y = k_1x + a$；同理，图廓线亦可由两图廓点坐标建立直线方程如 $y = k_2x + b$。解联立方程求出交点坐标，则分割后的宗地面积即可由式(8-1)求出。

采用上述方法计算出面积后，可用下式计算面积量算的中误差：

$$m = \pm m_j \sqrt{\frac{1}{8}\sum_{i=1}^{n} D_{i-1,i+1}^2} \tag{8-2}$$

式中　m——面积量算中误差，m^2；

m_j——界址点、房角点或边界点中误差；

D——界址点、边界点连线所组成的多边形中，相邻点连线的间距，如图 8-2 所示（在此 i 为边号，即 $D_i = D_{i-1,i+1}$）。

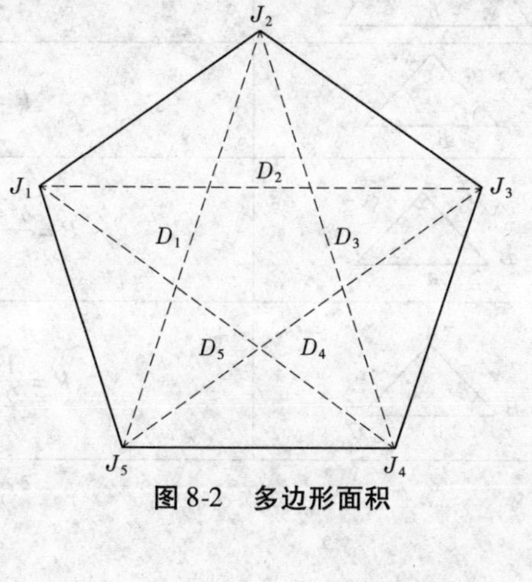

图 8-2　多边形面积

1.2　几何要素解析法

几何要素解析法指将多边形划分为简单的几何图形，如三角形、梯形、四边形等，实地丈量边长、量测角度，根据几何公式计算它们的面积。常见几何图形面积见表8-1。

在运用几何要素解析法时，常将一些多边形地块划分成若干个三角形（或四边形等）分别计算面积，在划分时注意：

（1）所划分的三角形其锐角不能太小，底与高应尽量相等，其底与高之比限制在1∶3～3∶1之内。

（2）应尽量提高短边的测量精度。

（3）在实地测量中，一般通过视觉很难决定哪些地块是规则的四边形，如正方形、长方形、平行四边形、梯形等。因此，不能直接选用相应的计算公式测量和计算面积，只能根据计算任意四边形面积的公式进行计算。要想知道是否是规则的四边形，只有通过测定有关的边、角之后，才能确定。

对于量算后的面积中误差可按下式计算：

$$m_P = \pm (0.04\sqrt{P} + 0.003P) \tag{8-3}$$

式中　P——量算的面积，m^2。

式(8-3)为用皮尺丈量边长计算面积估算面积中误差的公式。

表8-1　常见几何图形面积

几何图形	量测要素	示意图	面积计算公式
矩形	长，宽 a,b	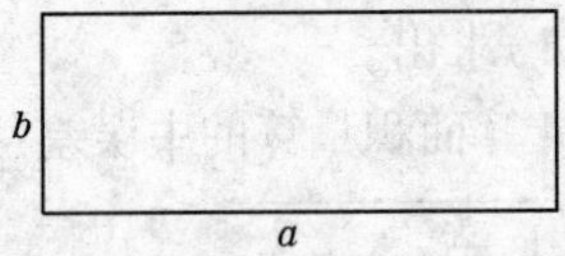	$P=ab$
	底，高 a,h	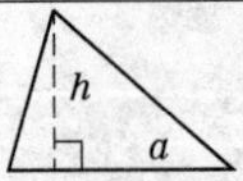	$P=\frac{1}{2}ah$
	三条边 a,b,c	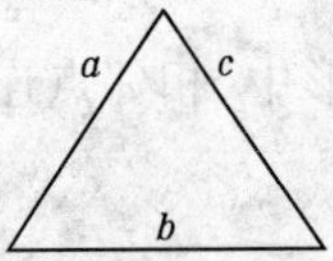	$P=\sqrt{S(S-a)(S-b)(S-c)}$ $S=\frac{1}{2}(a+b+c)$
三角形	两边夹一角 $a,b,\angle C$	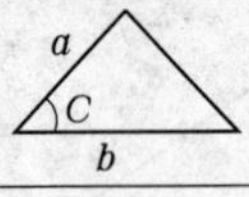	$P=\frac{1}{2}ab\sin C$
	两角与任一边 $\angle A,\angle B,a$	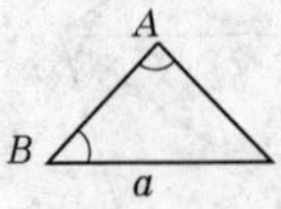	$P=\frac{a^2\sin B\sin(A+B)}{2\sin A}$
	两角夹一边 $\angle B,\angle C,a$	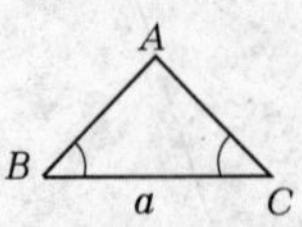	$P=\frac{1}{2}\cdot\frac{a^2}{\cot B+\cot C}$

续表 8-1

几何图形	量测要素	示意图	面积计算公式
四边形	四边及两对角 $a,b,c,d,$ $\angle A,\angle B$	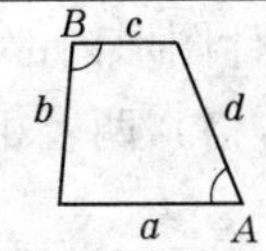	$P=\frac{1}{2}(bc\sin B+ad\sin A)$
	三边及两夹角 $a,b,c,$ $\angle A,\angle B$	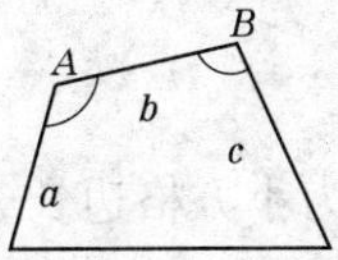	$P=\frac{1}{2}[ab\sin A+bc\sin B+ac\sin(A+B-180°)]$
梯形	上、下底及高 a,b,h	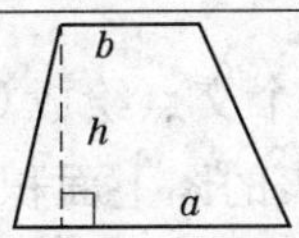	$P=\frac{1}{2}(a+b)h$
	上、下底及两底角 $a,b,\angle A,\angle B$	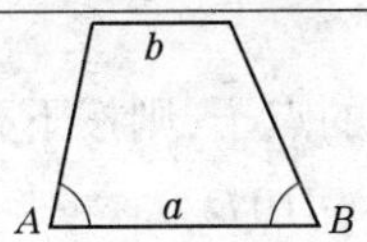	$P=\frac{a^2-b^2}{2(\cot A+\cot B)}$
任意五边形	五条边三个角 $a,b,c,d,e,$ $\angle A,\angle B,\angle D$	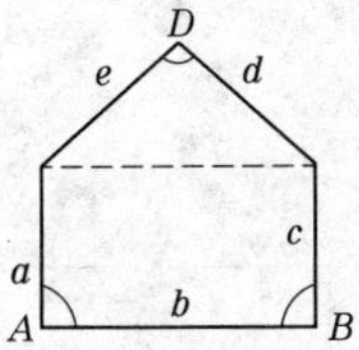	$P=\frac{1}{2}[ab\sin A+bc\sin B+ed\sin D+ac\sin(A+B-180°)]$

2　图解法面积量算

在一定比例尺的图（地形图、地籍图或土地利用现状图）上，采用一定的仪器、工具和方法，量算地块的图上面积，然后换算成实地面积的方法称为图解法。其具体方法较多，如膜片法、求积仪法等，下面就介绍这几种方法。

采用图解法面积量算时，图上面积量算均应独立进行两次，两次量算面积较差 ΔP 不得超过：

$$\Delta P=\pm 0.000\,3M\sqrt{P} \tag{8-4}$$

式中　ΔP——两次量算面积较差，m^2；

M——图比例尺的分母；

P——所量算的面积，m^2。

2.1　膜片法

此法是用伸缩性小的透明的赛璐珞、透明塑料、玻璃或摄影软片等制成等间隔格网板、平行线板、计算盘等膜片，把膜片放在图上适当的位置进行量算，这里主要介绍格值法和平行线法。

2.1.1　格值法

在膜片上建立一组有单位面积值的格子或点子，用这些不连续的量去逼近一个连续的量，即被量测的面积，从而完成图上面积量测。

(1)格网法(方格法)。在透明板材上建立起互相垂直的平行线，平行线间距为1 mm，则每一方格面积为1 mm^2，把它的整体称为方格网求积板。如图8-3中*abmn*为待量测面积图形，可将透明方格网置于图形上面，首先累计图形内部的整格数，再估读被图形边线分割的非整格数(一般两个非整方格看做一个整方格)，两者相加即为图形上总格数*n*。

图形的实地面积可按下式计算：

$$S = Cn \tag{8-5}$$

式中 S——图形实地面积；

C——单格值，m^2/格，$C = d^2M^2/1\ 000^2$(d为小方格边长，单位为mm，M为比例尺分母)；

(2)格点法(网点板法)。将上述方格网的每个交点绘成0.1 mm或0.2 mm直径的圆点，去掉互相垂直的平行线，则点值(每个点代表的图上面积)就是1 mm^2；若相邻点子的距离为2 mm，则点值就是4 mm^2(见图8-4)。

将格点求积板放在图上，数出图内与图边上的点子，则按下列公式可求出图形面积：

$$S = (N + L/2 - 1)D \tag{8-6}$$

式中 N——图形内的点子数；

L——轮廓线上的点子数；

D——点值。

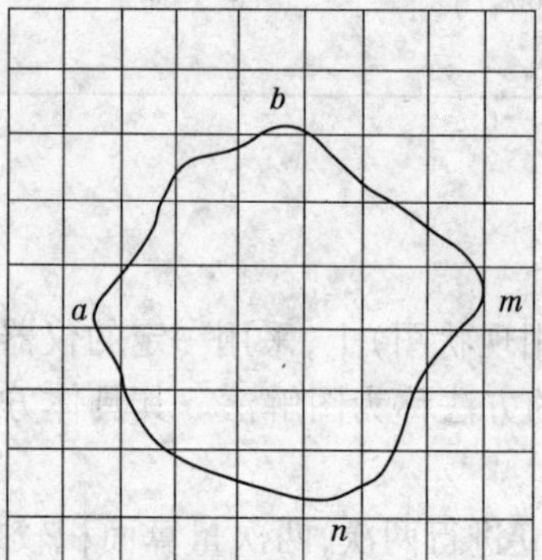

图8-3 格网法

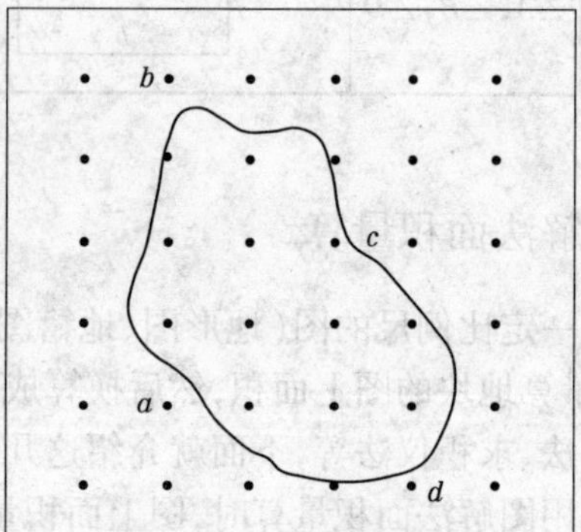

图8-4 格点法

2.1.2 平行线法

在透明板材上制作一组等距(距离为h)的平行线，平行线间距1~2 mm，图8-5中的*abcd*为待测图形，将平行线板置于图形之上，使图形两极点分别处于首末平行线中间，则图形被相邻两虚线分割成若干近似梯形。只要量出所有中位线长度，则可近似算出各梯形面积S_i及其总和S_{abcd}

$$S_{abcd} = S_1 + S_2 + S_3 + \cdots + S_n \tag{8-7}$$

2.2 沙维奇法

沙维奇法适用于大面积的量算，其优点在于减小了所量图形的面积，因而提高了精度。其原理如图8-6所示。

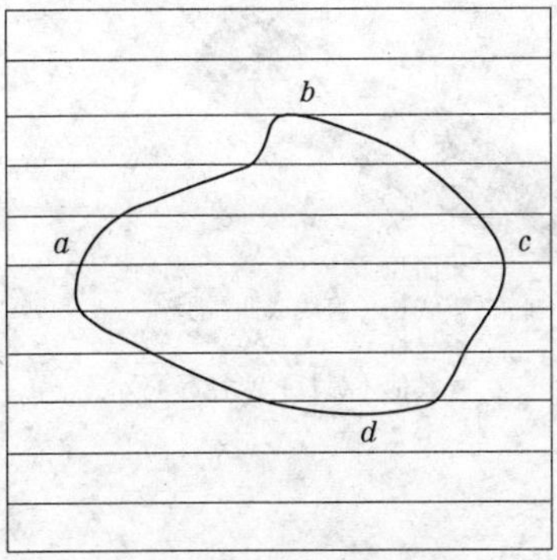

图 8-5　平行线法

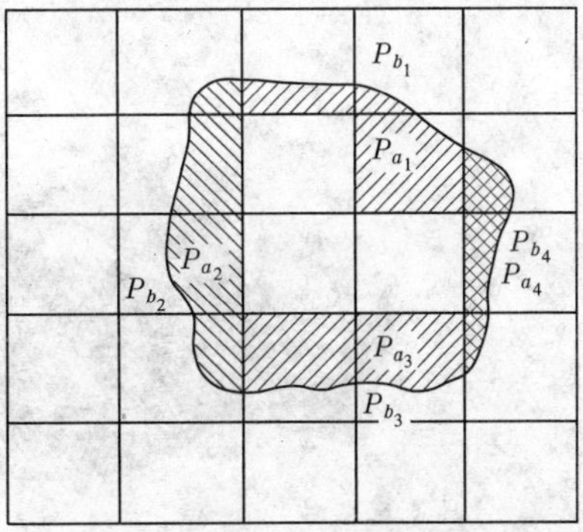

图 8-6　沙维奇法

将整个被量测的图形划分为整格部分和非整格部分。构成整格部分面积 P_0 不量测，只测非整格部分如 P_{a_1}、P_{a_2}、P_{a_3}、P_{a_4} 面积，以及与之对应构成整格的补格部分 P_{b_1}、P_{b_2}、P_{b_3}、P_{b_4} 面积，从图 8-6 中可以看出整格面积 $P_1 = P_{a_1} + P_{b_1}$，$P_2 = P_{a_2} + P_{b_2}$，$P_3 = P_{a_3} + P_{b3}$，$P_4 = P_{a_4} + P_{b_4}$。

在格网理论面积控制下，精确量测后与整格部分相加构成图形总面积。

用求积仪量测本图形非整格部分（如 P_{a_i}）的分划数 a_i 和对应补格部分（如 P_{b_i}）的分划数 b_i，则已知 P_i 面积与求积仪分划数（$a_i + b_i$）之比等于各小区非整格部分 P_{a_i}面积与其对应分划数 a_i 之比，即

$$\frac{P_{a_i}}{a_i} = \frac{P_i}{a_i + b_i}$$

则

$$P_{a_i} = \frac{P_i}{a_i + b_i} a_i$$

由上式可求得各小区非整格部分 P_{a_i}的面积，故所求图形面积为：

$$P = P_0 + \sum_{i=1}^{n} P_{a_i} = P_0 + P_{a_1} + P_{a_2} + P_{a_3} + \cdots + P_{a_n} \tag{8-8}$$

沙维奇法可较好地消除图纸伸缩所带来的误差，减少量算工作，减少量测误差积累，在图解法中是精度较高的方法。

2.3　求积仪法

2.3.1　数字求积仪

此种仪器是由日本索佳公司生产，主要型号有三种，即动极式 KP－90（见图 8-7）、定极式 KP－80（见图 8-8）、多功能数字求积仪 x－PLAN360i（见图 8-9）。

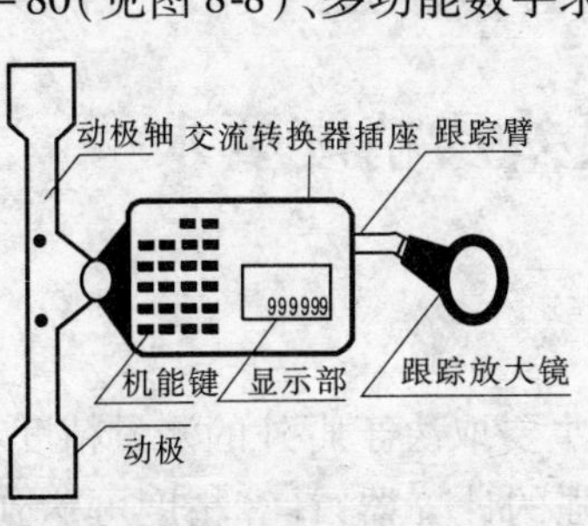

图 8-7　动极式 KP－90

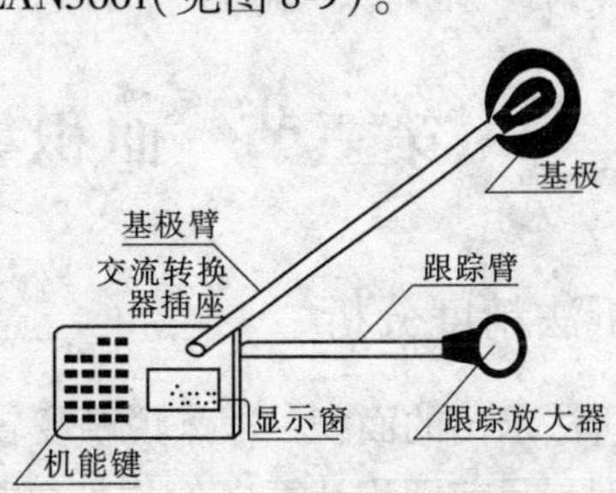

图 8-8　定极式 KP－80

图 8-9　多功能数字求积仪 x – PLAN360i

(1)动极式 KP – 90:牵引中心安置在图形外轮廓线上,并作一记号为测量起点,按 START 键,可听到锋鸣器发出轻微的响声,显示"0";接着把牵引中心沿着图形的轮廓按顺时针方向运行回到起点,显示数值便是图形面积。该仪器一次上下(跟踪臂在动极轴的垂直方向)移动的最大幅度是 325 mm,左右在动极轴滚动方向内无限,最大累加测量面积为 10 m^2。

(2)定极式 KP – 80:极点安置在图形外时,一次可测量直径 300 mm 的面积范围,极点安置在图形内时,一次可测量直径 800 mm 的面积范围,其跟踪图形的方法也是按顺时针方向沿图形外轮廓绕行一周。

动极式和定极式求积仪测量精度在 ±0.2% 以内,对同一图形,取两个起点,四次量测,差值符合要求时取平均值。

(3)多功能数字求积仪 x – PLAN360i:此类仪器既可量测面积,又可量测线长(直线或曲线)、坐标、弧长和半径等。该仪器集数字化和计算处理功能为一体,可通过 RS232C 接口接收来自计算机的指令或向计算机输出量测结果。

2.3.2　光电法

光电法求积主要有光电面积量测仪与密度分割仪求积两种,一般具有速度快、精度高(低于解析法)等优点,但仪器价格昂贵。

光电法求积是利用光电对要量测面积的图形进行扫描,并通过转换处理,变成电位高低变化的脉冲信号,从而驱动电子计数,达到自动量测出面积的目的。

另外,各类地籍成图软件都有面积量算功能,这里不再赘述。

第三节　面积量算的误差及精度要求

1　解析法精度分析

解析法求出的面积一般来说精度较高,其精度主要取决于野外的测量精度和内业的计算精度。目前面积计算多使用计算机或性能较强的计算器,计算精度可达到毫米级。因此,计算精度的影响可以不予考虑。用全站仪测定界址点,其精度可达厘米级,采用解析法求得的面积,可满足对面积精度要求较高时的需要。在城市面积量算中最好使用这种方法。

2 图解法误差精度分析

图解法的误差来源主要有以下几个方面。

2.1 成图测量误差

地形图和地籍图是测绘成果的具体体现,由于各种误差的影响,不可避免地存在着一系列的误差,误差最终积累和表现在图上所绘界线拐点的位移量,称做点位误差,这一误差也就相应地传播到图形的面积中来。点位误差对面积的影响可用下式计算:

$$m_P = \pm m_t \frac{M}{100}\sqrt{P} \tag{8-9}$$

式中 m_P——地形图或地籍图成图面积中误差,m^2;

m_t——地形图或地籍图上的点位中误差,cm;

M——被测图形的比例尺分母;

P——被量测图形的面积,m^2。

2.2 图形误差

图形本身的形状也对面积的量算有一定的影响,对同一面积的不同图形来讲,周长越长,对面积的影响越大。

设图形的长与宽的比为 K,K 值与整数 1 的差值越大,影响也越大。当图形是正方形及圆形时 $K=1$,影响最小。

综合以上两种影响,可得:

$$m_{P1} = m_t \frac{M}{100}\sqrt{P} \cdot \sqrt{\frac{1+K^2}{2K}} \tag{8-10}$$

2.3 图纸伸缩误差

按要求,面积量算应在伸缩变形较小的二底图上进行,但实际工作中并非都是这样,也有在印刷图上或晒蓝图上进行的。这种图件随温度、湿度等变化而伸缩的情况是很严重的。据试验,80~90 g 纸的印刷图件,空气湿度每变化 1%,一幅图的图幅面积相应变化 0.27~0.3 cm^2,对于质量低于 80~90 g 图纸的图件,其变化就更大了,这是不容忽视的。

根据试验,可由下式计算:

$$m_{P2} = \pm 0.008P \tag{8-11}$$

2.4 量算方法误差

(1)运用格网法量算面积的中误差经验公式。

当图上面积小于 1 cm^2 时:

$$m_{P3} = \pm 0.03 \frac{M}{100}\sqrt{\frac{P}{n}} \tag{8-12}$$

当图上面积大于 1 cm^2 时:

$$m_{P3} = \pm 0.025 \frac{M}{100}\sqrt{\frac{P}{n}} \tag{8-13}$$

式中　n——量算次数。

(2)运用求积仪量算面积的中误差经验公式。

当图形面积在图上小于200 cm^2 时：

$$m_{P3} = \pm\left(0.7C + 0.01\frac{M}{100}\sqrt{\frac{P}{n}} + 0.003P\right) \tag{8-14}$$

式中　C——求积仪的分划值。

当图形面积在图上大于200 cm^2 时：

$$m_{P3} = \pm\left(0.005\frac{M}{100}\sqrt{\frac{P}{n}} + 0.001P\right) \tag{8-15}$$

式中　n——量算次数。

2.5　各种误差的综合影响

由误差传播定律可知：

$$m_P = \pm\sqrt{m_{P1}^2 + m_{P2}^2 + m_{P3}^2} \tag{8-16}$$

3　面积量算的精度要求

3.1　两次量算较差要求

(1)求积仪量算。求积仪对同一图形两次量算,分划值的较差不超表8-2的规定。

表8-2　求积仪对同一图形两次量算分划值较差

求积仪量测分划值数	允许误差分划值数
<200	2
200~2 000	3
>2 000	4

(2)其他方法量算。同一图斑两次量算面积较差与其面积之比应符合表8-3的规定。

表8-3　同一图斑两次量算面积较差与其面积之比

图上面积(mm^2)	允许误差	说明
<20	1/20	图上面积太小的图斑,可适当放宽
50~100	1/30	
100~400	1/50	
400~1 000	1/100	
1 000~3 000	1/150	
3 000~5 000	1/200	
>5 000	1/250	

3.2　土地分级量算的限差要求

为了保证面积量算成果的精度,通常根据分级与不同量算方法来规定其限差。

(1)分区土地面积量算允许误差,按一级控制要求计算,即:

$$F_1 < 0.0025P_1 = P_1/400 \quad (8\text{-}17)$$

式中 F_1——与图幅理论面积比较的限差,hm^2;

P_1——图幅理论面积,hm^2。

(2)土地利用分类面积量算限差,作为二级控制,分别按不同公式计算。

求积仪法:

$$F_2 = \pm 0.08 \times \frac{M}{10\,000}\sqrt{15P_2} \quad (8\text{-}18)$$

其他图解法:

$$F_3 = \pm 0.06 \times \frac{M}{10\,000}\sqrt{15P_2} \quad (8\text{-}19)$$

膜片法:

$$F_4 = \pm 0.1 \times \frac{M}{10\,000}\sqrt{15P_2} \quad (8\text{-}20)$$

式中 F_2、F_3、F_4——不同量算方法与分区控制面积比较的限差,hm^2;

M——被量图纸的比例尺分母;

P_2——分区控制面积,hm^2。

第四节 土地面积平差

以上讲到的面积量算方法,只是对单一图形而言的。若量算某一测区范围内的全部分类面积,如城市的各区、街道、街坊与各种用地分类面积的量算,将涉及区域土地总面积与各类用地间、各图斑面积间协调一致,保证各级土地面积量算精度,以及如何防止量算层次多、用地类型多和图斑量大的情况下出错等问题。因此,土地面积的量算必须遵循一定的平差原则和满足一定的精度要求。

1 面积量算的一般原则

(1)面积量算应在聚酯薄膜原图上进行,若采用其他材料的图纸,必须考虑图纸伸缩变形的影响。

(2)面积量算无论采用哪种方法,均应独立进行两次量算,两次量算较差应符合限差要求。

(3)按照"分幅量算、层层控制、逐级按面积比例平差、自下而上逐级汇总"的基本原则进行面积量算。

2 面积量算的基本过程

2.1 分幅确定各图幅的理论面积

土地面积量算是分幅进行的,首先确定出所量图幅的理论面积,并将其作为基本控制面积。对于梯形分幅的图幅可查阅《第二次全国土地调查技术规程》得到其理论面积;对于正方形分幅,可用图廓边长求得其理论面积。

2.2 分幅按单位量算和平差计算面积

一般一个行政单位或一个权属单位的土地,可能在几个图幅内,要确定该单位的土地面积,需在不同图幅内分别量算各单位的地块面积,然后以图幅的理论面积作为控制面积,按不同图幅进行平差计算后,才能求得各行政单位及各权属单位的准确土地面积值。

面积量算的顺序一般分为两级控制、两级平差。以图幅理论面积作为一级控制,进行乡、街道的面积量算和平差计算;然后以乡、街道的平差面积作为二级控制,进行村、街坊及各权属单位的面积量算和平差计算。必要时还可进行三级控制和平差计算,以确定各地块的面积。

2.3　逐级按面积比例平差

在同一图幅内,按不同的控制级别逐级按面积比例进行平差,并且在同一级面积量算中,当各量算面积之和与控制面积的差值小于允许值时,可对量算面积进行闭合差配赋。平差后,各权属单位土地面积总和应与该图幅理论面积相等。

2.4　自下而上逐级汇总

分幅量算面积工作结束后,可进行自下而上的面积汇总与统计。

土地面积量算过程如图 8-10 所示。

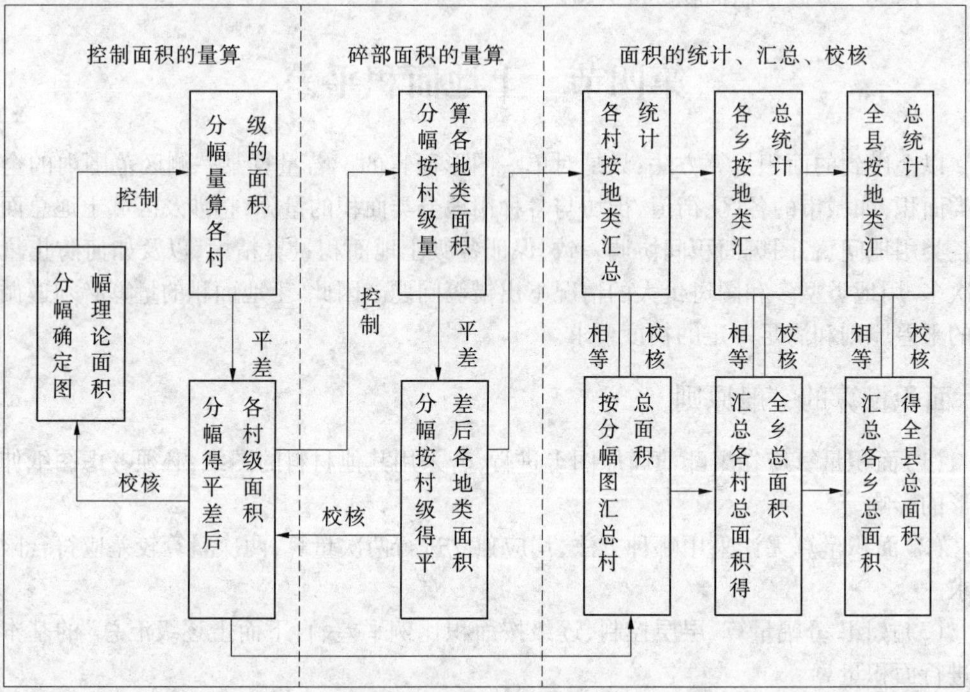

图 8-10　土地面积量算过程

3　土地面积量算平差

由于量测误差、图纸伸缩变形等原因,量算出来的各地块面积之和 $\sum P_i'$ 与控制面积 P_0 不等,其差值叫做闭合差,若在限差内可以平差配赋,即:

$$\Delta P = \sum P_i' - P_0 \tag{8-21}$$

$$K = -\frac{\Delta P}{\sum P_i'} \tag{8-22}$$

$$V_i = K \cdot P_i' \tag{8-23}$$

$$P_i = P_i' + V_i \tag{8-24}$$

式中　ΔP——面积闭合差；

P_i'——某地块量测面积；

P_0——控制面积；

K——单位面积的改正数；

V_i——某地块面积的改正数；

P_i——某地块面积平差后的面积。

平差后的面积应满足检核条件：

$$\sum_{i=1}^{n} P_i - P_0 = 0 \tag{8-25}$$

例：量算一幅1∶10 000图内各乡的面积分别为 $P_1' = 969.89\ \text{hm}^2$，$P_2' = 1\ 247.16\ \text{hm}^2$，$P_3' = 468.46\ \text{hm}^2$，查取图幅的理论面积为2 682.0 hm²，试计算出各乡平差后的面积值。

解：$\Delta P = \sum P_i' - P_0 = (969.89 + 1\ 247.16 + 468.46) - 2\ 682.0 = 3.51(\text{hm}^2)$

其相对误差为：

$$\frac{\Delta P}{P_0} = \frac{3.51}{2\ 682.0} < \frac{1}{400}$$

此量测结果符合限差要求，可以进行平差。

$$K = -\frac{3.51}{2\ 685.51} \approx -0.001\ 307$$

各乡面积平差值分别为：

$$P_1 = 969.89 \times (1 - 0.001\ 307) = 968.62\ \text{hm}^2$$

$$P_2 = 1\ 247.16 \times (1 - 0.001\ 307) = 1\ 245.53\ \text{hm}^2$$

$$P_3 = 468.46 \times (1 - 0.001\ 307) = 467.85\ \text{hm}^2$$

检核：

$$\sum P_i - P_0 = (968.62 + 1\ 245.53 + 467.85) - 2\ 682.0 = 0$$

第五节　土地面积统计汇总

面积统计汇总是在全面完成面积量算工作的基础上，对调查数据进行统计、汇总，形成各级、各类土地调查面积数据汇总成果。通过统计汇总掌握调查区域内土地总面积、各地类面积、分布和权属状况。统计汇总是土地调查的关键环节，分为县级调查成果统计和县级以上数据汇总。

1 面积统计汇总的原则

1.1 以调查数据为基础原则

以县级土地调查数据为基础，依据《规程》要求，按一、二级地类汇总出土地调查的数据。数据汇总要确保调查数据的准确性、真实性。

1.2 辖区面积控制原则

各级调查单位应以统一提供的调查界线作为土地调查范围的界线控制，以提供的各行政区域的辖区控制面积作为土地面积统计汇总的依据，统计汇总的数据应等于提供的各级辖区控制面积，确保汇总面积数据不重不漏。

1.3 逐级控制汇总原则

土地调查面积按行政辖区进行汇总。各级控制面积是从上到下逐级控制提供，面积统计汇总是自下而上逐级进行的，下级各单位面积之和应等于上一级辖区的控制面积。

2 面积统计汇总的要求

(1)农村土地调查面积的计算，应严格按照《规程》要求，采用椭球面积计算公式计算图斑面积。城镇土地调查面积计算方法，应根据地籍测量采用的方法确定。

(2)图斑地类面积应为图斑面积减去实测线状地物面积、按系数扣除的田坎面积和其他应扣除面积(可参阅第三章相关内容)。

(3)面积统计是对调查区域范围内所有的图斑地类面积、线状地物面积、按系数扣除的田坎面积和其他应扣除面积的统计。

(4)面积汇总以县级以上行政区域为单位进行，统计本行政区域内的各类土地的面积。飞入地面积统计在本行政辖区内，飞出地面积统计在所在行政辖区内。争议区按划定的工作界线范围统计汇总。

(5)农村土地调查行政区域内各地类面积之和(不含海岛)等于本行政界线范围内的辖区控制面积。

(6)城镇土地调查的范围应与农村土地调查确定的城镇范围相衔接。

城镇土地调查将农村土地调查中的单一地类图斑，按《土地利用现状分类》进行细化调查，各地类面积之和等于城镇调查区域总面积。

(7)各级行政辖区地类面积应由本行政区域内下级行政单位各类土地面积汇总形成。县级填表至行政村，统计至乡镇和县；市(地)级填表至乡镇，汇总至县和市(地)；省级填表至县，汇总至市(地)和省。

面积计算单位采用平方米(m^2)，面积统计汇总单位采用公顷(hm^2)和亩。在数据汇总时，由于单位换算造成的数据取舍误差，应强制调平。

3 县级面积统计

3.1 农村土地统计

以县级农村土地调查数据为基础，按省(区、市)确定的县(区、市)行政区域调查界线、调查区域控制面积、《规程》规定的具体内容和格式，在完成本县(区、市)与相邻县

(区、市)(包括外市(地)、外省(区、市))之间地类接边的基础上,汇总出本县(区、市)行政区域内的各类土地利用数据。统计内容包括以下几个方面。

3.1.1　农村土地利用现状一级、二级分类面积统计

农村土地调查完成后,对调查的土地利用现状分类数据进行统计,分别统计农村土地利用现状一级、二级分类面积。

农村土地调查中,土地利用现状分类面积统计数据和分类面积按权属性质统计数据按《土地利用现状分类》中 05、06、07、08、09 一级类和 103、121 二级类进行归并,并按城市、建制镇、村庄、采矿用地、风景名胜及特殊用地五个单一地类统计。

统计时,行政区域总面积应等于省或县下达的相应行政区域控制面积。各一级分类面积之和应等于行政区域控制面积。

3.1.2　农村土地利用现状一级分类面积按权属性质统计

依据农村调查确定的国家所有(G)、集体所有(J)土地性质,按表 8-4 统计土地利用现状一级分类面积,国家所有(G)土地面积 + 集体所有(J)土地面积应等于行政区域控制面积。

表 8-4　土地利用现状一级分类面积按权属性质汇总表

单位:hm^2(0.00)、亩(0.0)　第　　页共　　页

行政区域		合计	国家所有(G)	集体所有(J)	其中											
					耕地(01)			园地(02)			林地(03)			草地(04)		
名称	代码				小计	国家所有(G)	集体所有(J)	小计	国家所有(G)	集体所有(J)	小计	国家所有(G)	集体所有(J)	小计	国家所有(G)	集体所有(J)

其中											
城镇村及工矿用地(20)			交通运输用地(10)			水域及水利设施用地(11)			其他土地(12)		
小计	国家所有(G)	集体所有(J)	小计	国家所有(G)	集体所有(J)	小计	国家所有(G)	集体所有(J)	小计	国家所有(G)	集体所有(J)

填表人:　　填表日期:　　检查人:　　检查日期:

3.1.3　飞入地一级、二级分类面积统计

按行政辖区界线,统计辖区界线范围内相邻行政辖区的飞入地,按飞入地单位名称分别对飞入地土地利用现状一级、二级分类面积进行统计。飞入地土地利用现状一级分类面积汇总表的样式见表 8-5。

表 8-5　飞入地土地利用现状一级分类面积汇总表

单位:hm^2(0.00)、亩(0.0)　第　　页共　　页

所在行政区域		所属行政区域		飞入地面积	耕地(01)	园地(02)	林地(03)	草地(04)	商服用地(05)
名称	代码	名称	代码						

工矿仓储用地(06)	住宅用地(07)	公共管理与公共服务用地(08)	特殊用地(09)	交通运输用地(10)	水域及水利设施用地(11)	其他土地(12)

3.2　城镇土地统计

在城镇地籍调查的基础上,以县为单位,对城镇土地调查获取的土地利用分类和权属性质进行统计,统计内容包括:

(1)城镇土地利用现状一级、二级分类面积统计。城镇土地调查完成外业权属调查、地籍测量和数据建库后,对调查的土地利用现状分类数据进行统计,城镇土地调查各地类面积应等于城镇调查区控制面积。

(2)城镇土地利用现状一级分类面积按权属性质统计。依据城镇调查确定的国家所有(G)、集体所有(J)土地性质,统计土地利用现状一级分类面积,国家所有(G)土地面积+集体所有(J)土地面积应等于城镇调查区控制面积。

(3)以街坊为单位的宗地面积汇总表。在城镇土地利用现状一、二级分类面积统计的基础上,填写以街坊为单位的宗地面积汇总表,见表 8-6。

表 8-6　宗地面积汇总表

区划名称:　　　　面积单位:亩

宗地号	土地使用者名称	土地用途	宗地面积	建筑面积	建筑占地面积
合计					

4　各级数据汇总

以县级土地调查成果为基础开展各级数据汇总,数据汇总分为地市级汇总、省级汇总、全国汇总。通过汇总获得市(地)级、省级和国家级不重不漏的各级行政区域面积和各土地分类面积。

4.1 接边

在调查之前对行政界线和辖区面积进行了严格的控制，以减少数据汇总的工作量。因此，在各级数据汇总之前的接边仅对相邻的行政区域界线两侧的土地权属界线、线状地物及地类界线，以及地类属性等内容进行衔接。

(1)各级土地调查使用的行政界线必须是国家或省提供的行政界线，调查中不允许对国家或省提供的行政界线随意调整。

(2)将相邻行政界线两侧标准分幅矢量数据成果叠加，检查行政界线两侧的土地权属界线、线状地物及地类界线，以及地类属性等内容是否衔接。

(3)当行政界线两侧土地权属界线或明显地物接边误差小于图上0.6 mm，不明显地物接边误差小于图上2.0 mm时，双方各改一半接边；否则双方应实地核实接边。

(4)行政界线两侧地类等属性不一致时，应根据DOM及外业调查结果接边；无法接边的，应实地核实接边。

(5)数据接边应在同一坐标系下进行。

(6)不同比例尺的接边，应依据大比例尺调查结果进行接边。以小比例尺图幅理论面积为控制，以大比例尺调查单位图幅界线内本方控制面积为"真值"，小比例尺调查单位图幅界线本方控制面积等于该图幅理论面积减去大比例尺调查单位图幅界线内控制面积。

4.2 汇总

在县级土地统计基础上，对农村土地调查和城镇土地调查成果逐级开展市(地)级、省级和全国汇总。各级汇总的主要内容包括：

(1)农村土地利用现状一级、二级分类面积汇总。

(2)飞入地一级、二级分类面积汇总。

(3)海岛土地利用现状一级、二级分类面积汇总。

(4)农村土地利用现状一级分类面积按权属性质汇总。

(5)耕地坡度分级面积汇总。

(6)基本农田情况统计汇总。

(7)城镇土地利用现状一级、二级分类面积汇总。

(8)城镇土地利用现状一级分类面积按权属性质汇总。

(9)图幅理论面积与控制面积结合图表汇总。

(10)专项调查数据汇总等。

4.3 面积校核

各级面积汇总之后，各汇总表之间数据应满足下列关系：

(1)本行政区域内地类面积之和应等于本行政辖区总面积。

(2)上级行政辖区面积等于本行政辖区内各下级行政辖区面积之和。

(3)二级分类面积之和等于一级分类面积；一级分类面积之和等于本行政辖区总面积。

(4)集体土地面积与国有土地面积之和等于本行政辖区总面积。

(5)不同坡度分级耕地面积之和等于本行政区域内的耕地面积。

思考与练习

8-1　面积量算有哪几种方法？

8-2　面积量算的原则是什么？

8-3　面积量算的基本过程是什么？

8-4　什么是解析法面积量算？包括哪些方法？其面积中误差如何估算？

8-5　什么是图解法面积量算？包括哪些方法？其面积中误差如何估算？

8-6　怎样进行土地面积的汇总？

8-7　如图 8-11 所示六边形，试用坐标计算面积公式计算该图形的面积（坐标单位为 m，面积单位为 m^2）。

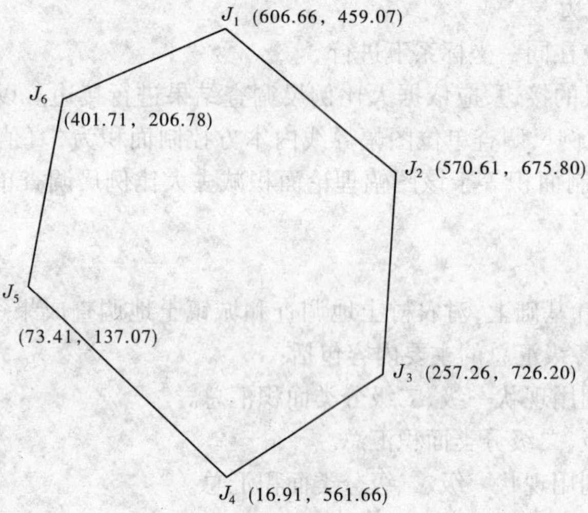

图 8-11　六边形

第九章 日常地籍管理

第一节 概 述

日常地籍管理工作是初始地籍工作的继续和深化，是对初始地籍成果的利用、更新和再检验。抓好日常地籍管理，建立日常地籍管理制度，充分发挥地籍工作的作用，为经济建设搞好服务，是地籍管理的工作重心。日常地籍管理有以下的特点。

1 经常性

据调查，一个约有1万宗地的县城镇，每年发生各类土地权属和用途变更的为800～1 000宗地，变更率在8%以上。县属建制镇、乡集镇驻地的建设用地的每年变更率在5%左右。随着经济的迅猛发展，旧城改造和新区开发步伐的加快，土地变更将会更加频繁。日常地籍工作跟不上，几年之后，原有的地籍资料将失去利用价值。

2 变更隐蔽

当事人为了逃避税费，往往采取地下交易。如土地使用权的非法转让，联营，联建入股，以买卖房屋为名非法买卖土地等。

3 目标分散

土地变更是普遍的，县城建制镇、集镇的各类土地的权属和用途，随时都会发生变更，目前十分分散，不便于管理。

4 要求高

日常地籍管理涉及土地权属管理、土地隐形市场查处、企业改革等方面，政策性较强。在业务方面，由于土地位置的固定性、地籍资料的严谨性，往往一宗地的地籍要素发生变更，而引起周围与其相邻的其他宗地及与其有关的内容产生相应的变更，可谓"牵一发而动全身"。

日常地籍管理业务主要包括变更地籍调查与测量、日常地籍测量、地籍档案的管理等。本章将就这些问题进行讨论。

第二节 变更地籍调查与测量

变更地籍调查与测量是指在完成初始地籍调查与测量之后，为适应日常地籍管理工作的需要，使地籍资料保持现势性而进行的土地及其附着物的权属、位置、数量、质量和土地利用现状的变更调查。通过变更地籍调查与测量，从而实现动态的、规范的、科学的日常地籍管理。

1 变更地籍调查与测量的目的及特点

1.1 变更地籍调查与测量的目的

我国全面建立初始地籍时间并不长，随着初始地籍建立工作的结束，除进行正常的地籍变更外，还必须不断地消除初始地籍资料中的错误，这也是初始地籍建立后一段时间内地籍变更工作的一部分。因此，变更地籍调查及测量，除保持地籍资料的现势性外，还有以下目的：

(1)使实地界址点位逐步得到认真的检查、补置、更正。

(2)使地籍数据中的文字部分逐步得到核实、更正和补充。

(3)使初始地籍中可能存在的差错逐步得以消除。

(4)随着科学技术的发展，要逐步用高精度的变更测量成果替代原有精度较低的成果，使地籍资料跟上社会经济的发展，使它能满足新的需求，使地籍测量成果的质量逐步提高。

1.2 变更地籍调查与测量的特点

变更地籍调查与测量的技术、方法与初始地籍调查与测量基本相同，但又有下列特点：

(1)目标分散、发生频繁、调查范围小。

(2)政策性强、精度要求高。

(3)变更同步、手续连续。进行了变更测量后，与本宗地有关的表、卡、册、证、图均需进行变更。

(4)任务紧急。使用者提出变更申请后，需立即进行变更调查与测量，才能满足使用者的要求。

由此可见，变更地籍调查与测量是地籍管理的一项日常性工作，变更地籍调查与测量任务通常由同一个外业组一次性完成。

2 地籍变更的内容与申请

2.1 地籍变更的内容

地籍变更的内容主要是宗地信息的变更，包括更改边界宗地信息的变更和不更改边界宗地信息的变更。

2.1.1 更改边界宗地信息的变更

(1)征用集体土地。

(2)划拨国有土地。

(3)出让、转让国有土地使用权，包括宗地分割转让和整宗土地转让。

(4)由于各种原因引起的宗地分割和合并。

(5)土地权属界址调整。

(6)城市改造拆迁。

(7)土地整理后的宗地重划。

(8)宗地的边界因冲积作用或泛滥而发生的变化等。

2.1.2 不更改边界宗地信息的变更

(1)继承、交换土地使用权。

(2)收回国有土地使用权。

(3)违法宗地经处理后的变更。

(4)宗地内新建、拆迁建筑物,改变建筑物的用途,以及房屋的翻新、加层、扩建、修缮。

(5)房地产的转移、抵押等。

(6)精确测量界址点的坐标。

(7)为了转让、抵押等土地经济活动的需要精确测算宗地的面积。

(8)宗地内地物、地貌的改变等。

(9)土地权利人更名。

(10)土地利用类别和土地等级的变更。

(11)行政管理区(县、乡、镇)和地籍管理区(地籍区、地籍子区)名称的改变。

(12)宗地编号和房地产登记册上编号的改变。

(13)宗地所属地区的区划的变动,即地籍区的变动,地籍子区的变动,乡、镇边界的变动。

(14)宗地位置名称的改变。

2.2 地籍变更的申请

地籍变更申请一般有两种情况,一是间接来自于社会,二是来自于国土管理部门的日常业务。

所谓间接来自于社会的地籍变更申请,是指国土管理部门接到房地产权利人提出的申请或法院提出的申请后,根据申请报告由国土管理部门的业务科室向地籍变更业务主管部门提出地籍变更申请。

国土管理部门的业务科室在日常工作中经常会产生新的地籍信息,例如监察大队、地政部门、征地部门等,这些业务科室应向地籍变更业务主管部门提出地籍变更申请。

2.3 地籍变更的资料

作为地籍变更的资料,通常由变更清单、变更证明书和测量文件组成。

一般说来,如变更登记的内容不涉及界址的变更,并且该宗地原有地籍几何资料是用解析法测量的,则经地籍管理部门负责人同意后,只变更地籍的属性信息,不进行变更地籍测量,而沿用原有几何数据。

3 变更地籍调查

3.1 准备工作

土地管理部门在收到变更登记申请书后,对符合变更申报要求的,应及时组织变更地籍调查工作。调查前,应做好准备工作。

首先,应根据变更登记申请所在的宗地位置,收集下列有关资料:变更土地登记申请书;变更宗地及相邻宗地的地籍档案;原有基本地籍图、宗地图的复印件;变更宗地及相邻宗的原地籍调查表的复制件(包括宗地草图);有关界址点坐标;本宗地附近的控制网图、点之记、控制测量成果;变更地籍调查表。

其次,给变更土地登记申请者(单位或个人)及相邻宗地土地使用者(单位或个人)发送变更地籍调查通知书,其内容如下:

变更地籍调查通知书

根据你(或单位)提交的变更土地(或房地产)登记申请书,特定于×月×日×时到现场进行变更地籍调查。请你(单位或户主)届时派代表到现场共同确认变更界址。如属申请分割界址或自然变更界址的,请预先在变更的界址点处设立界址标志。

国土资源局盖章

年　月　日

3.2　变更地籍编号和界址点编号

变更地籍调查中,无论宗地分割或合并,原宗地号一律不得再用。

当原宗地经变更分割为几个宗地后,则分割后的各宗地以原编号的支号顺序编列。如018号宗地分割成了三个宗地,分割后宗地编号分别为018-1、018-2、018-3。如018-3又发生第二次变更,分割成两个宗地,则编号分别为018-4,018-5。

当数宗地合并时,则使用其中最小宗地号加支宗号表示,其余宗地号一律不得再用。如018-4宗地与010宗地合并,则编号为010-1;018-5宗地与025宗地合并,则编号为018-6。

对于变更界址点编号的处理是:如果初始地籍调查的界址点以街坊统一编号,变更权属调查时,已废弃的界址点在街坊内的统一编号永远消失,不得再用,新增的界址点,按原编号原则续编新界址点号。如果在初始地籍调查时,界址点在宗地草图中以宗地为单位顺序编号,则变更后的界址点以变更后的宗地为单位重新编号。

3.3　实地调查

实地调查时,地籍调查员携带好有关资料和仪器到现场进行实地调查勘丈。实地调查由权属调查和地籍测量两部分组成,在权属调查中应注重做好以下几方面的工作:

(1)核对申请宗地及相邻宗地指界人的身份,检查变更原因是否与申请书上一致。

(2)对宗地合并、分割或边界调整等需增设界址点时,检查申请者事先设定的界标是否符合要求,或直接在实地设置界标。设置界标时,必须经变更宗地申请者及相邻宗地使用者或委托代理人到场共同认定,并在变更地籍调查表上签名盖章。

(3)全面复核原地籍调查表中的内容是否与实地情况一致,如:①土地使用者名称、单位法人代表或户主姓名、身份证号码、电话号码等;②土地坐落、四邻宗地号或四邻使用者姓名;③实际土地用途;④建筑物、构筑物及其他附着物的情况等,填写变更地籍调查表。

(4)绘制变更宗地草图。

以上各项内容若有不符的，必须在调查记事栏中记录清楚，遇到疑难或重大事件时，留待以后调查研究处理，待有了处理结果再修改地籍资料。

3.4 变更地籍调查表的填写

（1）新的变更地籍调查表，应在现场填写，要求与初始地籍调查基本相同，封面上划去“初始”二字，并经有关人员签名盖章认可，以代替旧地籍调查表，其初始地籍调查表归档保存。

（2）按要求填写新编制的变更宗地的地籍号，说明栏内注明原土地使用者、坐落、地籍号、变更原因以及纠正初始地籍调查中错误的依据。

（3）原勘丈数据与检查数据在限差内按原数据填写，有错误的则填写新值。

（4）在相邻宗地的原地籍调查表复制件上用红笔改正有关变更内容（如四至、邻宗地变更后的地籍号）后与原件一起存档。

3.5 宗地草图的变更

《城镇地籍调查规程》中规定宗地草图应在勘丈过程中重新绘制，不得在原有宗地草图上划改或重复使用。

变更权属调查时应将变更内容用红笔记录在原宗地草图的复制件上。废弃的界址点、界址线用红色“×”划去；新界址点用红色“◦”表示；新界址线用红线表示；作废数据用红色细线划去，但仍应保持原数据清晰可辨；新勘丈数据用红笔标记在图上相应位置处。如果上述记录尚不明确，可用文字或图形加以进一步说明。原宗地草图和修改的复制件作为原始资料归原宗地档案中保存。在现场依据变更的宗地草图复制件，重新绘制变更后的新的宗地草图并归档。

4 变更地籍测量

变更地籍调查过程中，对于确定依法变更后的权属界址、宗地形状和面积的测量工作称为变更地籍测量。其主要任务是及时反映土地权属变更现状，为保持地籍档案的现势性提供测量技术保障。

4.1 变更地籍测量的实施

4.1.1 检查、恢复界址点

变更地籍测量方法一般采用解析法，暂不具备条件的，可采用不低于原勘丈精度的方法。无论采用何种方法，在认定变更界址点和用解析法更新前，均须以原地籍调查表、宗地图、界址点坐标为依据，检查尚有标志的界址点实地位置的正确性，纠正原勘丈和测量数据的错误，恢复仍需保留的界址点上丢失或移位的界标，然后依据经检查证实实地位置正确的界址点、图根点进行变更地籍测量。

4.1.1.1 界址点的检查

首先应检查界标是否完好，然后复量相邻界址点之间、界址点与邻近地物点之间的距离，检查复量值与原勘丈记录值是否相符，如果不超限，则保留原数据；当复量值与原记录不符时，应分析原因按不同情况处理。如果对原勘丈数据有把握肯定是明显错误的，则可以修改；如果复量值与原勘丈值的差数超限，经分析是由于原勘丈值精度低造成的，则可用红线划去原数据，写上新数据；如果分析结果是界址点标志有所移动，则应使其复位。

4.1.1.2 界址点的恢复

如果界址点标志丢失,则应利用其坐标用内分、距离交会或放样(直角坐标、极坐标、交会、全站仪坐标放样、GPS RTK)等方法恢复界址点的位置;如果原界址点无解析坐标,也可以利用相邻界址点间距、界址点至邻近地物点的间距,在实地使界址点位得到恢复。再用宗地草图上的勘丈值检查,然后取得有关指界人同意后设立新界标。若放样结果与勘丈结果不符,则应查明原因后处理。若意见不统一,可以不做结论,按有争议界址处理。

其实恢复界址点位置的方法也是测定界址点位置的方法,因此测定界址点位置和界址点放样是互逆的两个过程。不管用哪种方法,都可归纳为两种已知数据的放样,即已知直线长度的放样和已知角度的放样。

4.1.1.3 界址点的鉴定

依据地籍资料(原地籍图或界址点坐标成果)于实地鉴定土地界址是否正确的测量工作,称为界址鉴定(简称鉴界)。界址鉴定工作通常是在实地界址存在问题,或者双方有争议时进行。

问题界址点如有坐标成果,且邻近还有控制点(三角点或导线点)时,则可参照坐标放样的方法予以测设鉴定。如无坐标成果,能在现场附近找到其他的明显界址点,应以其暂代控制点,据以鉴定;否则,需要施测控制点,测绘附近的地籍现状图,再参照原有地籍图、与邻近地物或界址点的相关位置、面积大小等加以综合判定。重新测绘附近的地籍图时,最好能选择与旧图等大的比例尺并用聚酯薄膜测图,这样可以直接套合在旧图上,加以对比审查。

正常的鉴定测量作业程序如下。

1)准备工作

(1)调用地籍原图、表、册。

(2)精确量出原图图廓长度,与理论值比较是否相符,如不相符,应计算其伸缩率,以作为边长、面积改正的依据。

(3)复制鉴定附近的宗地界线,原图上如有控制点或明确界址点(愈多愈好),尤其要特别小心地转绘。

(4)精确量定复制部分界线长度,并注记于复制图相应各边上。

2)实地施测

(1)依据复制图上的控制点或明确的界址点位,并判定图与实地相符,正确无误后,如点位距被鉴定的界址处很近且鉴定范围很小,即在该点安置仪器测量。

(2)如所找到的控制点(或明确界址点)距现场太远或鉴定范围较大,应在等级控制点间,按正规作业方法补测导线,以适应鉴界测量的需要。

(3)用光电测设法、支距法或其他点位测设方法等,将要鉴定的界址点的复制图上位置测设于实地,并用鉴界测量结果计算面积,核对无误后,报请土地主管部门审核备案。

4.1.2 变更界址点的测定

(1)更改界址的变更地籍测量中,当土地发生合并时,只需保留合并后新形成宗地的界址点位置,这时应销毁不再需要的界标,废弃的界址点不得再用,并在原地籍调查表复制件中,用红笔划去有关点或线。

(2)当土地发生分割时,除销毁不需要的界标,废弃的界址点不得再用外,还须测定新增界址点的位置。若分割点在原界址边上,可依据申请者埋设的界标,丈量分割点至相应界址点的距离,用截距法计算坐标,或用申请者给定的条件计算得到坐标后,于实地放样埋设界标。若分割点在原宗地内部,依据申请者埋设的界标,丈量原界址点至分割点的距离,用距离交会等方法计算分割点的坐标。

(3)当界址边界调整时,也可依据检查过的界址点,丈量新增界址点至原界址点的距离,用距离交会或其他解析方法计算新增界址点的坐标,必要时依据原图根点或新布设的图根点,用极坐标法或支导线法测定其坐标。

(4)原为图解法,用图解法变更勘丈,与解析法变更原理相同,用图解法确定新增界址点在二底图上的位置;原为部分解析法,有条件的按要求用解析法变更。当界址变更占图幅或街坊的1/2时,应用解析法按街坊更新地籍图。

4.2 地籍测量资料的变更

变更地籍测量后,应将有关的资料进行变更。

4.2.1 解析界址点坐标册的变更

如果原地籍资料中没有该点的坐标(如用栓距等勘丈值确定的界址点或是分割中新设置的界址点),则用新测的坐标直接作为重要的地籍资料保存备用。

如果新测坐标值与原坐标值的差数在限差以内,则保留原坐标值,新测资料归档备查。

如果旧坐标精度较低,则用新坐标取代原有资料,在界址点坐标册中,用红色细线划去废弃或错误的界址点坐标,用红色数字注出新增或正确的坐标值。改动之处注明变更日期、作业员姓名。

4.2.2 地籍图的变更

原地籍图作为原始档案,不作改动。地籍图的内容变更在二底图上进行。发生变更时,先将二底图复制一份,用红笔标明变更内容,将其作为历史档案保存备查。然后根据变更测量成果及新的宗地草图修改二底图的有关内容,刮去废弃的或错误的界址点位、线和注记,着墨绘出新界址点、线和注记。

4.2.3 宗地图的变更

按新的宗地草图和地籍图绘制变更宗地的宗地图,当变更涉及邻宗地时,邻宗地的宗地图也应重新制作。在原宗地图的复制件上,用红笔修改变更地籍号等内容,与宗地图的原件一起归档保存;当变更涉及邻宗地但不影响该邻宗地的权属、界址范围时,邻宗地的宗地图无需重新制作。

4.2.4 宗地面积的变更

(1)原为解析法,用解析法进行变更,即变更时用解析法测量界址点坐标,用解析坐标计算新的宗地面积。宗地分割后各宗地面积之和应等于原宗地面积,闭合差按比例配赋;边界调整前后的宗地面积之和应相等,闭合差按比例配赋;合并后的宗地面积应等于原若干个被合并宗地面积之和。新的精度较高的宗地面积取代旧的精度较低的面积值,由此引起的街坊内宗地面积之和与原街坊宗地面积之和的不符值,可暂不处理。

(2)原为图解法,用图解法变更时,各分割宗地面积之和应等于原宗地面积;边界调整时各宗地面积之和应等于原宗地面积;合并宗地面积应等于原宗地面积之和,以上条件若不满足,存在闭合差,则均以原宗地面积为控制,按面积成比例配赋。图解法中图幅理论面积与变更后街坊面积之和的不符值,可暂不处理。

4.2.5 *房产要素的变更*

制作新的房屋调查报告,在地籍调查表中填写最新调查数据,已建立地籍信息系统的,可在计算机上完成。

变更地籍调查与测量完成后,方可履行变更房地产的变更手续,在土地登记卡或房地产登记卡中填写变更记事,换发土地证书或房产证书。

第三节 日常地籍测量

1 日常地籍测量的目的及内容

1.1 日常地籍测量的目的

及时掌握土地利用现状的变化情况,便于土地管理部门科学地进行日常管理工作,并使之制度化、规范化。

1.2 日常地籍测量的内容

其内容主要包括界桩放点测量、制作宗地图和房地产证书附图、房屋调查、建设工程验线、竣工验收测量等。具体内容如下:

(1)土地出让中的界桩放点和制作宗地图。

(2)房地产登记发证中的地籍测量工作。

(3)房屋预售调查和房改中的房屋调查。

(4)工程定位验线测量。

(5)竣工验收测量。

(6)征地拆迁中的界址测量和房屋调查。

地籍测量成果不但具有法律效力,而且具有行政效力,所以必须由政府部门完成测量工作和出具成果资料。委托测量单位的须申请,且必须满足如下条件:

(1)测量队伍是在当地注册登记,具有地籍测量资格,测量人员具有地籍测绘上岗证。

(2)所有测量成果以国土局的测绘主管部门的名义出具,经审核、签名、盖章后生效。

2 土地出让中的界桩放点和制作宗地图

在办理用地手续后,由测绘部门实施界址放桩和制作宗地图及其附图。作业流程如下。

2.1 界桩放点和制作宗地图的依据

用地方案确定后,将用地方案图传送到所属的测绘部门办理界址点放桩和宗地图制作手续。受理界桩放点或制作宗地图的依据是:必须有地政部门提供的盖有印章、编号、在有效期内的红线图或宗地图。

2.2 测绘部门处理用地方案图

(1)若用地方案图有明确界线坐标及红线,则按实地坐标放点。与周围无矛盾时便可埋设界桩,向委托单位交验桩位;否则,作临时标志,记录清楚,通知地政部门。由地政部门重新确定方案后,按上述程序通知测量部门放桩;用地红线需调整的,则由业主重新调整。

(2)若用地方案图中无界桩坐标,则由文字要求实地测量有关数据或测算出所需界桩坐标后,返回地政部门确认。确认后,将标明界桩点的坐标红线图交测绘部门,测绘部门确定是否实地放点埋桩。

2.3 宗地号和界址号

红线图上界址点经实地放桩确认后,进行宗地编号和界址点编号。

2.4 编写界桩放点报告

界桩放点报告是界桩放点的成果资料,包括放桩过程、起算数据、仪器说明、放点略图、坐标成果等。它是建筑工程验线的基础资料之一,在申请开工验线时要示出;同时,也是征地、拆迁的基础资料。对未平整土地、未拆迁宗地的界桩放点,实地放桩困难的,注明"本界桩点仅供拆迁、平整土地使用,不能用于施工放样线"字样,此类界址点只作临时点,要补放。

2.5 制作宗地图

制作宗地图与编写放点报告同时进行,一式15份,交地政部门签订土地使用合同时使用。

制作宗地图的主要内容包括宗地权界、界址点位置、建筑物、宗地四至等。

制作宗地图的要求:界址线清楚,面积准确,四至明确,注记齐全,比例尺适当(8、16、32开),界址点由1.0 mm直径的圆圈表示,界址线用0.3 mm红线表示。

3 房地产登记发证中的地籍测量工作

房地产登记发证中的地籍测量工作包括宗地确权后的界址点测量、附属建筑物的面积调查、宗地图制作。

凡原来有红线或实际用地与红线不符,或宗地分割、合并引起权属界线发生变化等,在申请登记发证时,要进行界址测量。对出让的土地建好后,进行房地产登记时,要进行现状测量和建筑物面积的丈量。

界址点测量、房屋调查以及宗地图制作由测绘部门负责,具体程序如下。

3.1 地籍测量申请

由房地产管理部门通知业主向测绘部门申请地籍测量,要求业主提供下列资料:用地红线位置图、房屋位置略图、批准的建筑施工图,并填写地籍测量任务登记表。

3.2 土地权属调查

接到地籍测量任务委托后,在规定时间内,由房地产管理部门负责人与业主、测绘人员一起到实地核实界址点位置,界址点位置确定后,测绘人员绘制宗地草图,有关人员签字、盖章。

3.3 实地测绘

(1)埋设标志。

(2)测量界址点坐标。

(3)检查宗地四至变化情况,做修测、补测外业后,内业进行资料整理计算。对测量坐标,根据周围宗地坐标进行调整,相邻宗地不可重叠、交叉,否则,及时更正界址标志。若要进行房屋调查,其过程是:审核建筑设计图,到实地检查房屋建筑,验证尺寸。若精度合格可按图上数据计算建筑物面积;否则,全部实地丈量。

3.4 宗地编号和界址点编号

若登记发证时的宗地号和界址点号和土地出让时一致,则无需再编,原宗地号即为发证时的宗地号,界址点号也不变;若原来无宗地号,则按最大号续编。

3.5 编写界址测量报告

其主要内容有:

(1)界址测量说明、过程(时间、人员、定界依据)、规范、精度要求等。

(2)起算点、测量方法、仪器、测量过程。

(3)界址测量略图。

(4)坐标成果表。

(5)宗地位置略图。

3.6 绘制宗地图(分户图)

房地产登记发证中的宗地图与土地使用权出让中的宗地图绘制方法、要求完全相同,但用途不同:土地使用权出让中的宗地图,附在土地使用合同后,作为合同的组成部分;而房地产登记发证中的宗地图是房地产登记卡的附图,是房地产证的重要组成部分。

对于签订土地使用合同,仅进行土地登记时,可将原宗地图复制后作登记时使用,无需重新制作。

3.7 提交资料

房地产登记发证中的地籍测量应提交的资料有界址测量报告、房屋调查报告以及宗地图。其中,房屋调查报告,测绘单位与用地单位各留一份;宗地图交付登记发证使用,用地单位不留。

4 房屋预售调查和房改中的房屋调查

房屋预售调查和房改中的房屋调查作业程序如下。

4.1 调查申请

凡需房屋调查的,由有关单位向测绘部门提出申请,填写地籍测量任务登记表。申请房屋调查时应提交房屋建筑设计图(包括平、立、剖面图,发证时还需提供结构设计图)和房屋位置略图。

4.2 预售调查

对在建的房屋进行预售(楼花)的调查,使用经批准的设计图计算面积,计算完毕后,必须在所使用的设计图纸上加盖面积计算用图印章。

4.3 房改中的房屋调查

房改中的房屋以实地调查结果为准。原进行过预售调查的需到实地复核,凡在限差范围内的维持原调查结果,不作改变;否则,重新丈量并计算。

4.4 提交资料

房屋调查的成果资料是房屋调查报告,一份交申请单位,一份由测量部门存档。

5 工程验线

工程验线是指经批准的建筑设计方案,在实地放线定位以后的复核工作。工程验线时主要检查建筑物定位是否与批准的建筑设计图相符,检查建筑物红线是否符合规划设计要求。

建筑单位申请开工验线时,先进行预约登记,确定验线的具体时间。申请开工验线需提供如下资料:用地红线图,经批准的建筑物总平面布置图,界址界桩放点报告,建设工程规划许可证(基础先开工的提交基础开工许可证)。在正式验线前,建设单位应在现场把建筑物总平面布置图上的各轴线放好,撒上白灰或钉桩拉好线,各红线点界桩必须完好,并露出地面。

在建设单位提交的资料齐全、准备工作完善的情况下,验线人员必须在规定时间内给予验线,并制作开工验线测量报告。如由于特殊原因,无法依约进行,一方应提前一天通知另一方,并重新商定验线日期。

验线人员到实地验线时应做如下工作:

(1)查看地籍图或地籍总图。

(2)查看界桩点情况,在条件允许的情况下,最好能复核界桩位置。

(3)实地检查对照建筑物的放线形状与地籍图或地籍总图是否相符。

(4)测量建筑物的放线尺寸与图上的数据是否相符。

(5)测量建筑物各外沿边线和红线是否符合规划设计要点。

在验线结束后,建设单位交付验线费用,验线人员在建设工程规划许可证上签署验线意见,加盖建筑工程验线专用章。只有验线合格者,工程方可开工。

6 竣工验收测量

竣工验收测量是规划验收的重要环节,同时也是更新地形图内容的重要途径。竣工验收测量成果供竣工验收和房地产登记使用,同时也用于地形图、地籍图内容的更新。竣工验收测量的主要内容包括竣工现状图测绘、建筑物与红线关系的测量和房屋竣工调查。竣工测量程序如下:

(1)测绘部门在接到竣工测量通知书后,根据通知书中的竣工验收项目和有关技术规定在规定时间内完成测量工作。

(2)竣工现状图比例尺为1:500,采用全数字化方法或一般测量方法测量,竣工图上必须标出宗地红线边界和界址点,测出建筑物与红线边界的距离、室内外地坪标高、建筑物的形状以及宗地范围和四至范围的主要地形地物。

建筑面积复核以实地调查为准。原进行过预售调查的,对预售调查结果进行复核,凡在限差范围内的,维持原调查结果,不作改变,超出限差的,重新丈量计算。

(3)竣工测量提交的成果资料包括建设工程竣工测量报告一式三份和房屋调查报告一式二份。

建设工程竣工测量报告书一份交建设单位,一份交规划验收部门,一份由测绘部门存档;房屋调查报告一份交建设单位,一份由测绘部门存档。

(4)测绘部门根据竣工现状图及时修改更新地形图、地籍图。

7 征地拆迁中的界址测量和房屋调查

由征地拆迁管理部门向测绘部门下达测量调查任务,或由用地单位提出申请。申请界址测量的应由征地部门提供征地范围或由征地人员同测量人员一起到现场调查,申请房屋调查的应提供房屋平面图和位置略图。测量方法同前所述,但对即将拆迁的房屋要统计存档。

第四节 地籍档案管理

1 地籍档案的概念

《中华人民共和国档案法》第一章第二条明确指出:档案是指过去和现在的国家机构、社会组织以及个人从事政治、军事、经济、科学、技术、文化、宗教等活动直接形成的对国家和社会有保存价值的各种文字、图表、声像等不同形式的历史记录。可见,档案是具有法律权威的名称。

地籍档案是一种专门档案,可以说是一些在地籍管理活动中直接形成的,以文字、图表、声像等不同形式反映地籍管理信息,具有保存价值的历史记录。地籍档案是由许多地籍资料组成的。

2 地籍档案的种类

地籍档案根据形成的时间、表示方式和内容等,可分为以下类型。

2.1 按历史时期分

(1)古代地籍档案:是指从夏、商开始到清代末期之间各个朝代,前后约 4 000 年间的地籍档案,是历史上最长的一个时期,因被保存下来的地籍档案数据较少,所以也极为珍贵。

(2)"民国"地籍档案:是指从 1911 年到 1949 年之间的地籍档案。在此期间,地籍管理活动中形成的地籍档案较多,尤以城镇地籍档案最为完好。

(3)当代地籍档案:是指从 1949 年中华人民共和国成立至今的地籍档案。由于国家对档案工作的重视,新中国成立后的土地改革(如解放区的土地改革法规、土地证等)、农村社会主义改造以及土地划拨、征用、历次土地法规、条例等地籍文件材料得到了应有的保护和收藏,极大地丰富了我国的地籍档案。特别是近几年来科学技术手段的飞速发展,使地籍档案的载体形式和表示方法有了新的变化,增添了新的品种。

2.2 按载体形式分

(1)普通载体(如纸张、薄膜等)。

(2)音像载体(如胶片、磁带、磁盘等)。

2.3 按内容分

(1)土地调查档案。

(2)土地评价档案。

(3)土地登记档案。

(4)土地统计档案。

(5)土地征拨档案。

(6)地籍综合档案。

2.4 按形成的单位分

(1)国家机关地籍档案:指乡级(包括乡、镇)以上土地管理部门的地籍档案。

(2)基层单位地籍档案:指集体土地所有权单位、国有土地和集体土地使用权单位的地籍档案。

(3)个人地籍档案:指拥有集体土地和国有土地使用权的个人地籍档案。

3 地籍档案管理工作程序

地籍档案管理工作,就是对地籍档案进行搜集、整理、分类编目、归档保管和提供利用的各项活动。

3.1 地籍档案管理的原则

(1)土地管理部门的各级档案馆、室的档案工作,必须服从国家的统一领导,接受国家的监督。

(2)地籍档案馆、室是各级档案工作的事业单位,是集中管理档案的文化机构。

(3)实行统一管理,必须有一个统一的管理制度。

各级各单位的档案馆、室必须按照《中华人民共和国档案法》和有关的条例、规定,制定出地籍档案的管理制度。

(4)我国有30多个省(市、区)和2 000多个县(市、镇),应立卷归档的材料种类繁多,数量庞大,只有在统一管理的原则下,实行分层分专业分单位进行管理的办法,接受上级和同级档案管理部门的指导与监督。

3.2 工作程序

3.2.1 搜集

各机关单位、社会团体、个人形成和保存有大量的地籍文件资料。为了使其中有保存价值的资料充分发挥作用,必须将这些分散的资料进行搜集、归档,实行集中统一保管。

3.2.2 整理

对搜集来的地籍档案,要根据其有无保存价值而确定取舍,要按土地档案全宗和地籍档案的分类系统,进行分门别类的系统整理,以便于查找和利用。

3.2.3 鉴定

搜集到的地籍档案,要根据其有无保存价值而确定取舍,并根据保存价值的大小确定出保管期限,还要就资料的内容确定出保管等级。

3.2.4　保管

为了长期保管地籍档案的完整和安全,采取严密、科学的保管方法是非常必要的。

3.2.5　统计

为及时掌握档案的数量、质量及其利用情况,探索档案工作的规律,应及时进行各种统计工作。

3.2.6　提供利用

地籍档案管理的任务之一,就是要及时、方便地给用户提供应用服务,包括编制各种检索工具、设置阅览室、配备复制设备,以及举办档案展览等工作。

3.2.7　编研

即汇编出各种参考资料,出版期刊和档案史料,以便主动地为用户提供档案信息,充分发挥档案的社会效益和经济效益。

4　地籍档案的分类

地籍档案的分类可视具体情况选用。

4.1　地籍档案分类方法

4.1.1　问题分类法

按照地籍档案内容说明的问题进行分类。这种分类方法可使内容性质相同的文件、契据、证书和图纸得到集中,比较突出地反映某个土地管理机关工作活动的面貌,便于按专题查找和利用。

4.1.2　年度分类法

按照形成和处理文件、契据、证书和图纸日期所属的年度进行分类。这种分类方法可清楚地反映立档单位逐年工作的特点和发展变化的历史情况。它同现行机关文书档案以年度为单位立卷移交制度相似。

4.1.3　组织机构分类法

按地籍管理机关的内部组织机构所产生和形成的地籍档案分类。一般先由现行机关中各个组织机构分别立卷,然后向档案室移交,从而自然地构成一类。这种分类方法有利于按一定的专题查找利用档案。

4.1.4　年度问题分类法

将地籍档案先按年分开,然后将每一年中的地籍档案按问题分类。

4.1.5　问题年度分类法

将地籍档案先按总问题分开,然后将每个问题的地籍档案按年度分类。

4.2　我国地籍档案体系

我国地籍档案体系分为国家地籍档案、基层地籍档案。其中基层地籍档案又分为基层农村地籍档案、基层城镇地籍档案。各类档案项目的详细分类及内容如下。

4.2.1　国家地籍档案

4.2.1.1　土地利用现状调查档案

(1)分级利用现状图。

(2)航片资料。
(3)调绘和转绘原始资料。
(4)土地面积量算原始资料。
(5)土地面积汇总资料(含土地边界接合图表)。
(6)土地利用现状图。
(7)土地权属界线图。
(8)权属调查草图及调查表。
(9)土地利用现状调查报告及成果验收文件。

4.2.1.2 城镇地籍调查档案

(1)地籍控制测量的原始记录、控制网图、平差计算资料及成果表。
(2)地籍细部测量原始记录。
(3)地籍原图和复制图。
(4)宗地图。
(5)权属界址点间距丈量原始记录(含勘丈草图)。
(6)地籍原图分幅接合图表。
(7)权属调查草图及调查表。
(8)面积计算及土地分类统计表。
(9)地籍调查报告及成果验收文件。

4.2.1.3 土地分等定级档案

(1)土地资料及各种图件。
(2)水文地质调查及图件。
(3)地形、地貌调查资料及图件。

4.2.1.4 土地登记档案

(1)地籍簿(土地登记卡的组装)。
(2)申请书。
(3)审批表。
(4)权属证明材料。
(5)处理权纠纷的证明文件。
(6)土地申请登记收件存根。
(7)领取土地证书签收簿。
(8)土地初始工作总结登记。
(9)土地变更登记文件、资料。

4.2.1.5 土地统计及土地动态监测档案

(1)土地统计表(图)。
(2)土地统计台账。
(3)土地面积平衡表。
(4)年度非法占地统计表。
(5)土地动态监测图表。

(6)植被调查资料及图件。

(7)历年土地的耕作与种植制度资料。

(8)历年土地生产资料。

(9)土地分等定级资料。

(10)土地分等定级报告及成果验收文件。

4.2.1.6 划拨土地档案

(1)国家建设征用土地批准文件及附图。

(2)国家建设拨用土地文件附图。

(3)乡(镇)村建设使用土地文件及附图。

(4)扩建、续建项目的原建规模占地面积平面布置图和有关文字说明。

(5)乡、村集体企业单位占地申请、审批表。

4.2.2 基层地籍档案(农村部分)

4.2.2.1 土地权属管理档案

(1)集体土地所有权登记簿。

(2)国有土地所有权登记簿。

(3)土地权属变更登记簿。

(4)国有后备土地、废弃地登记簿。

4.2.2.2 土地统计及土地动态监测档案

(1)土地统计报表(簿)。

(2)土地统计台账。

(3)年度非法占地统计表。

(4)土地动态监测图表。

4.2.2.3 农用地块管理档案

(1)农户承包合同书。

(2)承包土地使用证(副本)。

(3)承包土地使用权转让申请单。

(4)承包土地转让补偿、赔偿登记表。

(5)承包土地面积登记表。

(6)地块分布图。

(7)农村土地等级登记册。

4.2.2.4 国有土地建设用地档案

(1)国家建设征用土地文件及附图(副本)。

(2)乡(镇)国营企事业单位用地登记簿。

4.2.2.5 集体土地建设用地档案

(1)农户宅基地登记簿。

(2)农村建房申请、审批表。

(3)乡、村集体企事业单位用地登记簿。

(4)村镇规划,设计,施工图纸及基础资料。

4.2.2.6 乡土地利用现状调查档案

(1)乡、村土地利用现状调查各类土地面积统计表。

(2)乡土地利用现状图。

(3)乡土地利用现状调查说明书。

(4)乡土地边界接合图表。

(5)乡权属界线图复制件。

4.2.3 基层地籍档案(城镇部分)

主要指土地综合管理档案,包括:

(1)土地登记申请书,审批表。

(2)土地登记簿及用地现状图。

(3)土地划界、定界文件。

(4)土地使用权面积核实表。

(5)领取土地证书签收簿。

(6)土地使用权变更文件及附图。

(7)国家建设拨用土地文件及附图。

(8)土地分等定级清册。

(9)非法占地统计表。

(10)土地使用费收费清册。

5 地籍档案的保管方法

5.1 保管工作的任务

保管工作首要的任务,就是要采取有的放矢的技术措施和方法,最大限度地清除各种可能损坏地籍档案的自然因素和人为因素的影响,从而把地籍档案的自然损坏率降低和控制在最小的范围之内。

造成地籍档案损坏的自然因素包括内部因素和外部因素两个方面。

(1)内部因素:如地籍档案制成材料和书写材料用的是质地低劣、耐久性差的机制纸,以及用了质量较差的墨水、油墨等,致使纸张很容易剥蚀,字迹易于淡化。

(2)外部因素:空气中的二氧化硫等酸性气体所产生的酸污染,不适当的温、湿度,常年高温、潮湿,导致地籍档案被虫蛀老化变质加快。

造成地籍档案损坏的人为因素很多,例如:未能为地籍档案保管提供必要的条件;档案保管制度不严,出现泄密和丢失现象;坏人有意破坏和盗窃等。

因此,在地籍档案保管工作中,应以防为主,防止地籍档案损坏。对于损坏了的地籍档案,要查明原因,尽可能修复。通过严加管理,延长地籍档案的使用寿命,维护地籍档案的安全。

5.2 地籍档案的保管方法

5.2.1 地籍档案的保管要求

地籍档案装备应视库房的大小,在充分利用库房地面与空间的前提下,按照松紧适当的原则排列,尽量做到整齐划一,装具的排列应有利于档案的取、放和搬运,有利于通风,且避开强烈阳光的照射;全部档案箱、柜、架应统一编号。

5.2.2 各类地籍档案的存放

地籍档案一般按其类别进行存放和排列,并根据档案箱、柜、架及栏、格的编号,组织各类地籍档案上架。不同类型的地籍档案,可采用不同的存放方法,如照片、录音、录像档案等,应按各自存放特点存放;一般卷、卡和册籍档案,可采用竖放与平放两种形式;图籍档案和已组成图集的分幅图,宜平放,须单独放的大图,可单独卷放,有条件的档案室可设计、配置专用图柜,柜内设活动格,一格内平置一至数张图。

5.2.3 地籍档案存放地点索引

为便于地籍档案工作人员切实掌握地籍档案的存放情况,能迅速地取、放档案,必须对排列存放的档案编制存放地点索引卡片,如表 9-1 所示,也可绘制大型地籍档案存放地点分布图,以便档案的管理和调阅。

表 9-1 地籍档案存放地点索引卡片

<table>
<tr><td colspan="2">类别名称</td><td colspan="7">类号</td></tr>
<tr><td rowspan="2">宗卷
目录号</td><td rowspan="2">宗卷
目录名称</td><td rowspan="2">目录中宗
卷起止号数</td><td colspan="6">存放地点</td></tr>
<tr><td>楼</td><td>层</td><td>房间</td><td>档案架
(柜、箱)</td><td>栏</td><td>格</td></tr>
<tr><td></td><td></td><td></td><td></td><td></td><td></td><td></td><td></td><td></td></tr>
</table>

5.2.4 地籍档案代理卡

为了便于档案工作人员掌握档案流动情况,进行安全检查,可制作并填写档案代理卡,如表 9-2 所示,当档案卷宗调出时,将该卡放在档案原来存放的位置上,案卷归还原位时,再将该卡抽出。另外,对于各类档案可采用不同颜色的代理卡,以示区别。

表 9-2 地籍档案代理卡

<table>
<tr><td rowspan="2">类号</td><td rowspan="2">宗卷
目录号</td><td rowspan="2">宗卷号</td><td rowspan="2">移出
日期</td><td colspan="2">移往何处</td><td rowspan="2">库房管理
人员签字
(移出)</td><td rowspan="2">归还日期</td><td rowspan="2">库房管理
人员签字
(收回)</td></tr>
<tr><td>经手人
签字</td><td>单位
名称</td></tr>
<tr><td></td><td></td><td></td><td></td><td></td><td></td><td></td><td></td><td></td></tr>
</table>

5.2.5 分类卷宗的建立和使用

分类卷宗是档案室在管理某一类地籍档案中形成的,能够说明该类档案历史情况的各种文件材料所组成的专门案卷,具体内容包括:

(1)在地籍档案搜集工作中产生的文件材料,如地籍档案交接书和目录。

(2)在地籍档案整理工作中形成的文件资料,如案卷目录、序言(或说明),整理工作方案和分类方案等。

(3)在地籍档案价值鉴定中产生的文件材料,如鉴定档案材料分析报告,销毁档案清册,本类地籍档案的保管期限表。

(4)在地籍档案保管中形成的文件材料,如档案保密规定、档案室工作细则。

(5)在地籍档案统计工作中形成的文件材料,如各种档案数量与状况统计表。

(6)在地籍档案提供利用工作中形成的文件材料,如全宗指南、工作大事记、检索工具。

每一类地籍档案都应建立分类宗卷,以利于澄清事实,明确责任,保持各类地籍档案管理的连续性,能在档案工作人员变动的情况下,缩短熟悉档案的时间,进一步提高工作效率,发挥室藏档案的综合作用。

思考与练习

9-1 什么是变更地籍调查及测量?其目的和特点是什么?

9-2 变更地籍资料的组成部分包括哪些方面?

9-3 界址点鉴定的程序是什么?

9-4 为什么要进行界址的恢复?恢复界址点的放样方法有哪几种?

9-5 日常地籍测量的内容包括哪些?

9-6 地籍档案可以划分为哪些种类?

9-7 简述地籍档案保管方法。

第十章 数字地籍测量

第一节 概 述

地籍测量技术和方法是当今测绘技术应用的集成,是与测绘技术和方法同步发展的。传统的地籍测量利用大平板、小平板、经纬仪对各种地籍要素及有关的地物和地貌要素进行测定,用专用符号和按一定的比例尺绘制成图,其成果是人工绘制的模拟地籍图。

科学技术的进步,计算机的普及,各种软件的开发和电子测绘仪器的发展和应用,促进了测绘技术向自动化、数字化方向发展。测量成果不再是纸质图,而是以数字形式存储在计算机中可以传输、处理、共享的数字图。

数字地籍测量是数字测绘技术在地籍测量中的应用,其实质是一种全解析的机助测图的方法。数字地籍测量是以计算机为核心,在外连输入输出设备及硬、软件的支持下,对各种地籍信息数据进行采集、输入、成图、绘图、输出、管理的测绘方法。数字地籍测量是一个融地籍测量外业、内业于一体的综合性作业系统,是计算机技术用于地籍管理的必然结果。它的最大优点是在完成地籍测量的同时可建立地籍数据库,从而为实现现代化地籍管理奠定了基础。

1 数字地籍测量的特点

数字地籍测量是一种先进的测量方法,与模拟测图相比具有明显的优势和广阔的发展前景。

1.1 自动化程度高

数字地籍测量的野外测量能够自动记录,自动解算处理,自动成图、绘图,并向用图者提供可处理的数字地图。数字地籍测量自动化的效率高,劳动强度小,错误几率小,绘制的地图精确、美观、规范。

1.2 精度高

模拟测图方法的比例尺精度决定了图的最高精度,图的质量除点位精度外,往往和图的手工绘制有关。无论所采用的测量仪器精度多高,测量方法多精确,都无法消除手工绘制对地籍图精度的影响。数字地籍测量在记录、存储、处理、成图的全过程中,观测值是自动传输的,数字地籍图毫无损失地体现外业测量精度。

1.3 现势性强

数字地籍测量克服了纸质地籍图连续更新的困难。地籍管理人员只需将数字地籍图中变更的部分输入计算机,经过数据处理即可对原有的数字地籍图和相关的信息作相应的更新,保证地籍图的现势性。数字地籍测量的这种优势在城镇变更地籍中能得到充分的体现。

1.4 整体性强

常规地籍测量是以图幅为单位组织施测。数字地籍测量在测区内部不受图幅限制，作业小组的任务可按照河流、道路的自然分界来划分，也可按街道或街坊来划分。当测区整体控制网建立后，就可以在整个测区内的任何位置进行实测和分组作业，成果可靠性强，精度均匀，减少了常规测量接边的问题。

1.5 适用性强

数字地籍测量是以数字形式存储的，可以根据用户的需要在一定范围内输出不同比例尺和不同图幅大小的地籍图，输出各种分层叠加的专用地籍图。数字地籍图可以方便地进行传输、处理和多用户共享，可以自动提取点位坐标，量算两点距离、方位角、宗地面积，输出各种地籍表格等；通过接口，数字地籍图可以供地理信息系统建库使用；可依软件的性能，方便地进行各种处理、计算，完成各项任务；数字地籍测量既保证了高精度，又提供了数字化信息，可以满足建立地籍信息系统及各专业管理信息系统的需要。

但是，数字地籍测量也有缺点：一是硬件要求高，一次性投入太大，成本高；二是利用全站仪或 GPS 与电子手簿野外采集数据时，必须绘制草图，这在一定程度上会影响工作效率，增加野外操作人员的负担。随着便携式计算机和掌上电脑在野外测绘的应用，这种状况已经得到改进，并使数字地籍测量工作向内外业一体化方向发展。

2 数字地籍测量的流程

数字地籍测量可以分为三个阶段：数据采集、数据处理和数据库管理与成果输出。如图 10-1 所示为数字地籍测量作业流程。

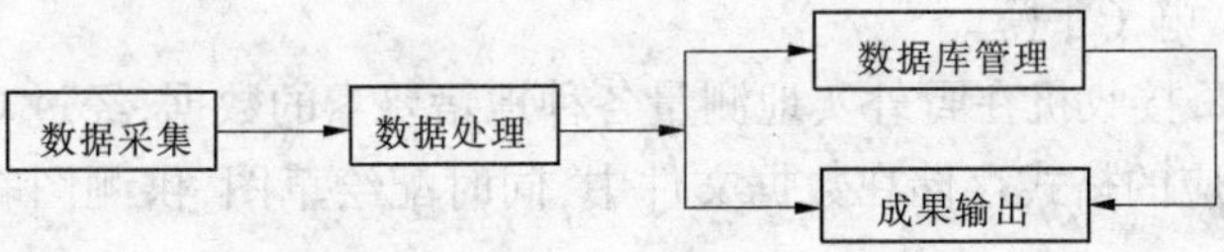

图 10-1 数字化地籍测量作业流程

2.1 数据采集

数据采集过程就是利用一定的仪器和设备，获取有关的地籍要素信息数据，并按照规定的格式存储在相应的记录介质上或直接传输给数据处理设备的过程。根据采样所使用的仪器及作业方法的不同，目前数据采集的方法主要有以下 3 种。

2.1.1 野外数字采集模式

对于尚未测绘大比例尺地籍图的城镇地区，野外数字采集是一种可行和值得推荐的测量模式。所采集的数据经过后续软件的处理，便可得到该地区的大比例尺地籍图以及其他各种专题图，同时还可以建立该地区的数字化地籍数据库。根据数据采集所使用的硬件不同又可分为如下几种方式。

2.1.1.1 全站仪采集

1）全站仪数字测记法

亦称草图法，就是采用外业和内业分离方式，采用无码作业，即在野外进行全站仪数据采集、记录（全站仪自带内存或连接电子手簿），同时配以人工绘制的草图，然后将存有数据的全站仪带回,由通信电缆将数据传输给计算机,由成图软件内业编辑成图,此种采集野外数据的方法称全站仪数字测记法。

优点:技术容易掌握;缺点:草图绘制复杂、容易出错、功效不高。

2)全站仪 + 便携式计算机 + 测图软件(如 CASS2008 及 RDMS、EPSW 等)

该方法是集数据采集和数据处理于一体的数字式地籍测量方式(见图 10-2)。由全站仪在实地采集全部地籍要素数据,由通信电缆将数据实时传输给便携式计算机,数据处理软件实时处理并显示所测地籍要素的符号和图形,原始采样数据和处理后的有关数据均记录于相应的数据文件或数据库中。

优点:直观、速度快、效率高;缺点:一次性成本高、适应野外环境的能力较差。

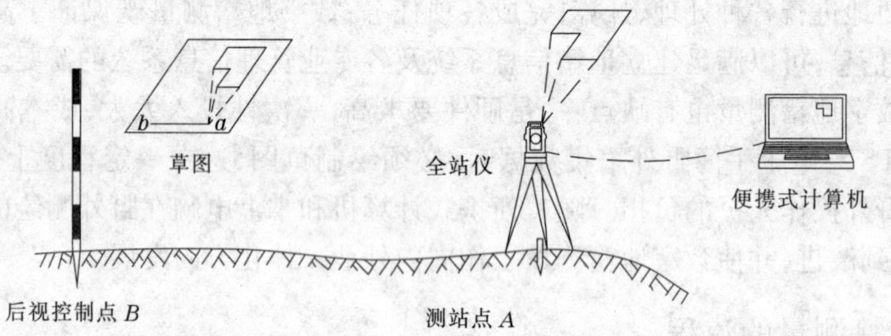

图 10-2　内外业一体化

2.1.1.2　GPS RTK 采集

1)GPS RTK + 电子手簿

利用 GPS RTK 接收机在野外实地测量各种地籍要素的数据,经过 GPS 数据处理软件进行预处理,按相应的格式存储在数据文件中,同时配绘草图,供测图软件进行内业编辑成图。

优点:控制点数量少、效率高;缺点:必须绘制测量草图,一些无线电死角和卫星信号死角无法采集数据,必须用全站仪进行补充。

这种模式在土地利用现状调查及其变更调查、土地利用监测中用途显著。

2)GPS RTK + 全站仪 + 掌上电脑 + 测图软件(如 CASS2008 及 RDMS、EPSW 等)

利用 GPS RTK 接收机在野外实地测量、全站仪补测各种地籍要素的数据,经过 GPS 数据处理软件进行预处理直接输入掌上电脑,由软件实时处理并显示所测地籍要素的符号和图形。

该法克服了以上模式的缺点,发挥各自的优点,可适应任何地形环境条件和任意比例尺地籍图的测绘,实现了全天候、无障碍、快速、高精度、高效。

2.1.2　内业扫描数字化采集模式

这种数据采集的方法是利用扫描数字化仪或跟踪数字化仪对已有大比例尺地形图进行数字化,从而获得数字化的地籍要素(不包括各宗地的界址点)数据,而界址点的坐标数据则由野外实际测量和计算得到,然后将这两部分数据叠加并在数据处理软件的控制下得到各种地籍图和表册。这种方法要求地形图或地籍图现势性较强。

2.1.3 航片量测法采集模式

这种数据采集方法是以航片等遥感影像为数据采集对象，利用数字化航测技术在航片上采集地籍要素的数据（地籍点坐标值），并通过电子坐标数据接口与计算机串行接口相连接，由软件来处理采集的数据，从而获得所需要的地籍图，对已有航片的地区是一种较好的方法。

在各种数据采集方法中，航片量测法采集比另外两种采集法有明显的优越性。因为航片所反映的地表信息量极为丰富，人们可将所需要的信息通过数字测图系统直接输入GIS。与此同时，还可获得急需的地形图、地籍图之类的产品。航测数字成图在获得某一地区符合要求的地籍图的同时，又为成图地区积累了全部有序的、丰富的地物信息。

2.2 数据处理

对于用不同的方法采集得到的数据，经过通信接口及相应的通信软件传输给计算机，然后经过相应的软件（如 CASS2008）处理，将数据转化为某种标准的数据格式，最后经数据处理软件的处理计算出各宗地的面积，绘制宗地图和地籍图等。

2.3 数据库管理与成果输出

经过数据处理之后，便可按照相关规程的要求，进行数据库管理，输出地籍测量所需要的各项成果。

第二节 地籍信息数字化编辑

野外数据采集完成后，就要将采集的数据进行编辑处理，以便绘制数字地籍图及生成各种统计报表。本节就如何利用南方测绘公司的数字地籍软件 CASS2008 生成数字地籍图进行简要介绍。

南方测绘公司的 CASS 系列数字测图系统是我国开发较早的数字测图软件之一，在全国许多城市和地区具有广泛的影响。该系统采用 AutoCAD 为系统平台，其推出的 CASS2008 是 CASS 软件的最新升级版本，以 AutoCAD2006 为平台，充分吸收了数字化成图、GIS（地理信息系统）、GPS（全球卫星定位系统）、DE（数字地球）的最新技术思想，与各种全站仪进行连接，可进行内外业一体化作业，绘制各种地形图和地籍图。

1 参数设置

为了保证各作业人员绘制的地籍图格式统一、风格一致，在进行图形的绘制前应统一进行地籍参数的设置。参数设置的主要内容包括街道位数、街坊位数（可参阅第二章相关内容），坐标、距离、面积的精度，界址点编号的方法与方向，地籍图注记的内容等。图 10-3为地籍参数设置。

2 绘制地籍图

2.1 绘制地形图

数字地籍图除包含地籍要素外，还应当有地形要素。利用 CASS2008 的绘图功能，将采集的地形要素数据经整理后绘制成地形图。在图形绘制过程中要考虑后续地籍数据库

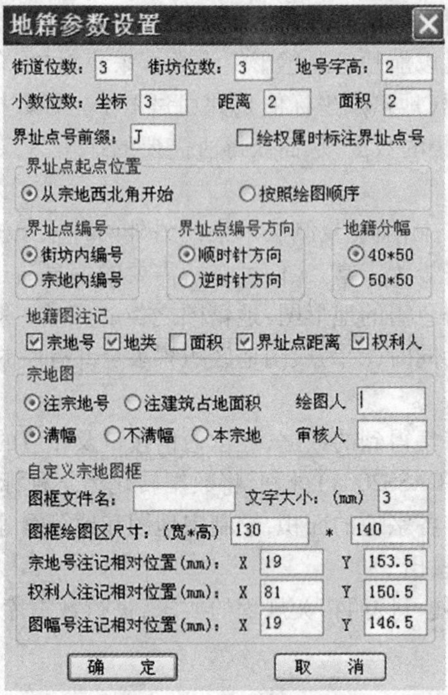

图 10-3 地籍参数设置

建设的要求,做到相关信息协调一致。应当注意以下问题:

(1)绘制的地形图应按照相关规范的要求进行作业,图形整饰合理美观。

(2)地形要素中要避免出现重叠交叉,面状要素应闭合,且无悬挂等现象。

(3)图层应统一,符合规程要求;自定义的图层应做到所有作业人员一致。

(4)文字注记要位置合理,字体大小应符合规范要求;自定义的文字样式命名应统一。在作业前可生成统一的模板文件(*.dwt)。

(5)所有地形要素应当有属性,应及时清理作图过程中的辅助线及其他冗余数据。

2.2 生成权属信息文件

权属信息文件是绘制地籍图的基础文件,可通过权属合并、图形生成、复合线生成三种方法生成。

2.2.1 权属合并

权属合并需要用到两个文件:权属引导文件和界址点数据文件。

权属信息文件是在野外界址点测量结束后在室内编辑而成的文件,在编辑时应结合地籍调查表和界址点测量文件进行。权属引导文件格式如下:宗地号,权利人,土地类别,界址点号,……(见图 10-4);文件中一宗地信息占一行,以 E 为文件的结束符。界址点数据文件的格式可参阅软件使用说明书。

此方法利用权属引导文件中记录的宗地信息和界址点号,结合界址点数据文件中的坐标,生成权属文件。

2.2.2 图形生成权属文件

在外业完成地籍调查和测量后,得到界址点坐标数据文件和宗地的权属信息,在内

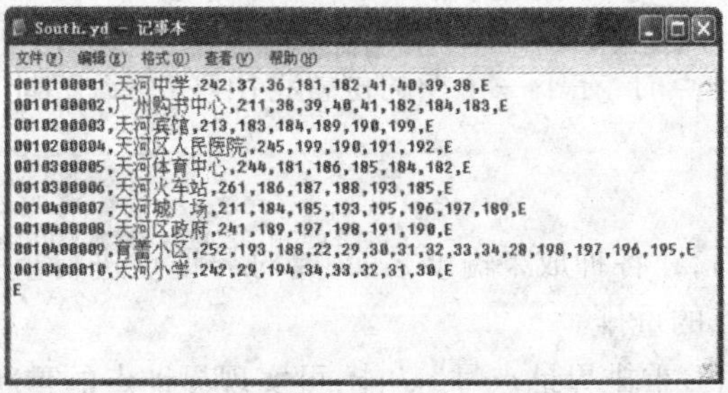


```
0010100001,天河中学,242,37,36,181,182,41,40,39,38,E
0010100002,广州购书中心,211,38,39,40,41,182,184,183,E
0010200003,天河宾馆,213,183,184,189,190,199,E
0010200004,天河区人民医院,245,199,190,191,192,E
0010300005,天河体育中心,244,181,186,185,184,182,E
0010300006,天河火车站,261,186,187,188,193,185,E
0010400007,天河城广场,211,184,185,193,195,196,197,189,E
0010400008,天河区政府,241,189,197,198,191,190,E
0010400009,育蕾小区,252,193,188,22,29,30,31,32,33,34,28,198,197,196,195,E
0010400010,天河小学,242,29,194,34,33,32,31,30,E
E
```

图 10-4　权属引导文件格式

业,可以用此功能完成权属信息文件的生成工作。在生成权属文件时需要手工选择界址点并输入宗地信息。

2.2.3　复合线生成权属文件

这种方法在一个宗地就是一幢建筑物的情况下特别好用,否则就需要先手工沿着权属线画出封闭复合线。可通过选择绘制好的闭合复合线,并输入宗地信息生成权属信息文件。

2.3　绘权属地籍图

绘制地形图后,可以用手工绘制权属线的方法绘制权属地籍图,也可通过权属信息文件来自动绘制。

2.3.1　手工绘制

使用“地籍”菜单下“绘制权属线”功能,可以手工绘出权属线,这种方法最直观,是地籍图绘制常采用的方法。权属线绘完后系统会提示输入相关属性,如宗地号、权利人、地类等,如图 10-5 所示。

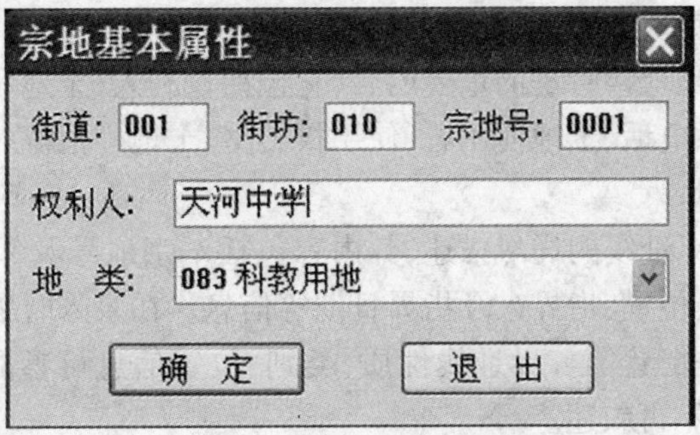

图 10-5　输入权属线属性

2.3.2　通过权属信息文件绘制

通过选择生成的权属信息文件,自动绘制界址线,并注记相关宗地信息。

2.4　图形编辑

2.4.1　修改界址点号

在地籍图绘制完成后,有时会在界址线上增加界址点。可通过选取“地籍”菜单下“修改界址点号”功能实现。

选择相关功能后系统会自动在当前宗地中寻找输入的点号。如果当前宗地中已有该点号,系统将弹出对话框,说明该点已存在,如果输入的点号有效,系统将其写入界址点圆圈的属性中。

当选择了多个界址点时,在下一个点的位置将出现"修改界址点"提示对话框,当然,点号变成当前点的点号。

2.4.2 重排界址点号

地籍图绘制完成后,在各种成果输出之前,要对界址点进行重排,通常情况下我们以街坊为单位进行界址点的重排。

选取"地籍"菜单下"重排界址点号"功能,可实现界址点的重新编号。重新编号后的界址点应运用"注记"功能将其点号重新注记出来。

2.4.3 界址点圆圈修饰(剪切\消隐)

为了地籍图的美观,要对界址点进行编辑,可以通过系统提供的界址点圆圈修饰进行。在进行修饰时应当注意,尽量选用"消隐"功能,而少选择"剪切"功能,这是为了后续地籍信息入库时要素的完整。

选取"地籍"菜单下"界址点圆圈修饰"的"生成消隐"功能。屏幕在闪烁片刻即可发现所有的界址点圆圈内的界址线都被消隐,消隐后所有界址线仍然是一个整体,移屏时可以看到圆圈内的界址线。

3 属性数据的编辑

地籍调查与测量伴随有大量的属性数据,属性数据的录入是后续信息化管理的基础之一。属性数据的录入包括宗地属性、界址线属性、界址点属性等信息。在属性数据的录入过程中,要严格地对照地籍调查表,逐项进行录入。同时,应当建立合理的检查制度,以保证属性数据录入的精度。

3.1 宗地属性的编辑

宗地的相关信息是地籍管理的重要内容,它包括权利人、土地利用类别、法人代表、法人代表身份信息、联系电话、土地使用者、使用权类型、土地坐落等。

3.2 界址线属性编辑

界址线属性是对界址线的详尽描述,其内容包括本宗地号及邻宗地号、起止点号、边长、界址线性质、类别、位置、指界人及指界日期等信息。在录入时邻宗地号如没有可不录入,例如宗地的一侧是街巷等。界址线性质、类别、位置信息可参阅《城镇地籍数据库标准》中相关内容,这里不再叙述。

界址线属性的编辑可通过"地籍"菜单下的"修改界址线属性"功能来实现。

3.3 界址点属性编辑

界址点的属性较为简单,主要内容包括点号、界标类型、界址点类型。

界址点属性的编辑可通过"地籍"菜单下的"修改界址点属性"功能来实现。

3.4 输出宗地属性

属性数据在编辑完成后,可以通过系统提供的输出功能,将宗地的所有属性输出为ACCESS数据库格式。输出的数据为 mdb 格式,其中包含了三个数据表,分别为界址线信息 jzxinfo 表,界址点信息 jzxinfo 表,宗地信息 zdinfo 表。这些输出的数据可通过 ACCESS 打开,也可以通过 EXCEL 打开并保存成 xls 格式。输出的数据通过编辑后可作为地籍数据库建设的基础数据。

输出宗地属性可选取“地籍”菜单下“输出宗地属性”功能来实现。

4 绘制宗地图

绘制地籍图工作完成后,便可制作宗地图了。具体可分单块宗地图制作和批量宗地图制作两种方法。两种都是基于带属性的权属线。

4.1 单块宗地图制作

该方法适用于日常的地籍管理或是小范围的地籍测量工作的宗地图输出。

4.2 批量宗地图制作

当有大量的宗地图需要输出时,可使用系统提供的批量输出宗地图的功能。批量输出的宗地图应当逐幅进行检查,对于表示不完整的要进行修改编辑。例如宗地四至,就需要手工进行编辑。在进行批量输出宗地图时,如果要将宗地图保存到文件,则在所设目录中生成若干个以宗地号命名的宗地图文件;否则输出的宗地图将保存在当前文件中。

5 绘制地籍表格

选择“地籍”菜单下“绘制地籍表格”功能,根据要求,输入相应的信息,即可分别得到界址点成果表、坐标表及各种面积统计汇总等地籍成果表。具体方法请参考有关软件使用说明,这里不再赘述。

第三节 地籍数据库建设

地籍数据库是用来存储和管理地籍数据的。地籍数据主要是地籍调查得到的基础地籍数据、日常地籍管理所产生的变更地籍数据、地籍测量的成果数据及与地籍管理密切相关的规划数据与道路数据等。这些数据可分为空间数据与非空间数据两类,其中空间数据与各种背景地理信息在空间上都以统一的地理坐标为基础,非空间数据伴有大量的相关属性信息。建立地籍数据库是一项复杂的工作,这项工作是将地面上的实体图形数据及其描述性属性数据输入到数据库中。整个流程包括前期数据的采集、检查、入库等。如图 10-6 为地籍数据库建设主要环节。本节将从数据采集、质量控制到建库等方面进行介绍。

1 数据采集

数据采集是对数据进行必要编码和输入数据库的操作过程,在数据采集过程中由于地籍数据的多样性,所以还要求对不同的数据格式进行转换,以保证数据格式的一致性。当前流行的地籍数据库建库系统较多,因而在进行数据采集时应根据所选择的建库系统有针对性地进行数据采集。

1.1 矢量数据采集

1.1.1 矢量数据采集的方法

根据数据源的情况主要有以下几种采集方法。

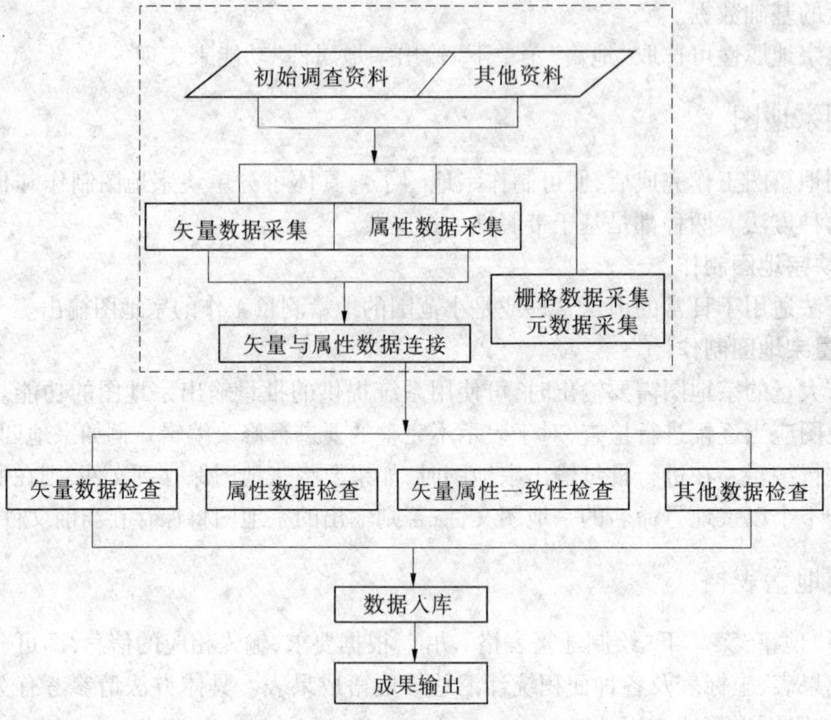

图 10-6 地籍数据库建设主要环节

1.1.1.1 基于外业电子数据采集

当数据源为野外测量的控制点、界址点坐标及勘丈数据时,采用此方法采集。

采用 GPS、全站仪等测量设备采集数据:根据测量数据计算控制点、界址点坐标,导入转换成图。

电子文档转换:将控制点、界址点坐标成果表录入,建立坐标文件,或将原始的电子文档经过数据转换成图。

测量数据编辑:将外业测量数据,如测量草图中的边长、角度等,按其测量方法计算坐标,编辑成图。

1.1.1.2 矢量数据转换

当数据源为矢量数据或已建城镇地籍数据库时,应先进行数据格式、数学基础、数据精度、现势性、数据分层等方面的检查,然后进行数据转换和相应处理。本章第二节讲述的利用南方测绘公司的 CASS 软件编绘的地籍图就可采用这种方法。

1.1.1.3 基于数字正射影像数据提取

当数据源为 DOM 时,依据影像特征,参照已有的城镇地籍资料进行内业解译采集。

1.1.1.4 扫描矢量化

当数据源是纸介质图件时,可对其进行预处理、扫描、纠正、矢量化等处理采集。

1.1.2 矢量数据的编辑

1.1.2.1 编辑处理原则

(1)图形编辑处理应严格以数据源为依据,数据编辑处理精度须在限差规定范围内。

(2)图形编辑处理可采用自动、半自动化、人工手动或几种方式相结合的处理方法。

(3)编辑处理过程因采集软件的不同而有所区别,实际操作时按软件要求进行。

1.1.2.2　数据标准化

数据进行初步的采集转换后,就应当以《城镇地籍数据库标准》为基础进行数据的标准化存储。其主要内容包括数据的分层提取及转换。

1.1.2.3　图形编辑

在数字化初步完成后,应对矢量图形进行检查和编辑,如图形要素移动、缩放、修改、复制、补注记等,以保证图形矢量化的准确性和完整性。

1.1.2.4　坐标系变换

对采用不同坐标系需要进行坐标系变换的图件数据,按要求进行坐标系变换。

1.1.2.5　拓扑关系建立

对宗地、街坊、街道、行政区界线等应建立图形点、线、面间拓扑关系。

1.2　属性数据采集

1.2.1　属性数据采集方法

属性数据采集可分为手工录入、分析计算和直接导入三种方式。

(1)手工录入。对于从外业调查获得的纸介质属性值须手工输入,其录入方法有:依据外业调查底图、农村土地调查记录手簿等逐个图斑录入属性数据;利用数据库软件集中录入属性数据,并通过标识码与矢量数据关联。

(2)分析计算。通过数值计算(如图斑地类面积=图斑面积-扣除地类面积-线状地物面积-零星地物面积)、空间分析等方法,对属性项进行计算赋值。

(3)直接导入。依据《规程》和《城镇地籍数据库标准》等对已有土地利用数据库的属性数据或外业采集的电子形式属性数据进行转换、编辑、完善,并直接导入数据库中。

1.2.2　属性数据采集要求

(1)数据结构和编码方法符合《城镇地籍数据库标准》要求。

(2)属性数据采集以数据源为依据。

(3)属性值应保证正确无误。

(4)属性数据与矢量数据应保持逻辑一致性。

1.3　栅格数据采集

DOM 获取方法主要有数字摄影测量方法和单片数字微分纠正方法。数字摄影测量方法是对航空影像进行扫描、定向、建立立体模型、获取 DEM、微分纠正、裁切等工艺处理,制作成 DOM;单片数字微分纠正方法是在已有的 DEM 以及像控点成果的情况下,对数字影像内定向,按像控点进行单片空间后方交会,得像片的内外方位元素,根据 DEM 进行数字微分纠正。

DRG 采集主要有转换法和扫描法。转换法是将矢量数据经符号化后转换为 DRG 数据;扫描法是对纸介质图件进行扫描、栅格编辑、图幅定向、几何纠正等工艺处理生成 DRG 数据。

DEM 采集主要有数字摄影测量和地形图扫描矢量化两种方法。数字摄影测量是对摄影资料进行扫描、影像定向、立体建模、DEM 获取、人机交互编辑等工艺处理生成 DEM

数据;地形图扫描矢量化是对地形图进行扫描、定向、矢量化编辑、高程赋值、构建 TIN 等工艺处理,内插生成 DEM 数据。

对需要保存的审批文件、合同、土地权属界线协议书等相关文档资料,直接采用扫描仪、数码相机等设备进行扫描或拍照,生成存档数据文件。

2 数据检查

2.1 矢量数据检查

2.1.1 位置精度检查

在屏幕上将检测要素逐一显示或绘出全要素图(或分要素图),并与地理要素分类代码表和矢量化原图对照,目视抽样检查各要素分层是否正确或遗漏、位置精度是否符合要求、多边形是否闭合等,形成检查记录。

2.1.2 逻辑一致性检查

逻辑一致性检查包括图形数据的一般性检查和拓扑关系检查。

图形的一般性检查包括是否有线段自相交、两线相交、线段打折、公共边重复、悬挂点或伪节点、碎片多边形等。图 10-7 为宗地缝隙,图 10-8 为宗地重叠。

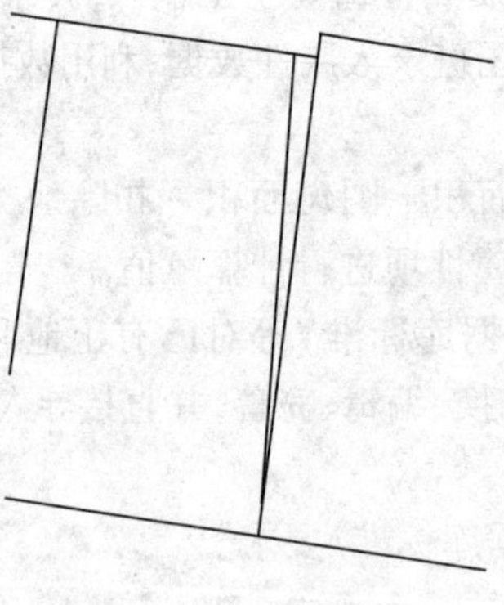

图 10-7 宗地缝隙

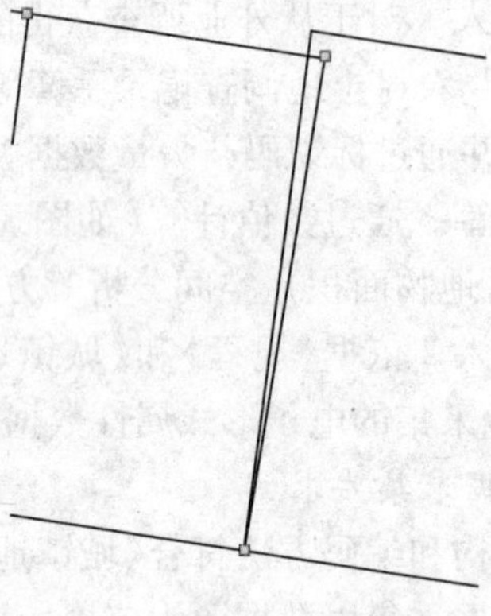

图 10-8 宗地重叠

图形的拓扑关系检查包括是否建立拓扑、多边形是否闭合、各图层间拓扑关系是否正确等。

2.2 属性数据检查

(1)检查属性文件是否建立,属性是否齐全,各要素层属性结构是否符合标准要求。

(2)检查属性值的正确性,主要内容包括非空性检查、值域检查等。

(3)将地类编码、地类面积等重要的属性数据标注在图上,检查属性值的正确性。

(4)检查分幅、行政区、权属区等的面积汇总数据是否正确。

2.3 矢量数据与属性数据一致性检查

(1)检查矢量数据与属性数据是否对应,是否存在个别图斑没有属性的情况。

(2)如果用软件统一录入属性,要检查属性与图形是否对应,是否存在多余属性记录。

2.4 其他数据检查

(1)栅格数据检查:检查 DOM、DEM 等栅格数据的精度及色调等。

(2)元数据检查:检查元数据的完整性、正确性等。

3 数据入库

3.1 数据入库前的质量检查

在数据入库前,应根据《城镇地籍数据库标准》对数据成果质量要求进行全面质量检查,并记录检查结果。对质量检查不合格的数据应予以返工,质量检查合格的数据方可入库。

3.2 数据入库的步骤

借助数据库管理系统,将图形和属性数据转入地籍数据库管理系统,步骤如下:

(1)根据《城镇地籍数据库标准》的要求,建立数据字典和图幅索引。

(2)建立元数据库,其内容和格式要符合要求。

(3)将经过质量检查合格的矢量、属性、栅格等数据转入应用数据库,数据入库转换模型如图10-9所示。

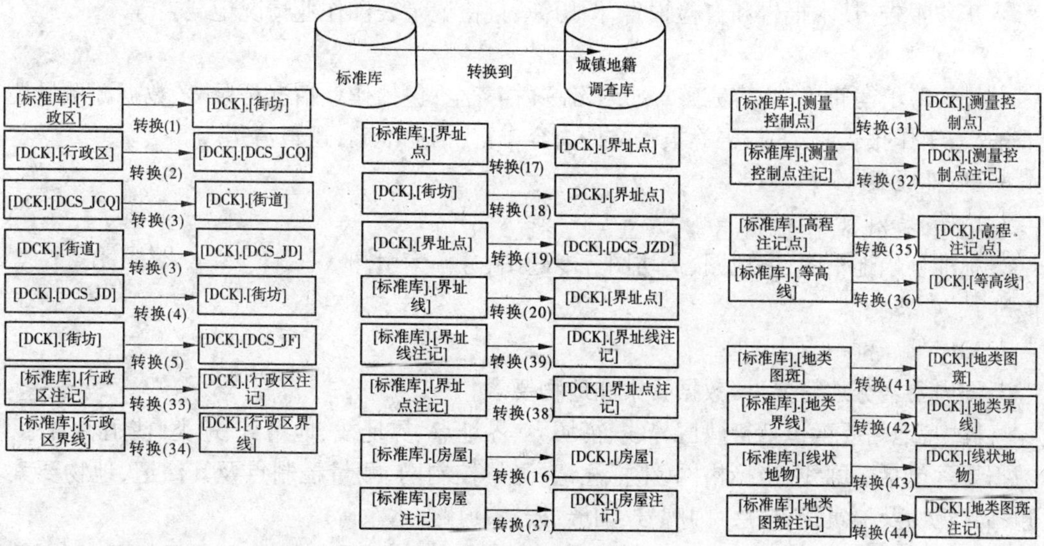

图10-9 数据入库转换模型

(4)根据软件功能进行系统运行测试,验收合格后由技术负责人签字认可。

3.3 数据质量检查分析

(1)将建库成果与原始资料进行对比检查,分析数据库成果质量。

(2)将数据库生成的界址点成果表与原始坐标表对比,分析界址点输入精度。

(3)将数据库计算的宗地面积与原始资料中的宗地面积进行对比,分析宗地面积精度。

(4)将数据库中的统计汇总与原统计汇总表进行对比,分析建库汇总数据的准确性。

(5)将输出的地籍图与经过校正的扫描图像、原始地籍图进行叠加检查,分析地籍图数字化的整体精度。

4 数据库成果

4.1 数据成果

4.1.1 成果内容

城镇土地调查数据库(原格式数据、《城镇地籍数据库标准》规定的交换格式数据)。

4.1.2 成果要求

必选图层齐全,基础地理、土地利用、土地权属等要素完整;矢量数据、属性数据、栅格数据和元数据命名正确,格式和内容符合要求;数学基础符合要求;图形要素拓扑关系正确;图形数据精度满足要求;数据逻辑无缝,同时其属性和拓扑关系保持一致;各要素属性数据正确无误。

4.2 文字成果

4.2.1 成果内容

工作报告、技术报告和自检报告,图历簿、自检记录表和作业情况记载表等。

4.2.2 成果要求

图历簿填写正确,内容完整;质量控制文档齐全,包括作业情况记录表、数据源质量检查表等;工作报告、技术报告等报告文件内容丰富,描述准确,逻辑清楚。

4.3 图件成果

4.3.1 成果内容

标准分幅地籍图,宗地图、街坊图等专题图,分幅索引图。

4.3.2 成果要求

4.3.2.1 地籍图

图内要素分地籍要素、数据要素和地物要素。

其中,地籍要素包括行政区界线、街坊界、界址点、界址线、地籍号、地类、使用者名称,数据要素包括图廓线、坐标格网、坐标注记、测量控制网、测量控制点及其注记,地物要素包括建筑物及构筑物、楼层、门牌号、围墙、栅栏、道路、水系等。

图外要素包括图种名、图名、图号,图幅接合表,坐标系及高程系,成图比例尺,制图单位全称,说明注记(含调绘时间、制图时间),辅助说明,图例等。

图式图例要符合《城镇地籍调查规程》的规定。

4.3.2.2 宗地图

图内要素包括图幅号、地籍号,宗地号、地类号、门牌号、面积及宗地使用者名称,界址点、界址点号、界址线及边长,宗地内建筑物及构筑物,邻宗地界址线(示意)、邻宗地使用者,相邻道路、街巷及名称,指北针。

图外要素包括图种名,绘图员、审检员签名,制图时间,其他说明注记等。

4.3.2.3 街坊图

参照地籍图的图内、外要素制图。

4.3.2.4 分幅索引图

分幅索引图要素包括分幅图接合表及图幅号注记,行政界、街坊界及名称注记。

4.4 表格成果

4.4.1 成果内容

以街坊为单位宗地面积汇总表,城镇土地利用现状分类统计汇总表,城镇土地利用强度表,城镇土地使用权类型汇总表,房地产、金融服务业、工业、开发园区、基础设施等专项用地调查统计汇总表。

4.4.2 成果要求

表格格式符合要求,数据正确;统计汇总表格格式符合要求,数据逻辑一致性关系正确。

第四节 地籍管理信息系统

地籍管理作为土地资源管理的基础,是国土资源管理的主要内容之一,在制定国民经济和社会发展规划、保障国家经济安全、实施国土资源的宏观调控职能等方面都提供了重要的基础保障。在信息化飞速发展的今天,地籍管理信息系统已成为地籍管理的核心组成部分。

地籍管理信息系统主要是利用计算机海量的存储量、飞速的计算速度以及简捷的查询方式来实现对地籍信息的采集输入、加工处理、存储管理、统计分析、辅助决策以及产品输出的技术系统。它是一个在计算机和现代信息技术支持下,以宗地为核心实体,实现地籍信息输入、存储、检索、处理、综合分析、辅助决策以及结果输出的信息系统。同时,它以国家、省、县或市级行政单元为对象,应用 GIS 理论和技术进行地籍空间数据和地籍属性数据的采集、处理、存储、检查、输出和变迁,用于地籍管理工作的技术系统。

1 系统建设的原则

地籍管理信息系统是为实现土地管理的科学化、规范化,系统应建成一个以国土资源管理信息为核心的土地资源和资产数据库,实现资源的全局共享,实现土地利用现状变更信息管理、土地利用规划管理、地籍管理、建设用地管理、耕地保护管理和土地市场管理等工作的信息化,提高土地管理的质量、效率和水平,为国土资源管理提供数据技术和管理支持,为公众提供可公开的国土政务信息查询服务。因此,系统在建设时应遵循以下原则。

1.1 实用性

最大可能地满足土地管理的业务要求,是本系统建设的根本目标,也是系统设计的基本出发点。实用性要求做到:易于使用、更新简单、便于系统管理数据、升级容易;具有优化的系统结构、完善的数据库系统以及友好的用户界面;业务人员能够操作,实现土地管理业务处理的计算机化,逐步提高土地管理的信息化程度。

1.2 先进性

为规范业务流程,提高工作效率,拓宽服务领域,系统必须符合现行标准。要求做到:结构合理、数据严谨、功能齐全、技术先进、操作简单。

1.3 一体化

要求做到:系统建设、架构的一体化,办公自动化、GIS 应用的一体化,城乡国土资源管理的一体化,国土资源管理各个业务流程的一体化。

1.4 前瞻性

信息技术发展非常快,硬件更新换代迅速,性能价格比不断跃升,因此在系统的设计中要有前瞻性,必须充分考虑技术的发展趋势,如采用关系数据库管理空间数据、Internet 和 GIS 应用等问题。

同时,在硬件配置和系统设计中还需充分考虑系统的发展和升级,使系统具有较强的扩展能力,处于应用系统技术领先地位,确保系统能适应现代信息技术高速发展的要求。

1.5 可扩展性

系统必须具有较强的可扩展性和对需求变化的自适应能力,以适应业务管理内容和工作流程变化造成的系统需求的变化。

1.6 经济性

系统建设要求在实用的基础上做到最经济,以最小的投入获得最大的效益。在硬件和软件配置、系统开发和数据库建立上都应充分考虑投入和经济效益。

2 系统功能结构

由于土地管理部门的业务繁杂,为防止系统过于庞大,避免产生业务的重叠和数据处理及存储过程中的混乱,根据用户单位工作特点和需要,可将系统划分为若干模块,如图 10-10所示。

3 系统功能

地籍信息系统主要实现以下功能。

3.1 数据建库及维护功能

数据建库是以设计的地籍数据库的结构为参考,按照设计的数据分层、数据编码、字段、常量等信息进行入库,主要包括数据交换格式的装载、数据检查、编辑处理、数据入库等功能。数据维护工具包括投影、坐标转换、数据输入输出、数据配准等功能。

3.2 土地登记业务功能

土地登记业务处理应实现项目受理—地籍调查—审核审批—登记发证过程的流程化管理。办理过程中,可以进行业务办理的监控、项目资料的查询、图形的编辑与地图打印以及证表卡的输出。系统内置了初始登记、变更登记、他项权利等常见业务过程,并提供灵活的流程管理工具,用户可以根据需要进行业务的扩展。

3.3 地籍的查询与统计功能

地籍业务查询主要包括了地籍查询检索、地籍业务统计、地籍分类面积统计三个主要功能。可以在查询结果的基础上进行进一步的统计分析,分析结果可以通过复合表格、专题图等丰富的形式进行表现。

3.4 制图输出功能

制图输出功能提供各种打印模板,根据需要进行各种图件的打印输出,如表、卡、证、

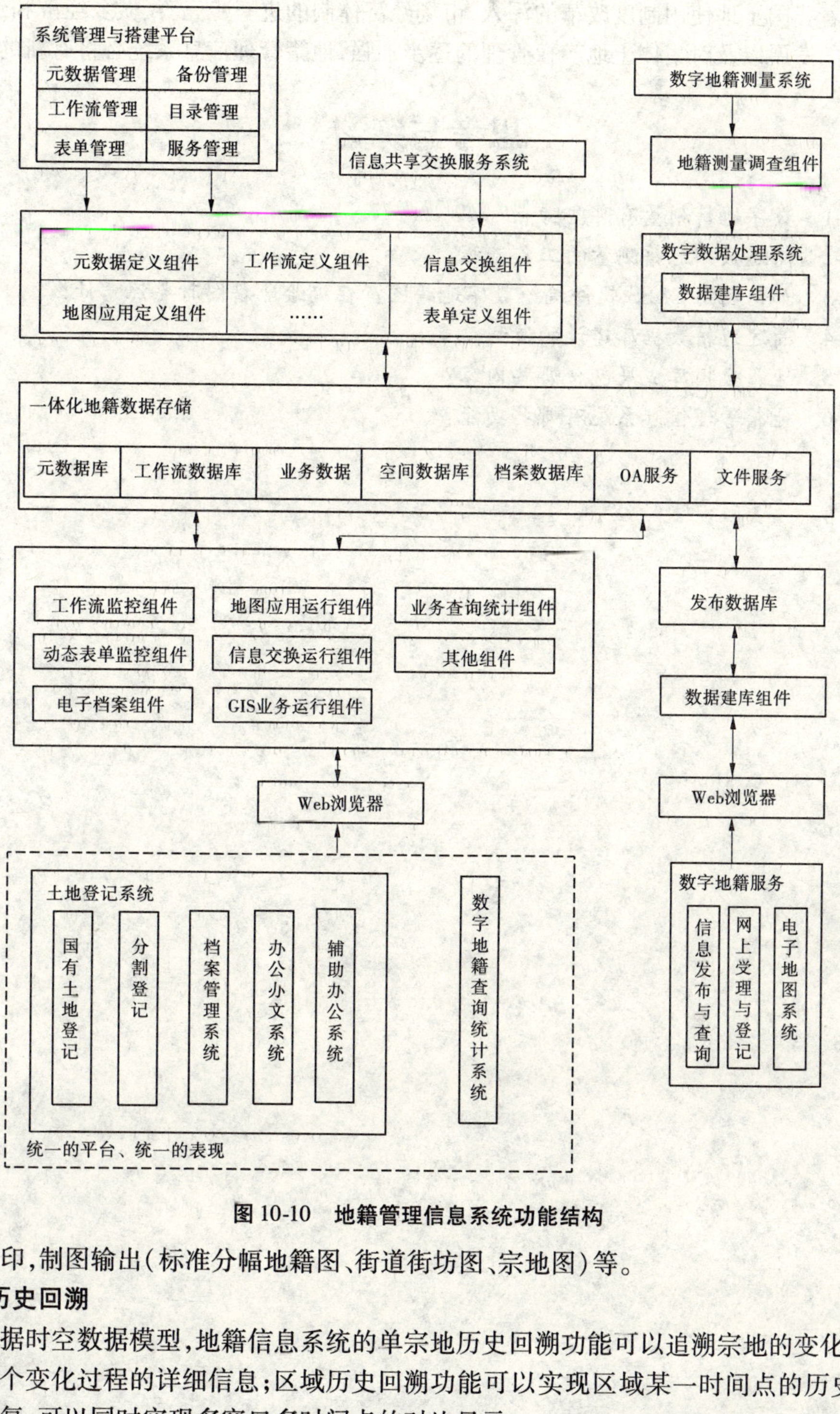

图 10-10　地籍管理信息系统功能结构

册的打印,制图输出(标准分幅地籍图、街道街坊图、宗地图)等。

3.5　历史回溯

根据时空数据模型,地籍信息系统的单宗地历史回溯功能可以追溯宗地的变化过程,查询每个变化过程的详细信息;区域历史回溯功能可以实现区域某一时间点的历史用地状态恢复,可以同时实现多窗口多时间点的对比显示。

3.6　元数据管理

能够对矢量元数据、DOM 元数据、DEM 元数据等数据进行管理和维护。

随着我国土地使用制度改革的深入、市场经济体制的进一步完善、城乡经济和建设日趋融合的发展以及对集体土地产权管理的逐步加强，地籍管理信息系统必将有新的发展。

思考与练习

10-1　数字地籍测量有哪些特点？

10-2　简述数字地籍测量的工作流程。

10-3　如何利用 CASS 软件编绘数字地籍图？在编绘地籍图时要注意什么？

10-4　简述地籍数据库建设的流程。

10-5　地籍数据库成果包含哪些内容？

10-6　地籍管理信息系统有哪些功能？

第十一章　地籍调查与测量的组织实施

第一节　概　述

地籍调查的主要目的是核实宗地的权属和确认宗地界址的实地位置,并掌握土地利用状况;通过地籍测量获得宗地界址点的平面位置、宗地形状及其面积的准确数据,为土地登记、核发土地权属证书等工作做好技术上的准备。

地籍调查与测量是一项涉及面广、政策性强、工作复杂、准确性要求高的综合性系统工程,通过地籍调查与测量所测定的权属界线、行政界线、地块、面积等情况,经过土地管理部门的审批、登记发证后就成为一个法律凭证,其调查测绘的成果资料就具有法律效力。因此,为保证地籍调查与测量的质量,在整个工作实施之前必须有周密的计划和组织机构,使整个地籍调查测绘工作能够顺利地实施。

1　地籍调查与测量项目实施的基本原则

1.1　突出重点的原则

由于地籍调查与测量项目内容较为复杂,数据类型多,已有资料情况参差不齐,在开展工作时,可根据国土管理部门的实际管理需要有所偏重,突出重点内容。

1.2　充分使用已有成果的原则

凡是已有的土地权属调查、土地利用调查资料,行政区域勘界资料及图件、数据等成果,经复查、审核无误的均应使用,避免重复调查,以降低成本,提高效率。

1.3　实事求是的原则

坚持尊重历史、事实求是,真实反映调查时点的土地利用现状和权属状况,严格遵循各项标准和规范,提供准确可靠、现势性好的基础数据和图件资料。

1.4　实用与创新的原则

在保证质量的前提下,充分运用“3S”技术、信息技术和计算机网络技术等先进、实用的测量方法和手段,提高成果的现势性、科学性和权威性。

1.5　统一标准、技术方法

在项目实施前,进行多层次、全方位的技术培训,学习相关技术标准、技术方法,合理利用和有效整合社会资源,统一工作程序、方法、成果和精度要求,突出成果的共享性和标准性。

1.6　统筹安排,分步实施

根据项目的工作总体方案、实施方案和技术设计书,统筹安排各项工作内容,地籍调查、地籍测量、面积汇总、数据库建设等内容分阶段按工作流程实施。

2 地籍调查与测量项目实施的保障措施

2.1 组织保障

为保证地籍测量工作的顺利开展,统筹协调辖区内地籍工作,地方各级政府都应成立地籍调查领导小组,负责地籍调查与测量工作的组织和领导,协调解决重大问题。

2.2 制度保障

2.2.1 明确技术要求

在国家相关规范、标准基础上,明确地籍调查与测量工作的各项技术要求,包括各流程环节的技术要求及其操作程序、方法和检查办法,成果的表达形式,数据库和管理信息系统建设的框架结构、内容、维护更新要求等。

2.2.2 建立作业队伍管理和质量分级责任制度

地籍调查与测量工作作业量大、任务繁重,有时会有多支队伍协同作业。因此,要建立相关制度对作业队伍实行规范化管理,既做到统一管理,又给予作业队伍充分的自主权。同时,还要实行质量责任制,采用分级管理的方式,将质量责任层层落实到各作业队伍和具体作业人员。

2.2.3 建立检查验收制度

严格按照国家相关检查验收制度,做好检查验收工作。严格实行"三检一监一验"制度。由作业组进行自检、互检,并由监理单位对作业单位测量成果进行检查和监督,切实保证成果质量。

2.3 技术保障

2.3.1 统一技术标准和规范

依据国家相关的技术标准和规范,制定工作方案、技术设计书,统一方法、统一标准、统一要求、统一格式,保证成果的共享性。

2.3.2 采用高新技术和先进设备

在执行统一标准和规范的同时,充分利用现有设备,充分应用成熟、实用的现代高新技术手段,以"3S"技术和信息技术为核心,全面提升测量成果的科技含量。

2.3.3 加强技术指导与咨询

成立技术专家组,对调查与测量中遇到的重大技术问题进行研究解决。

本章主要介绍初始地籍调查与测量的组织实施、成果资料的整理、成果的检查验收、地籍调查与测量报告的编写等内容。

第二节 初始地籍调查与测量的组织实施

1 准备工作

1.1 制定地籍调查与测量的组织方案和技术方案

技术人员应根据已有资料和实地踏勘了解的情况编写地籍调查与测量技术设计书。

1.1.1 技术设计书主要内容

(1)调查地区的地理位置和用地特点。

(2)地籍调查程序及组织实施方案。

(3)地籍调查的技术要求。

(4)地籍调查成果的质量标准、精度要求和依据的确定。

1.1.2 技术设计书提纲

1.1.2.1 调查区情况

(1)调查区地理位置、范围、行政隶属、用地特点、用地概况等。

(2)技术设计的依据。

(3)地籍调查工作程序、人员组成、经费安排及时间计划等。

1.1.2.2 地籍要素调查

(1)确权规定(依据)。

(2)工作用图、调查区的划分及地籍编号的要求。

(3)界标设置要求。

(4)宗地草图勘丈、绘制的方法及要求。

1.1.2.3 地籍测量

(1)已有控制点点位及其成果资料的分析与利用。

(2)控制测量:①所用坐标系,控制网的布设方案,控制点的埋设要求;②施测纲要;③计算方法。

(3)细部测量:①界址点的观测方法、精度要求;②成图方法;③面积量算方法,精度要求等。

1.1.2.4 地籍数据库

(1)软、硬件设备配置。

(2)建库方法及流程。

(3)数据库逻辑设计(要素分层、属性值、数据文件命名规则、数据库类型等)。

(4)数据备份方式等。

在实施方案中应做好地籍调查区的划分。根据道路、规划路网、行政村、街道或街坊区域划分地籍调查区。城镇、村庄地籍调查范围要与土地利用现状调查范围相互衔接,不重不漏,在比例尺为1:500~1:10 000的地形图上标绘出来。若有新的大比例尺航片,也可在航片上勾画调查范围。

1.1.3 技术设计的审批

原则上由上一级土地行政主管部门审批,也可由省级统一审批。

对审批后的技术设计书,在实施过程中没有大的原则性变动的情况下,实施单位可对技术设计书进行少量的修改和补充;若有重大变动、修改技术设计书,还须经原审批机关批准。

1.2 组织准备

(1)成立领导小组。领导小组一般是在各级人民政府的组织下,由市(区、县)政府及各部门领导参加,各部门分工负责,解决具体工作中出现的难题,保证调查工作的顺利进行。

(2)建立专业队伍。地籍要素调查是一项十分细致、专业性较强的工作,要保证外业调查成果,保证成果资料的规范化,必须有一支技术过硬的专业队伍。因此,调查人员的水平是保证质量的必要条件。

1.3 宣传培训

通过广播、电视、报纸、宣传提纲等方式,向广大群众讲清开展地籍调查工作的意义及重要性,以引起土地使用者、所有者的重视,使广大群众在地籍调查中能积极配合,以加快地籍调查进度,提高调查成果资料的质量。

对调查人员进行有关政策、法规及调查业务的培训,提高调查人员对工作的重视程度,明确调查任务,掌握调查方法、要求和操作要领,确保调查质量。

1.4 组织试点

开展初始地籍调查前,必须先进行小范围试点。通过试点工作,使调查人员掌握基本要求及具体方法,积累经验。然后在此基础上开展全面的地籍调查工作。

1.4.1 试点区的选择

(1)城镇地籍调查时,应选择一个街道或1 km左右的调查范围作为试点。

(2)村庄地籍调查时,应选择一个村庄或几个村庄作为试点。

(3)试点区内地类应比较丰富,能反映当地的用地特点,即代表性要强。

1.4.2 试点要求

试点区的调查工作应严格按照《城镇地籍调查规程》及技术设计书的有关要求实施,严格把关,边试点、边总结。在试点获得一定经验并通过验收后,方可铺开面上的工作。

在进行试点区的控制测量及地籍编号时,应充分考虑其与整个调查范围的一致性,以免造成不必要的返工。

1.5 表册、仪器、工具准备

根据国家调查规范的要求统一印刷所需的各种表格、公告和宣传材料。如地籍调查表,委托书,地籍调查法人代表身份证明书,违约缺席指界通知书等。购买办公用品及外业调查所需用品,尽可能使用先进的仪器设备。

1.6 收集资料

将原有资料尽量收集齐全,并进行分析整理。收集的主要资料有:

(1)原有的地籍资料。

(2)测量控制点资料,已有的大比例尺地形图、航测资料。

(3)土地利用现状调查、非农业建设用地清查资料。

(4)调查区域内的各种用地资料和建筑物、构筑物的产权资料。在许多县市,由于规划、国土、建设由多个部门管理,应分别收集。收集的资料越多,调查的工作量就越少,确定权属的准确性和真实性就越高。

(5)土地征用、划拨、出让、转让等档案资料。

(6)土地登记申请书及其权属证明材料。

(7)其他有关资料。

2 地籍要素外业调查、勘测

外业调查是根据土地登记申请人(法人、自然人)的申请和对申请材料初审的结果而进行的实证调查，即对土地的位置、界址、用途等进行实地核定、调查、勘丈。外业调查结果的记录，须经土地登记申请人的认定。

根据外业调查依法认定的权属界址和利用现状，必须按《城镇地籍调查规程》的要求进行实地勘测，并确定各地籍要素的空间位置。

地籍要素包括土地权属、土地利用现状、土地等级、界址点的确定、房产情况等方面。各项要素外业调查、勘测的方法要求，本书前面各章已详细介绍，这里不再赘述。

3 内业工作

在外业工作基础上，进行室内面积量算、宗地图和地籍图绘制、地籍数据库建设、地籍成果资料整理等。地籍调查成果资料主要包括技术设计书、地籍调查表、地籍平面控制测量的原始记录、控制网点图、平差计算资料及成果表、地籍勘丈原始记录、解析界址点成果表、地籍铅笔原图和着墨二底图、宗地图、地籍图分幅接合表、面积量算表及原始记录、验收报告以及技术总结等。资料的整理要求见本章第三节。

变更地籍调查是根据变更登记申请的项目进行的权属调查和测量。其实际工作虽有一定特点，但程序方法与初始地籍调查基本相同。

初始地籍调查与测量流程见图 11-1。

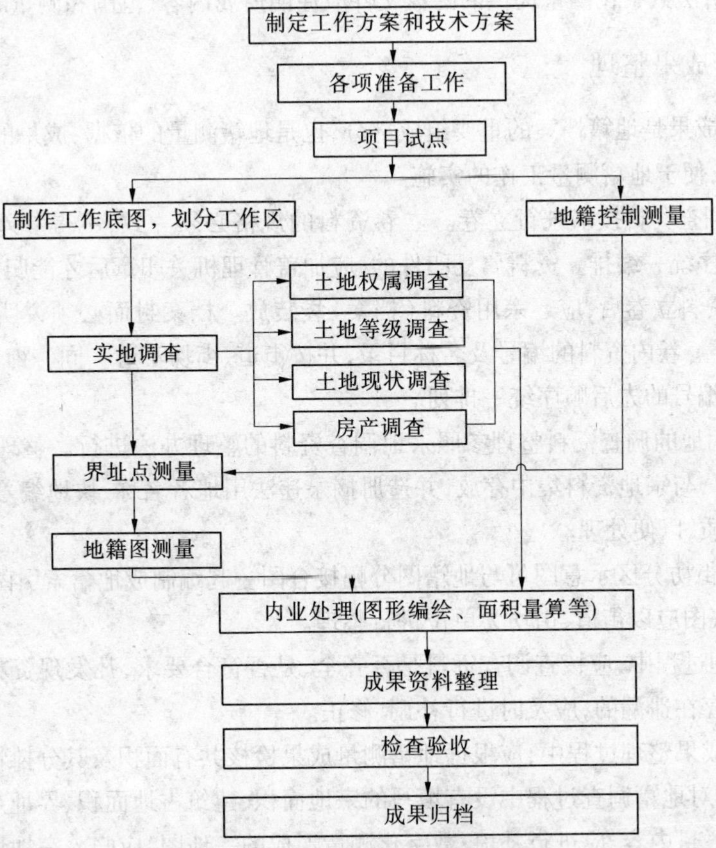

图 11-1　初始地籍调查与测量流程

第三节　地籍调查与测量成果资料的整理

地籍调查成果是指在调查过程中直接形成的文字、图、表等的总称，也是广大地籍工作者辛勤劳动的结晶。地籍调查与测量成果资料整理是指调查测量工作结束后，对形成的数据进行检核、分类、编排、整饰等。数据整理要求整齐、编排有序，便于使用和查找，并使调查成果与测量成果相互衔接，形成整体。

1　成果资料整理要求

（1）测量的图件成果、图面整饰应美观，各项内容应齐全，符合规定要求；控制网布点图、地籍索引图的尺寸适中，一般不小于 50 cm×50 cm。

（2）图件以外的其他测量成果（包括文字总结、报告等），应按其所属类别分别装订成册。

（3）凡装订成册的成果资料，必须加具封面，封面必须注明本项成果的名称。同一项成果分为若干册的，应进行顺序编号，封面应注明本册成果资料的范围。

（4）全解析法数字化测量提供的磁盘文件应注明所属内容、范围和测量时间。

2　权属调查成果整理

权属调查成果是地籍档案的重要组成部分，也是地籍测量的依据，成果的整理应符合档案管理规定，便于地籍测量工作的实施。

（1）宗地调查资料按宗进行立卷。立卷资料的规格必须一致，不得参差不齐。卷内资料按一定次序统一编排。资料属复印件的，应加盖管理机关印章后才能归档。

（2）调查资料立卷后，应逐宗用资料（档案）袋装放。档案封面必须说明土地使用者名称和土地编号、卷内资料的编号及名称目录，并按街道、街坊汇总。同一街道、街坊的宗地档案按宗地编号的先后顺序统一排列。

（3）违法用地的调查资料整理参照宗地调查资料的整理办法进行。整理后的资料按街道、街坊汇总，与宗地资料集中存放，并造册摘录违法用地者名称、块地编号、面积、用途和违法用地性质，以便处理。

（4）街道、街坊分区示意图可与地籍图分幅接合图一起编制成地籍索引图。

（5）调查底图应以街道、街坊为单位进行整理。

（6）在整理过程中，应核查调查资料是否齐全、是否符合要求，凡发现资料不全、不符合要求或调查存在遗漏的，应及时进行补调、修正。

权属调查成果整理过程中，应根据地籍测量成果检核共有面积及其分摊情况、边长等有关调查数据；对地籍调查过程中没有填写的宗地面积、建筑占地面积、界址点间距、界址点坐标等有关栏目内容，应进行补填；数字化测量形成的宗地图，应归入宗地调查档案，保证宗地调查内容和资料的完整性。

3　控制测量资料的整理

3.1　控制测量资料检核

(1)原始观测记录手簿各项记录是否齐全和符合要求,计算有无错误,观测成果有无超限。

(2)仪器检定资料是否齐全和符合要求。

(3)点之记是否按要求绘制。

(4)各等级控制网布点图绘制有无遗漏。

(5)平差计算是否符合要求、有无超限,平差报告编写是否符合《规范》要求。

(6)控制点成果表是否从高等级到低等级列出,有无错漏。

(7)有无提交控制测量阶段小结。

3.2　控制测量资料整理

(1)原始观测记录手簿应装订成册,封面应符合技术设计要求。

(2)点之记按要求绘制,应提供电子文档数据格式。电子数据应按技术等级分别命名存放。

(3)各等级控制网布点图绘制可根据测区大小比例尺选择 1∶5 000 或1∶10 000。

(4)各等级控制网平差报告及成果应装订成册,封面应符合技术设计要求。

(5)技术总结、工作报告和自检报告应装订成册,编写应符合《测量技术总结编写规定》(CH/T 1001—2005)要求。

4　地籍要素测量资料的整理

地籍要素测量资料主要包括地籍分幅图、宗地图、地籍图图幅接合表等。

4.1　地籍图分幅图

应用三色表示,界址线和界址点、街道街坊线及注记等权属信息用红色表示;图斑界线及注记用绿色表示,其他注记一律用黑色表示。

4.2　宗地图

宗地图采用双色表示,界址线和界址点用红色表示,其他注记一律用黑色表示。图幅规格:一般为 A4、A3、A2 幅面,较大、较小宗地可适当缩放。宗地图的电子文档数据格式应符合当地主管部门的要求,文档的命名可参阅以下格式:以行政区街道街坊宗地编号命名,例如,郑州市二七区 001 街道 012 街坊第 0045 宗地可命名为“4101030010120045.dwg”。

4.3　地籍图图幅接合表

地籍图图幅接合表要能够正确反映各图幅的相对位置关系,图幅的命名应以本图幅的主要地物或单位进行命名。图幅接合表的比例尺可根据测区大小选择 1∶5 000 或 1∶10 000。

4.4　地籍一览表

以街坊为单位制作,图中表示权属界线、宗地号,比例尺根据街坊大小确定。

4.5 **地籍要素测量技术小结**

地籍要素测量技术小结应装订成册，封面应符合技术设计要求。

5 面积量算资料的整理

5.1 **面积量算资料检核**

(1)收集面积量算表及原始计算记录，检查有无错漏。

(2)检查宗地面积汇总表、分类面积统计表和共用土地分摊面积表是否按规定填写、汇总。

5.2 **面积量算资料的整理**

(1)以街道为单位宗地面积统计数据。

(2)土地统计台账及以城镇行业类别、土地使用权类型、土地使用者性质等统计的土地面积数据。

(3)不同权属性质面积统计数据。

(4)城镇土地利用情况调查统计数据。

以上面积量算数据经整理后装订成册，以便使用时查阅。

第四节 地籍调查与测量成果检查验收

现阶段在我国开展地籍调查与测量工作，是以国家测绘局和国土资源部所制定的技术标准进行的。因此，检查验收时，应以国家测绘局1994年11月28日发布、1995年2月1日实施的《地籍测量规范》、《地籍图图式》，国土资源部1993年颁发的《城镇地籍调查规程》，以及测区的具体技术规定为标准。凡是满足不了规范和规程的规格标准和精度要求的，应查明原因进行返工。

地籍调查与测量成果具备下列条件方可提交验收：

(1)各项工序全面完成，并经自检、互检、专检合格。

(2)阶段性检查程序完备、记录齐全。

(3)权属调查成果达到法律程序完备、权属合法、界址清楚、面积准确、地类和土地利用情况属实。

(4)成果资料齐全，整理规范。

1 检查验收的组织、程序及内容

1.1 **检查验收的组织**

(1)成果的检查验收工作，由各级地籍调查领导小组统一领导，领导小组办公室具体组织。

(2)地籍调查与测量队伍应当设1～2名专职或兼职成果检查人员。作业班(组)应当设一名兼职检查员，负责监督本班(组)的作业成果自检和班组之间的交换互检工作。

(3)建立监理制度的，应选择技术实力强并经领导小组认定的单位承担监理工作。

1.2　检查验收的程序

地籍调查与测量成果实行"三检一监一验"制度。包括作业员自检、作业组互检、作业队专检、省级验收,同时建立监理制度,由监理单位全程跟踪检查成果质量,在自检、互检、专检和监理合格的基础上进行省级验收。只有上道工序检查合格后,方可进行下一步的工作。检查验收程序见图 11-2。

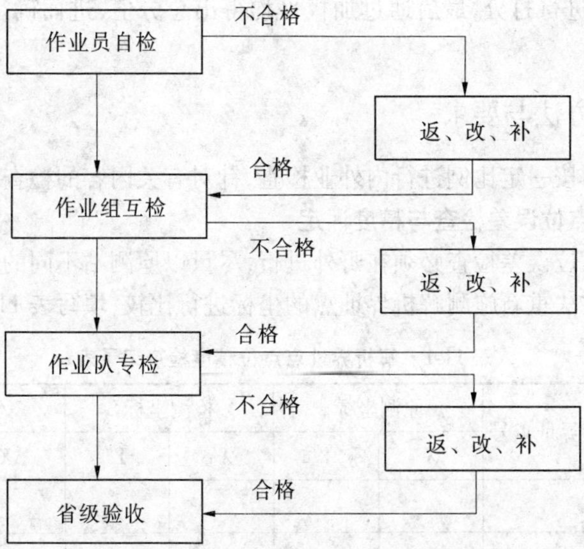

图 11-2　检查验收程序

1.3　检查验收的内容

1.3.1　作业员自检

(1)检查权属调查结果。主要检核权属调查确认的土地所有者和土地使用者与土地登记申请书上的土地所有者、使用者是否一致;认定界址的法律手续是否完整、规范;界址点的实地位置是否设立了固定标志;界址边的走向是否合理;界址点有无遗漏等。

(2)检查地籍调查表。主要检查地籍调查表填写内容是否符合规定要求。

(3)检查宗地草图。主要检查宗地图形及宗地与邻户关系是否与实地一致;勘丈数据是否齐全;注记位置是否清晰准确;勘丈数据有无检查条件;结果是否符合《规程》要求;宗地的坐落、门牌号、宗地号、界址点号、相邻宗地号、指北方向及作业日期等记录有无错漏。

(4)检查地籍测量的成果。参照《规程》检查控制测量、细部测量及地籍原图的绘制的各项精度指标和有关成果是否符合要求。

1.3.2　作业组互检

主要检查项目与自检相同。先进行内业检查,后进行外业检查。内业检查出的问题应做好记录,待外业检查时重点核对,需纠正改动的,由检查人员会同作业人员确认后实施。

1.3.3　作业队专检

主要检查地籍调查成果的图、表、册中,对应内容的一致性及其与宗地权属状况的一致性;对经过自检和互检的调查成果进行全面内业检查和重点外业检查。重点检查原始调查记录和原始测量数据的正确性;检查项目及步骤与自检基本相同,在检查后提出专检记录。对需要修改纠正的问题会同作业人员确认后实施。

1.3.4 省级验收

省级验收是在三级检查的基础上进行的,省级验收必须参照《地籍调查成果评定标准》对各验收项目进行打分,最后通过加权平均得出总分值,进而确定最终评定结果(等级)。

2 成果的检测方法与要求

测量成果必须按一定比例进行内外业检查,针对有关内容的检查方法和要求如下。

2.1 解析界址点点位误差检查与精度评定

解析界址点点位误差检查必须在野外进行,尽量以原测站不同的已知点为依据,利用高精度或同精度方法重新施测解析界址点的坐标进行比较,填写表 11-1,并计算中误差。

表 11-1 解析界址点点位精度检查记录表

街坊号	宗地号	界址点号	原测坐标		检测坐标		坐标较差		Δ
			X	Y	X'	Y'	ΔX	ΔY	
检查结果		解析点位中误差 $m = \pm$							

检查者: 年 月 日

(1)表 11-1 中较差:

$$\Delta = \sqrt{\Delta X^2 + \Delta Y^2} \tag{11-1}$$

(2)用高精度方法检测时,检测值可视为真值,界址点点位中误差为:

$$m = \pm\sqrt{\frac{\sum \Delta^2}{n}} \tag{11-2}$$

(3)同精度方法检测时,界址点中误差为:

$$m = \pm\sqrt{\frac{\sum \Delta^2}{2n}} \tag{11-3}$$

2.2 宗地草图精度检查

2.2.1 界址点间距误差检查

宗地草图上的界址点间距误差检查通常采用原测距离或解析反算边长与实地检测距离或检测坐标反算边长相比较,填写表 11-2,并计算中误差。

表 11-2　界址点间距误差记录表

街坊号	宗地号	界址点号	原测距离（m）	比较距离（m）	较差 d(cm)	d^2
检查结果		中误差 $m = \pm$				

检 查 者:　　　　　　　　　　　　　　　　　　年　　月　　日

一般情况下,均视原测距离与比较距离是同精度的。检查 n 条边时,间距中误差为:

$$m = \pm \sqrt{\frac{\sum d^2}{2n}} \tag{11-4}$$

要求 m 不超过 ±5 cm,隐蔽地区 m 不超过 ±7.5 cm。

2.2.2　界址点与邻近地物点关系距离检查

检查方法同界址点间距误差的检查。

2.3　地籍图精度检查

2.3.1　图上界址点间距误差检查

将图解距离或相应的解析反算边长与检测距离或宗地勘丈数据进行比较。用表 11-3 进行记录,用相应公式计算中误差,并与规定允许误差进行比较。

表 11-3　地籍图精度检查记录表(室内检查)

街坊号	宗地号	界址点号	图解距离（m）	检测距离（m）	较差 Δ（cm）	Δ^2
检查结果		中误差 $m = \pm$				

检 查 者:　　　　　　　　　　　　　　　　　　年　　月　　日

检查了 n 条边,间距中误差计算公式可采用式(11-2)。计算出的中误差应符合下式规定:

$$m \leqslant \frac{0.3M}{10} \quad (\text{cm}) \tag{11-5}$$

则图上中误差为:

$$m_{图} = \frac{m}{M} \times 10 \quad (\text{mm}) \qquad (m_{图} \text{ 不超过 } \pm 0.3 \text{ mm}) \tag{11-6}$$

式中　M——成图比例尺分母。

2.3.2　图上地物点点位精度检查

利用野外检测坐标与图解坐标进行比较,填写表 11-4。

表 11-4　图上地物点点位精度检查记录表(室内检查)

街坊号	宗地号	界址点号	图解坐标		检测坐标		坐标较差		Δ^2
			x	y	x	y	x	y	
检查结果		中误差 $m = \pm$							

检 查 者:　　　　　　　　　　　　　　　　　　　　　年　月　日

检查了 n 个点,中误差计算公式可采用式(11-2)。计算出的中误差应符合下式规定:

$$m \leqslant \frac{0.5M}{10} \quad (\text{cm}) \tag{11-7}$$

图上中误差应符合下式规定:

$$m_{图} = \frac{m}{M} \times 10 \quad (\text{mm}) \quad (m_{图}\text{不超过} \pm 0.5\ \text{mm}) \tag{11-8}$$

3　检查验收的实施

测量成果实行“三检一监一验”制度,各环节应按前述规定严格执行,各环节成果交接须手续完备,并形成相应的检查记录和检查报告,以及监理记录和监理报告。

3.1　各级检查验收的比例

(1)作业人员自己重复检查,检查比例可根据自身作业水平确定。

(2)作业组之间的交换互检:检查比例内外业均为100%。

(3)专职员检查内业为100%,外业实际操作检查不低于20%,巡视不低于70%。

(4)监理应贯穿整个作业过程,即实时监控。

(5)验收时,内业抽检30% ~50%,外业检查比例视内业抽查情况决定,一般为3% ~5%。

3.2　自检、互检、专检

工作应分工序阶段进行,保证把差错消灭在本工序、本阶段内。

3.3　检查验收

发现调查成果有不符合《规程》、《规范》和调查区的技术设计书及相关规定时,要根据其性质和对成果影响的程度,分别提出书面处理意见,交实施单位改正或返工。

3.4　成果评定

分优、良、合格三个等级(可参阅相关评定标准)。

第五节　地籍调查与测量报告编写

地籍调查与测量任务完成后,对技术设计文件和技术标准、规范等的执行情况,技术设计方案实施中出现的主要技术问题和处理方法,成果(或产品)质量、新技术的应用等进行分析研究、认真总结,并作出的客观描述和评价。地籍调查与测量相关报告为用户(或下工序)对成果(或产品)的合理使用提供方便,为测量单位持续质量改进提供依据,同时也为技术设计及有关技术标准、规定的制定提供资料。地籍调查与测量技术报告是与成果(或产品)有直接关系的技术性文件,是长期保存的重要技术档案。

地籍调查与测量相关报告主要包括技术总结、工作报告及检查验收报告。

1 技术总结

调查区特别是试点区的地籍调查与测量工作完成后,需进行该区地籍调查与测量技术总结。针对技术路线的选择、技术方法的实施及成果资料的质量、工作中的问题等加以总结分析,以便为更好地开展今后的地籍调查与测量工作提供借鉴,并作为技术档案保存。

1.1 编写要求

(1)对调查与测量成果的质量作出评价。

(2)反映调查过程中出现的问题及采取的处理方法。

(3)语言应规范、文字应简练。

1.2 技术总结的内容

1.2.1 概述

(1)调查区概况:地理位置、用地特点、宗地密度等。

(2)作业依据:政府文件、技术规程及规范等。

(3)队伍情况:权属调查人员的情况,培训情况,地籍测量队伍情况,技术力量、设备等情况。

(4)工作量的统计:建议列表按工期统计,如培训时间、权属调查时间、控制测量及细部测量时间等。

(5)完成的主要成果:控制网覆盖的面积、各等级控制点数、完成的测区面积、调查的宗地数、测定坐标界址点数和地物点数、地籍图份数、宗地图份数及面积统计成果等。

1.2.2 地籍调查与测量的技术措施

1.2.2.1 权属调查

(1)权属调查的实施及技术流程。

(2)界标设置:界标种类设置方法、费用,有无不合理的现象及其造成的原因,界标管理措施等。

(3)界址边长等长度的丈量方法与工具。

(4)宗地草图的绘制:草图制作方法。

(5)地籍调查表的填写:各部分填写的情况,特别要总结新的适合当地情况的具体经验。

1.2.2.2 地籍控制测量

(1)坐标系的选择(包括投影带、投影面的选择)、起始点、起始方向。

(2)点位情况(包括埋石、标志、标石质地等)、埋设深度与方法、点之记或点位说明情况,经验与建议。

(3)施测情况,平差方法及精度评定。

1.2.2.3 地籍细部测量

(1)界址点测定方法。

(2)制作地籍图方法,内容的取舍标准,图的分幅与编号等。

(3)面积量算方法,面积统计结果。

(4)宗地图制作方法。

1.2.3 其他方面

如采取先进的技术方法等;质量检查结果综述,经验教训的总结、分析;建议。

2 工作报告

地籍调查与测量工作报告主要反映工作组织、计划安排及执行情况、经费落实情况等内容,一般由项目主持单位编写。

2.1 编写要求

(1)报告应准确地反映整个工作过程的组织、计划、程序等。

(2)报告本身语言应简练,经验教训分析应具体、确切。

2.2 工作报告的内容

(1)基本情况:指地理位置、自然条件和社会经济条件,如交通便利程度、工商业发展状况、宗地密集程度等。

(2)工作组织:指领导班子的形成、职责,准备工作,人员的组成,与其他部门关系的协调及组织实施等。

(3)工作计划:指时间安排、经费安排、工作进度。建议填写一份表格(见表11-5)。

表11-5 工作计划安排表

项目	时间	经费	进度

(4)工作程序:指调查与测量工作的流程。

(5)工作质量:指调查与测量成果质量的评定。

(6)体会与建议。

3 检查验收报告

按照检查验收的内容,在各级检查完成后均应提交检查报告,检查报告的编写要求与内容如下。

3.1 编写要求

(1)报告中检查的内容要详尽,检查的方法应明确。

(2)报告语言应简练,检查出的问题及处理意见应明确。

3.2 检查报告的内容

(1)项目概述:项目区的地理位置、自然条件和社会经济条件及项目的主要任务等。

(2)检查工作概况：主要包括检查人员、检查的技术依据、检查的方法、检查的内容和检查工作的重点。

(3)各项检查的情况：根据检查方法描述各项检查的情况，包括室内检测情况和室外设站检查情况；应详尽地描述检查的内容是否满足规范的要求及不合格内容的情况。

(4)存在的质量问题：主要包括各项检查内容中发现的需要整改的质量问题。

(5)遗留问题。

(6)质量评定及结论：通过对项目的检查情况，对项目的实施进行质量评定。

思考与练习

11-1　地籍测量项目的组织工作包括哪些内容？

11-2　地籍测量项目实施的基本原则是什么？

11-3　地籍技术设计书包括哪些内容？

11-4　简述地籍测量成果资料整理要求。

11-5　简述检查验收的程序。

11-6　简述地籍测量技术总结的内容。

11-7　简述地籍测量工作报告的内容。

11-8　简述地籍测量检查验收报告的内容。

第十二章 现代测绘技术在地籍中的应用

随着计算机技术和信息技术的迅速发展,现代地籍调查与测量技术取得了长足的进步,特别是“3S”技术广泛应用于实际的现代地籍调查与测量工作中,使地籍调查与测量的采集手段、管理模式和应用方式发生了显著的改变。本章将就现今流行的测绘技术在地籍调查与测量中的应用进行介绍。

第一节 GPS 技术在地籍测量中的应用

目前,GPS 技术已广泛用于地籍测绘、城镇规划、地球资源调查与管理、石油地质勘测等领域并发挥着巨大作用。GPS 以其速度快、精度高、布点灵活和效益好等优点,在土地测绘领域应用中取得了良好效果,并且随着我国土地使用制度改革的不断深化,GPS 应用前景更加广阔。

GPS 技术在地籍调查与测量中的应用主要表现在以下几个方面:地籍控制测量中的应用,地籍细部测量中的应用,土地利用动态监测,GPS RTK 技术在建设用地勘测定界中的应用等。特别是 GPS RTK 技术在地籍细部测量中甚至可以不布设各级控制点,仅依据一定数量的基准控制点,便可以高精度、快速地测定界址点、地形点、地物点的坐标,并利用测图软件可以在野外一次测绘成电子地图,然后通过计算机和绘图仪、打印机输出各种比例尺的图件。

1 利用 GPS 静态相对定位技术测定测区首级网

利用 GPS 技术进行地籍控制测量,平面相对定位精度较高,高程定位精度较低,但地籍测量的特点是对高程精度的要求不高,因此从精度上看是完全可行的。考虑到我国各个城市一般都有传统的测量控制网及成果数据,且地籍测量单位的常规测量仪器设备及技术力量仍应充分发挥其作用,因此在目前条件下,用 GPS 建立测区二、三等首级平面控制网或用 GPS 与传统大地测量组成混合网,然后在城市街道、房屋密集和 GPS 测量选点发生困难的地方,用 GPS RTK 测量方法加密,是比较现实与合理的。

1.1 GPS 地籍控制网点的精度和密度

地籍测量的首要任务是进行全区的控制测量,它是测绘地籍图件和数据的基础。而地籍控制网点的精度和密度,主要是为满足土地权属范围的特征点即界址点服务。关于网点的密度,GPS 地籍网可按测区范围和先后次序分首级网和加密网两类。首级网控制较大的测区,点的密度大致按城市三、四等边长要求确定,加密网点密度相当于 5″级小三角网或导线。由于城镇地区界址点密度较大,故在保证网点的点位精度条件下,控制点密度力求增大到便于测定界址点,必要时在 GPS 网下再加密一级图根导线,以便能直接从图根点测定界址点。GPS 网各边比常规网边长变化幅度大且长短边结合灵活方便,因此各级网可视需要分期布设,也可一次性混合布设到需要的密度。

1.2 GPS 区域控制网建立的原则与技术设计

1.1.1 GPS 区域控制网建立的原则

GPS 网布设既要考虑近期建设和规划的需要,又要考虑远期发展的需求,二者兼顾。网点选择应便于 GPS 快速静态、实时动态定位技术在以后测绘工作中的使用;网的精度按三、四等 GPS 级施测;网点高程按三等水准施测。

1.2.2 GPS 网的技术设计

GPS 网的技术设计是一项基础性的工作。这项工作应根据网的用途和用户的要求来进行。其主要内容应包括精度指标的确定和网的图形设计等。

1.2.2.1 GPS 测量的精度指标

精度指标的确定取决于网的用途,设计时应根据用户的实际需要和可以实现的设备条件,恰当地选定 GPS 网的精度等级。各等级 GPS 网的主要技术规定见第六章表 6-5、表 6-6 及《全球定位系统(GPS)测量规范》。

1.2.2.2 网型设计

GPS 网的图形设计就是根据用户要求,确定具体的布网观测方案,其核心是如何高质量低成本地完成既定的测量任务。通常在进行 GPS 网设计时,必须顾及测站选址、卫星选择、仪器设备装置与后勤交通保障等因素。当网点位置、接收机数量确定以后,网的设计就主要体现在观测时间的确定、图形构造及各点设站观测的次数等方面。

GPS 网应尽量采用独立的同步观测边构成闭合图形(成同步环),例如,三角形(需三台接收机)、四边形(需四台接收机)或多边形等,以增加检核条件,提高网的可靠性。然后,可按点连式、边连式和网连式这三种基本构网方法,将各种独立的同步环有机地连接成一个整体。不同的构网方式,又可额外地增加若干条复测基线闭合条件(即对某一基线多次观测之差)和非同步图形(异步环)闭合条件,从而进一步提高了 GPS 网的几何强度及其可靠性。关于各点观测次数的确定,应遵循《全球定位系统(GPS)测量规范》中相关规定。现以四台接收机为例,建立一个由 17 个点组成的 CPS 网,其布网形式及说明如图 12-1 所示。需注意,布网方案不是唯一的,实际工作中可根据具体情况灵活布网。

1.3 布网方案

GPS 控制网的布设,既要满足远景发展,又要满足近期规划及目前数字化地籍测量图根加密的需要。本着确保精度,速度快,费用省的原则,采用分级布网方式:

(1)确定 GPS 四等首级控制网。

(2)以首级 GPS 网点为基础,在近期规划区和数字化地籍测图范围布设 GPS 导线网,按常规级导线(平均边长约 300 m)的密度、精度布测控制点,作为 GPS 加密控制网(简称加密网)。

(3)首级网。以图 12-2 某测区首级网为例,其中以 1 ~3 号国家一等三角点作为联测起算点,利用三台双频 GPS 接收机同步观测,以边连、点连混合方式连续构成整体网,这样构网便于组成较多的同步环、异步环及复测基线,具有较强的几何强度和多余观测。

(4)加密网。采用两台接收机同步观测,每次观测均从已知点或已测点出发,连续推进,形成全封闭节点导线网,这样构网可以组成较多的异步环和多余观测,用以检核 GPS

	点连式	边连式	网连式
网形		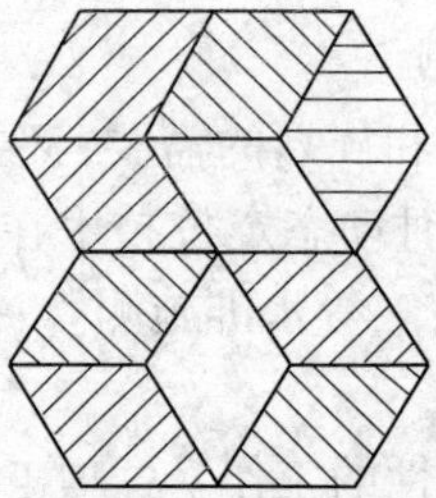	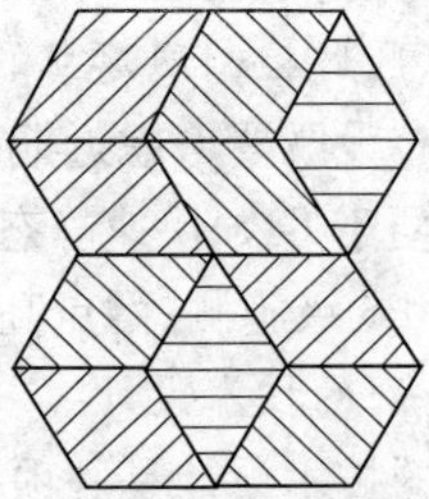
说明	6个同步四边形、1个非同步闭合条件、1条复测边	8个同步四边形、2个非同步闭合条件、6条复测边	10个同步四边形、14条复测边

图 12-1　GPS 布网方式

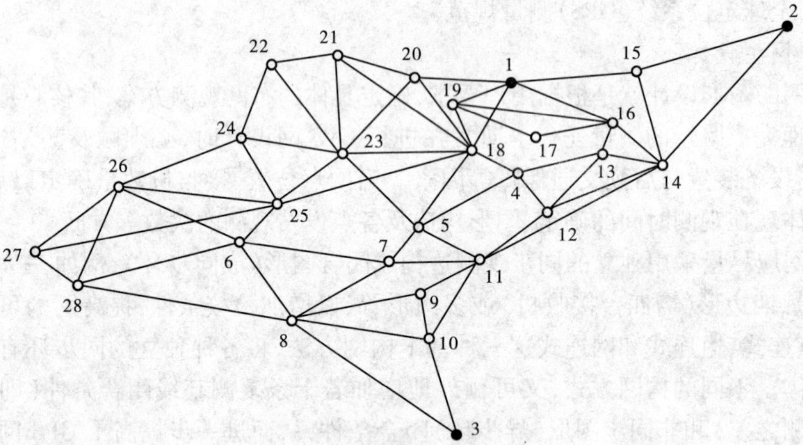

图 12-2　某测区首级网示意图

点的可靠性。

1.4　GPS 快速静态定位技术外业的实施

在 GPS 控制网区域内,可按实际测量工程的需要,用两台或两台以上仪器按多边形附合网、多边形闭合网、辐射状星形网方式进行野外施测(见图 12-3)。这些简化的布网方法将使工作效率大大提高。

在求解所施测点位坐标及绝对高程时,将野外观测数据与测区周围原 GPS 网点数据(基线解及坐标)一起进行内业处理,再根据测区已知点数据采用曲线或曲面拟合方法即可求解出施测点位坐标及绝对高程。

1.5　数据处理

(1)对计算机自动解算后的基线进行筛选:凡未通过精度因子及闭合差检验的基线,即视为不合格基线;对不合格的基线进行重测,经重测达到规定要求后才进行最后网的平差。

(2)网平差:首先进行三维无约束平差,检验其内部符合精度,然后进行约束平差,获取待定点坐标。

(3)精度分析:内业由 GPS 自带后处理软件进行数据处理后,可直接获取点的坐标、绝对高程,以及点位中误差、高程中误差、边长相对中误差等。

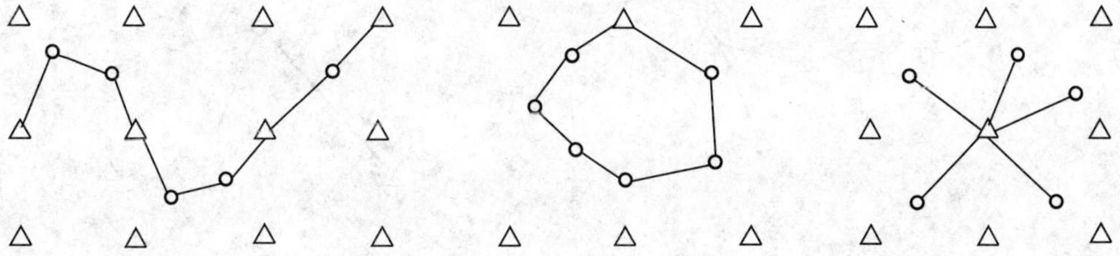

图 12-3 布网方法示意图

2 利用 GPS RTK 技术加密测区控制及细部测量

测区内等级控制点一般都不能满足大比例尺地籍图和施测界址点的需要,应在等级控制点的基础上布设适当数量的加密控制点。

在四等基本控制点的基础上加密地籍测量控制点,常规方法是根据测区条件布设一、二级小三角测量或一、二级导线测量,然后用光电测距导线或交会进一步加密。常规控制测量要求点间通视,费工费时,而且精度不均匀,作业中不能实时知道测量成果的精度。GPS 静态、快速静态相对定位测量,无需点间通视即可高精度地进行各种控制测量,但需要事后进行数据处理,不能实时定位并知道定位精度,内业处理后发现精度不合要求必须返工测量。而 GPS RTK 技术采用了载波相位动态实时差分方法,野外实时得到厘米级定位精度,极大地提高了外业作业效率。

因此,除高精度的控制测量仍采用 GPS 静态相对定位技术外,GPS RTK 技术越来越多地应用于地籍控制及细部测量。

GPS 区域控制网建立后,即可在控制网区域内任何位置进行实时动态相对定位测量,如图 12-4(a)所示。将基准站设于一个原 GPS 网点上,利用测区周围原 GPS 网点的数据求解出测区的坐标转换参数,即可在流动站实时得到施测点的坐标及高程。在实施实时动态定位测量中,如果测区有建筑群或高大树林遮挡,则基准站设在原 GPS 网点时,基准站与流动站之间的数据链通信由于受到隔挡将很难实现。此时,就应该在测区附近选择一两处与施测区通信较好的点,先进行快速静态定位测量,再于该点设置基准站进行实时动态定位测量,如图 12-4(b)所示,是 GPS 快速静态定位技术与 GPS 实时动态(RTK)定位技术的联合应用。

2.1 地籍控制测量

实时动态定位技术应用于地籍控制测量,可以根据实际需要,灵活布设控制点,点位可疏可密。如图 12-5 所示,测区为相互独立的 A、B 两测区,应用实时动态定位技术,就可以在已知点上架设基准站,并在需要布设控制点的 A、B 区域,直接布设控制点,而不必在

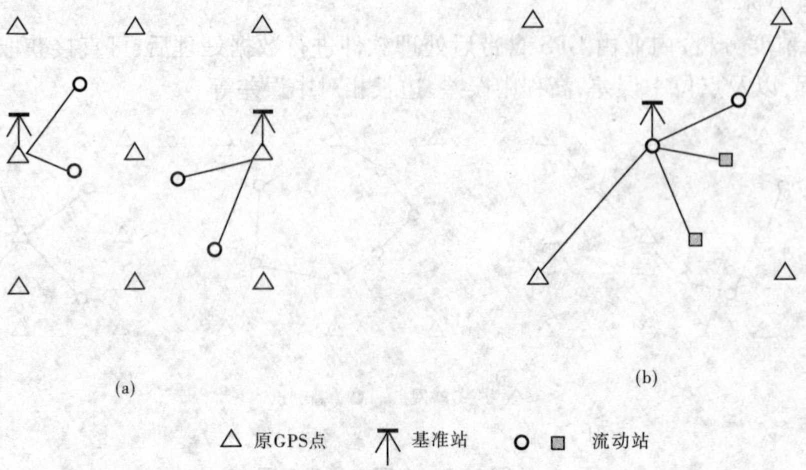

图 12-4　实时动态测量

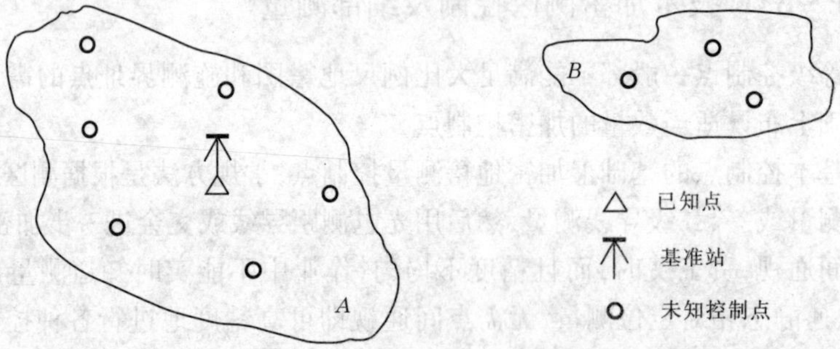

图 12-5　地籍控制点加密

A、*B* 测区中间地带布设传算点，这使交通不便的独立地区能方便地进行整体联测。

采用实时动态定位技术进行地籍控制测量，效率不仅大大优于传统测量方式，而且明显优于 GPS 静态测量方式。例如，在大庆 82.2 万亩油田用地的地籍调查中，在首级控制采用经典 GPS 静态测量的基础上，加密控制均采用了实时动态定位技术，在应用两台 GPS 接收机（分别作为基准站和流动站），点位间距离平均为 0.5～1.0 km，交通方便的条件下，平均每天测点 200～400 个，主要时间是花费在交通上，这是传统测量方式及经典 GPS 静态测量方式所无法比拟的。这种测量方式还非常适合中小城市（镇）的地籍控制测量，在面积为 100 km^2 以下的中小城市，如果形状比较规整，基准站布设在合适的位置上，一般仅需一个基准站就可完成控制测量，流动站与基准站之间不必考虑通视问题。

2.2　地籍碎部测量

采用实时动态定位方式进行地籍碎部测量具有非常明显的优势：采点速度快，在保持卫星连续跟踪的情况下，一般单点测量仅需几秒钟，在以基准站为中心方圆 20 km 内，既不需要变换基准站，也不需要图根控制点，更不需要定向，这就减少了全站仪频繁换站所花费的时间，且可以使多个流动站同时工作，而互不影响。通过实践比较，在相同的时间内，一台流动站约是一台全站仪工作效率的 1.5 倍。

实时动态定位测量方式在碎部测量上也有其不足的一面，它虽然不要求流动站与基准站通视，但是要求 GPS 接收机的卫星信号接收天线对天通视。在测量房屋、林带时往往由于无法靠近被测地物而无法测量，解决的办法是利用全站仪配合补测，全站仪的测站和后视可由 GPS RTK 实时给出。

2.3 放样土地权属界线

在土地管理中，经常出现土地权属界线在图上已确定，但由于实地地形复杂或通视困难等不利条件，常规方法很难实地确界的情况。实时动态定位技术非常适合放样土地权属的确界，尤其是城镇街坊内通视不便、测量困难的隐蔽界址点、界址线的确界。

对于土地工程放样，常规的放样方法很多，如经纬仪交会放样、全站仪的边角放样等。放样出一个设计点位，往往需要来回移动目标多次，而且要 2～3 人操作，同时在放样过程中还要求点间通视情况良好，有时放样中遇到困难的情况要借助于很多方法才能完成。如果采用 GPS RTK 技术放样，仅需把设计好的点位坐标输入到电子手簿中，随身携带 GPS 接收机，按屏幕显示确定要放样点的位置，既迅速又方便，精度高且均匀。

随着 GPS RTK 技术的飞速发展和应用普及，它在地籍测量中的作用已越来越重要。当前，利用多基站网络 RTK 技术建立的连续运行卫星定位服务综合系统（Continuous Operational Reference System，缩写为 CORS）已成为城市地籍测量 GPS 应用的发展热点之一。连续运行参考站系统（CORS）可以定义为一个或若干个固定的、连续运行的 GPS 参考站，利用现代计算机、数据通信和互联网（LAN/WAN）技术组成的网络，实时地向不同类型、不同需求、不同层次的用户自动地提供经过检验的不同类型的 GPS 观测值（载波相位，伪距）、各种改正数、状态信息以及其他有关 GPS 服务项目的系统。与传统的 GPS 作业相比，连续运行参考站具有作用范围广、精度高、野外单机作业等众多优点。

3 后差分动态相对定位 GPS 技术进行土地利用动态监测

手持差分型 GPS 接收机，轻便灵活，具有 6 通道，可跟踪 8 颗卫星，能记录点、线、面等数据，可存储很多点的三维 GPS 位置数据和属性特征。码相位差分达 2～5 m 精度，分米级处理器定位精度大于 0.5 m，其精度完全满足土地利用状况调查及其动态监测的精度要求。利用手持式差分型 GPS 接收机进行土地利用动态监测，基准站可用其中一台手持式 GPS 接收机（若数据兼容，也可放置大地型 GPS 接收机），通过相位平滑伪距差分的方法，解算出流动站的位置，从而达到定位目的。实测原始数据的传输、编辑与处理均在随机软件中进行。将 GPS 定位结果绘制在土地利用现状图上，为土地利用动态监测提供数据。使用差分型 GPS 接收机测量监测点速度快、效率高，有着传统野外监测方法无法比拟的优点。

第二节　航测技术在地籍测量中的应用

航测法地籍测量无论是在地籍控制点、界址点的坐标测定，还是在地籍图细部测绘中都可满足《城镇地籍调查规程》的规定。归纳起来，利用航测技术提供的图像，可以做以下四方面的地籍测量工作。

(1)利用航空摄影图像,通过解析空中三角测量控制加密,能得到高精度的控制点坐标和宗地界址点坐标。

(2)利用航空摄影图像,通过解析测图仪(或数字航空摄影测量系统)绘制地籍图或数字化地籍图,可满足1:2 000、1:1 000、1:500比例尺地籍图的精度要求。

(3)利用航空摄影图像,能得到影像地籍图或正射立体影像地籍图。

(4)利用航空摄影图像,通过摄影纠正或正射投影纠正可进行地籍权属调查、绘制宗地草图等。

1 航测法地籍测量的工作程序

(1)资料的准备。收集与地籍测量有关的土建和文字资料,如航片、地形图、房产图和各种征地文件。根据仪器和人员状况,制定作业计划。

(2)人工布标。地标需在航测前布设,使航测时地标能清晰成像,以增强判点和刺点的准确性,达到提高电算加密精度的目的。地标的式样可按1:500~1:2 000航测外业规范的要求进行。根据测区实际和条件,地标可做成四尖标、双圆标、三翼标和十字标,具体见有关航测规范。

(3)航空摄影。航测地籍测量的航测像片应优于常规航测像片,要求分辨率高,且比例尺大、航线正规。根据试验情况,航测地籍测量的像片比例尺一般为1:3 000~1:8 000。优质航片加上严密的平差,使加密点的精度可达3~4 cm。

(4)像片选点。依其选定作业方法,按1:500~1:2 000航测外业规范和航测地籍测量设计书进行。

(5)像控点测量。持选好控制点的航片到实地判点,而后观测计算像控点坐标,作为内业加密定向点、界址点的依据。

(6)电算加密。即解析空中三角测量,加密内业定向点、图根点和地籍界址点,并进行平差。

(7)地籍调绘。持航片到实地判释确定行政界线、宗地界线、调绘宗地建筑物、土地使用类别、宗地权属状况等。

(8)内业测图。根据加密点、外业调绘,按不同的作业仪器和方法进行。

(9)面积量算。根据界址点和宗地调查情况进行,数字化测图也可直接由计算机输出宗地面积。

(10)编制地籍图。

2 航测法地籍像控点测量与航片调绘

航测法地籍测量,由于可以利用航测像片上丰富的地表信息,确定权属关系和界址线,并可用航测仪器对界址点进行坐标量测,因此与普通地籍测量比较,其外业工作量大大减少。主要的外业工作是控制测量,即测定图像控制点(像控点)和图根控制点(图根点)的坐标,以及航片地籍调绘。

2.1 外业控制测量

外业控制测量包括航片像控点测量、地籍图根测量和一部分界址点测量。这些测量可以同时进行,也可分级分批进行。但制定控制作业计划时应注意,像控点测量须在航片控制选点后才能作业,界址点也只有在界址调查后才能进行测量。

2.1.1 像控点布点

像控点是航测内业加密和测图的依据,它的布点密度,位置、目标的选择和点位的精度对成图精度的影响很大,因此像控点的布设必须满足航测成图的要求。像控点布点包括全外业布点、航线网布点和区域网布点。一般情况下只按航线网和区域网布点,以便充分利用航测加密像控点的作用。

2.1.2 像控点的布标和选刺

2.1.2.1 像控点的布标

为了保证1:500地籍图的量测精度,在航空摄影前应在实地铺设地面标志(简称布标)。布标的位置可在1:10 000地形图上预先选出。即在地形图上先标出摄区范围,再按照像控点的航线网(或区域网)布点要求,在1:10 000地形图上概略地确定布标位置。航摄前,持图到实地逐个定位,安放地标。对不易保存地标的地段,应在航摄当天放置预制的地标,并指派专人严加看管,直至航摄完毕。

在实地布设地标时,应尽量布在道路交叉口、打谷场、田角处。在城市街巷和隐蔽地段,要注意有良好的对空视角。

2.1.2.2 控制点的选刺

测制1:1 000地籍图时,像控点也可不铺设地标。可先进行航摄,取得航摄图像,再在航摄图像上选点、刺点,确定像控点、图根点的具体位置。

在航摄图像上选刺点的要求是:平面控制点的实地刺点精度为图上0.1 mm。点位目标明显,一般选刺在有良好交角的细小线状地物的交点上或有明显地物的折角顶点。刺点后,还应在摄影图像的背面用铅笔整饰,绘出放大的点位略图,标注刺点的位置和点号,供内业量测判定点位时参考。

2.1.2.3 图根控制点布设

地籍图根控制点应按照地籍测量设计书的要求进行,为便于日后使用,一般沿街巷、道路布设。1:500图幅的点距为70~100 m;1:1 000图幅的点距为70~150 m。点位可用现场标志,例如,地物的拐角、高大建筑物、文化设施、大桥、立交桥、工矿、院校主要特征处、文物古建筑的特征点、城楼亭阁等。测定了这些图根点,便于日后检测、修测、更新地籍图使用。因此,这些点位须用油漆写出标记,并绘好点之记。

2.1.3 像控点与图根点的测定方法

(1)测定像控点和图根控制点的平面位置通常有图根三角锁(网)、电磁波测距导线、测角交会和引点等方法。

(2)高程控制点测定的方法通常有图根水准测量、光电测距高程导线。

(3)使用全站仪、GPS RTK直接测定像控点的点位坐标和高程。

以上方法的技术要求应符合相关规范规定。

2.2 航片地籍调绘与宗地草图制作

2.2.1 航片地籍调绘

采用航测法制作地籍图,外业航片调绘尤为重要。航片地籍调绘不仅是准确判定图根控制点、界址点在航片上位置的需要,而且是查清权属界限、确定地物性质与权属、查明土地所有者或使用者名称的重要环节。

航片地籍调绘一般采用放大了的航片进行。有时为了记录、标注外业调查的数据,在调绘航片上蒙一张等大的聚酯薄膜,称为“调绘志”,可随时用铅笔将补调地物的形状、尺寸以及有关地籍内容标记在“调绘志”上。

航片地籍调绘一般可分三个方面的工作:调绘准备、外业调绘和调绘整饰。调绘准备工作内容包括航片编号、分幅装袋和打毛,制作航片结合图表,进行航片室内预判等。通过调绘准备工作的实施,确保外业调绘按计划、有目的地进行。外业地籍调绘的重点是土地权属界线,各种地物性质、权属、位置等。外业调绘时,尤其要注意以下五点。

(1)要准确地在航片上标出界址点、界址线。界址点应在航片上刺孔(直径为 0.1 mm)。

(2)对航片上各种明显的按比例表示的地物,着重调查权属、性质、质量和相互关系。

(3)对航片上影像模糊或被阴影遮盖的地物和新增的地物,要采用截距法、距离交会法、延长线法、直角坐标法等补调补测方法进行调绘,并将补调补测内容与数据记录在“调绘志”上。

(4)对航摄后被拆除地物,在其影像上用红色“ × ”划去,范围较大的用文字加以说明,以免内业错绘在图上。

(5)各种地名、街道名、土地使用单位(或个人)名称,要实地询问证实,并在“调绘志”的相应位置标注清楚。

航片调绘整饰,是在外业调绘后,在室内用永不褪色的绘图墨水在航片上按照规定的符号、注记、颜色将调绘内容描绘清楚,并签注调绘者的姓名与调绘日期。

一般情况下,用红色描绘界址点和土地权属界线,注记土地使用单位(或个人)的名称,其他调绘内容均为黑色。

描绘时应注意以下七点:

(1)界址线用 0.3 mm 的实线表示,以围墙为界的,界址线与围墙影像重合,并要表示围墙的归属。

(2)界址线与房屋轮廓线重合的,以界址线表示,界址线与单线地物重合的,单线地物符号不变,其线粗按界址线表示。

(3)平房以外墙勒脚以上的墙壁投影为准绘出,楼房投影误差较大,以层的建筑面积范围线为准绘出房基线。

(4)无地物影像的界址线,以相邻两界址点的直线连线为界址线。

(5)高大的楼房在描绘时,要去掉在航片上的阴影和投影差影响部分,以墙角位置为准绘出房屋占地范围,用 0.15 mm 黑实线绘出。

(6)大屋檐房屋要丈量屋檐宽度并标绘在“调绘志”上,由内业进行屋檐内缩,绘出实际以墙体为界的房屋图形和尺寸。

(7)河流、围墙、道路、街道边界线等用相应的符号绘出,各种注记标注在相应位置,并要求清晰易读。

2.2.2 利用航空摄影图像制作宗地草图

结合外业地籍调绘，利用放大的航空摄影图像绘制宗地草图会收到事半功倍的效果。宗地草图是表示单宗地或数宗地的图件，常作为土地证上的附图，它的比例尺较大，一般采用1∶250或1∶200，当宗地范围较大时采用1∶500。宗地草图也是宗地图的一种，是土地权属调查、土地勘丈的成果图件，也是测制地籍图的重要参考资料。这种图的特点是除图形外，还注记有勘丈尺寸，其图形比例尺是概略的，但图上的各种注记所标尺寸必须是准确的。

利用放大的航空摄影图像制作宗地草图的工作内容有摄影图像的复印放大、外业勘丈、宗地草图的绘制等。

由于宗地草图的比例尺是概略的比例尺，在放大航空遥感图像时，首先采用航测部门提供的航片比例尺1∶m和需制作宗地草图的宗地面积大小及概略比例尺1∶$M_{概}$，计算出放大倍数K，再利用复印机将相应部分放大（可经多次放大），供野外勘丈时使用。例如某航测遥感图像的比例尺为1∶2 800，需制作1∶250宗地草图，那么放大倍数K为：

$$K = \frac{m}{M_{概}} = \frac{2\ 800}{250} = 11.2 \qquad (12\text{-}1)$$

通过计算，在普通复印机上经4次放大复印即可得到概略比例尺为1∶250的航测影像复印件。

在野外地籍勘测时，将放大复印的航测影像图与实地对照，确定土地权属界的走向、界址点的位置及地物的相关位置等。在图像上用相应的符号标出界址点，用皮尺实地丈量界址点到界址点的距离和地物（建筑物）的长宽，并用铅笔标注在相应的位置上。若需补调新增地物，则采用截距法、距离交会法、延长线法、直角坐标法等进行补测，并将补测的结果描绘到图像上。

宗地草图的绘制，一般是在回到驻地进行。具体做法是：将透明膜片蒙在调绘（勘测）后的图像上，根据宗地草图的制作要求蒙绘所需内容，标注相应注记，最终完成宗地草图的制作。

3 解析空中三角地籍界址点测量

地籍测量与常规地形测量相比，主要特点是要测绘大量的，高质量、高精度的地籍界址点，以满足计算宗地面积和权属管理的需要。在普通地籍测量里，这些界址点是由野外施测的，即使数字化地籍测量中用全站仪采集数据，也需逐个界址点立镜观测，野外工作量大。

利用航测电算加密方法是快速测定大量地籍界址点坐标的有效方法。国内在西安城区进行了“航测法测量地籍界址点”的试验，武汉大学研制了用于界址点加密的“计算机联合平差程序WuCAPS系统”。通过试验、实践，获得了成功。

3.1 三角测量与区域网平差思路

用航测得到的影像，在室内模型上测点，代替野外测量。但航测并不能离开野外实地的测量工作。例如一张影像需要4个控制点进行空间后方交会，才能恢复一张影像的外方位元素；一个立体像对（两张影像）通过相对定向与绝对定向，也需要4个控制点，才能恢复两张影像的外方位元素。能否在整个区域(几十张甚至几百张影像)也利用少量的外业实测控制点,确定全部影像的外方位元素?这就是空中三角测量与区域网平差的基本出发点,即利用少量的外业实测的控制点确定全部影像的外方位元素,加密测图所需的控制点。

3.2 电算加密界址点坐标的方法过程

航测法测量地籍界址点的坐标,是采用解析空中三角测量的方法求算出界址点的坐标。由于它的构网和平差等整个解算过程都是用计算机来完成,因此习惯称之为电算加密。

其主要过程是:用精密立体坐标量测仪观测左、右航测像片上同名像点、界址点坐标,按平差要求将数据(像点坐标数据和其他参数)输入计算机,并按计算程序进行像对的相对定向、模型连接和绝对定向,再进行平差计算,计算机将平差后的界址点的平差坐标、高程或外方位元素等打印成表以供使用。

3.3 区域网平差原理

利用空中三角测量进行控制点加密,一般不是按一条航带进行,而是按若干条航带构成的区域进行,其解算过程称为区域网平差。

3.3.1 区域网平差的基本过程

(1)构成航带的自由网。

(2)利用航带之间的公共点,将多条航带拼接成区域自由网。

(3)区域网平差。

3.3.2 区域网平差方法

(1)航带法区域网平差。

(2)独立模型法区域网平差。

(3)光束法区域网平差。

光束法区域网平差,其理论最为严密,而且很容易引入各种辅助数据(特别是由 GPS 获得的摄影中心坐标数据等)、引入各种约束条件进行严密平差。随着计算机存储空间的迅速扩大、运算速度的提高,光束法区域网平差已成为最广泛应用的区域网平差方法。航带法平差常被用于获得光束法区域网平差的初值以及精度要求不高的情况。

3.4 电算加密界址点坐标的作业要点

根据《城镇地籍调查规程》的规定,界址点对于邻近基本控制点的点位中误差不超过 ±5 cm,二类界址点(内部隐蔽处)中误差不超过 ±7.5 cm,最大允许误差为 2 倍中误差,这是航测电算加密界址点的基本要求。根据上述要求和试验,航测电算加密界址点的作业要点如下:

(1)选用高质量像片。

(2)提高像片地面分辨率。

(3)提高判点和刺点的精度。

(4)使用精密立体坐标量测仪量测坐标。

(5)合理布点,保证对加密点的有效控制。

(6)选用严密的平方差方法。

4　航空摄影图像制作地籍图概述

利用航空摄影图像可制作影像地籍图、城镇分幅地籍图和宗地草图。

4.1　影像地籍图的制作

所谓影像地籍图，是利用航空摄影图像，经投影转换，将中心投影（或多中心投影）的航空摄影图像变成垂直投影的影像图，并在正射投影的影像上加绘宗地界、界址点、宗地号、宗地名称、土地利用状况等注记而成。现以航空摄影图像为例，介绍正射影像地籍图制作的方法步骤。

图 12-6 所示为正射影像地籍图的制作过程。其中人工布标、航空摄影、像控点测量、外业像片调绘、解析空中三角测量加密控制点和界址点等在前面已作介绍，这里只介绍航空摄影图像（航片）拷贝、像片平面图、正射影像地籍图制作方法。

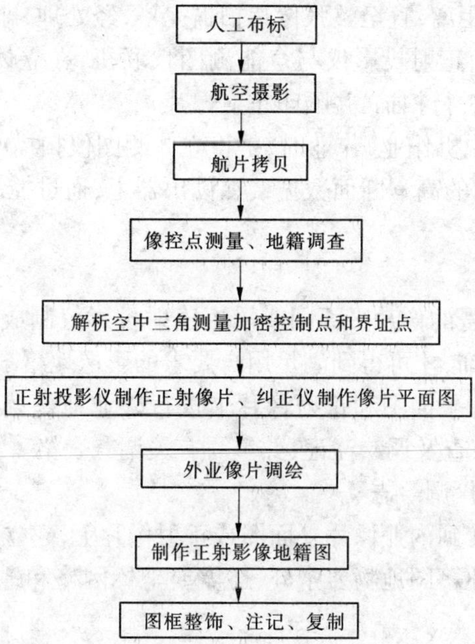

图 12-6　正射影像地籍图制作

4.1.1　航片拷贝

航片拷贝是指对航空摄影取得的负片及时进行拷贝。一般拷贝两套，一套透明正片用于正射投影纠正，另一套用于加密控制点、界址点和数据采集。

4.1.2　像片平面图的制作

在地面起伏不大、楼房不高的情况下，可以利用纠正仪进行像片纠正，得到消除倾斜误差、比例尺符合制作影像地籍图的像片平面图。具体做法有两种：

（1）像片镶嵌，是将经纠正的像片逐一拼贴、镶嵌制成平面图的方法。像片镶嵌前，首先在图板上层绘出各张像片上的纠正点，镶嵌时，按自上而下、自左而右顺序进行，并使各张像片上的纠正点与展绘在图板上的相应的纠正点重合，片与片之间沿调绘面积（或重叠部分的中部）切开。然后在纠正点的控制下逐片、逐条航线将像片粘贴到图板上，即得到航片平面图。

(2)光学镶嵌,是在纠正仪上对点后,将晒像图板安放在承影面上曝光(只曝光应晒像的部分)。这样逐片、逐条航线进行(自上而下、自左而右)直至整幅图曝光完毕,再经显影、定影、水洗处理获得光学镶嵌的平面像片图。

4.1.3 正射影像图的制作

对于地面起伏较大、楼房较高的地区,需用正射投影仪制作正射像片,再按像片拼贴镶嵌的方法制作正射影像图。具体思路与方法如下:

如果将相邻两张航摄底片放在左右两个投影器中,经过定向,就建立一个与地面完全相似,且方位一致的地面模型。为了获得各点的正射投影位置,再在承影面上放一张感光膜片,并在其上蒙上一张不透光材料。此材料上有一条狭长缝隙,在纠正的任何瞬间,只有缝隙下面的感光材料被露光。缝隙沿某一方向跟踪模型表面扫描。扫完一带,缝隙沿垂直于断面方向移动一段距离,直至整张像片扫描完毕,经处理,即可获得一张正射像片。

当"在线"方式作业时,正射投影仪与全能测图仪联机,在立体测图仪上扫描断面的同时正射投影仪与它同步进行扫描,并晒印正射像片。

当"离线"方式(又称脱机作业)作业时,是将立体测图仪扫描的高程断面数据记录在存储器内,而后将存储器内的高程断面数据装在读出器上,通过控制系统控制正射投影仪扫描,印晒正射像片。

4.1.4 影像地籍图的制作

经纠正仪纠正镶嵌获得的像片平面图或采用正射投影仪制成的正射影像图,还需要加绘地籍要素和经图面整饰,才可得到满足用户要求的影像地籍图。具体做法是:

(1)外业调绘。在像片平面图和正射像片上进行外业地籍调绘,主要是宗地界址和权属调查、房屋和道路的核查及调绘注记,并填写有关调查表格。当补调新增建筑物和屋檐内缩尺寸时,要充分利用"调绘志"。

(2)将外业调查结果转到内业像片平面图或正射像片上,建立初始航测地籍图文件。

(3)编制地籍图。除地籍图地物要素外,还需要坐标网格和地理注记,图廓外需按要求整饰。

(4)如用户有特殊要求,地籍图上可加绘等高线。

(5)其他制作。对于正方形或矩形分幅的影像地籍图,可制作统一的图框版。图框版包括内、外图框和公里网。

4.2 解析测图仪测绘地籍图

解析测图仪属于全能测量仪器,是一种多功能的立体测图仪。它由带反馈系统的精密立体坐标量测仪、电子计算机、数控绘图桌、接口设备、控制台、记录打印设备及相应软件,以联机方式组成。计算机是该系统的核心,用它解算立体模型上像点坐标与相应点的三维坐标间的相应关系,从而建立被测目标的数学模型,以实现各种点位、断面、等高线等目标的量测任务。

目前,在航测中使用较多的解析测图仪主要有 PlanicompC－100 解析测图仪、BC－2 和 US－2 等解析测图仪。

为了适应航测由模拟测图走向解析测图的技术进步和发挥原有设备的作用,有些精密立体测图仪经技术改造后亦可用于解析测图。例如,将 B8S 改造成解析测图仪的 B8S - AAB,它的量测精度在 ±5 μm 以内;此外,由德国进口的 Topocart - B 立体测图仪改造成的解析测图仪,坐标量测精度亦在 5 μm 以内,可用于 1∶500 测图,并具有房屋自动闭合、屋檐内缩改正功能。

解析测图仪测绘地籍图的简要过程如图 12-7 所示。作业前应使解析测图仪主机、计算机和数控绘图仪等处于良好状态。资料准备包括透明正片、调绘片、控制片和电算数据等。解析测图仪经过装片,输入各种参数(基线、焦距、框标数据、定向点数据等),相对定向和绝对定向后,即可量测数据和测图。由立体坐标量测仪量测界址点坐标、计算机解算坐标和面积,由数控绘图仪绘制线划地籍图,或向存储装置存储数字地籍资料。

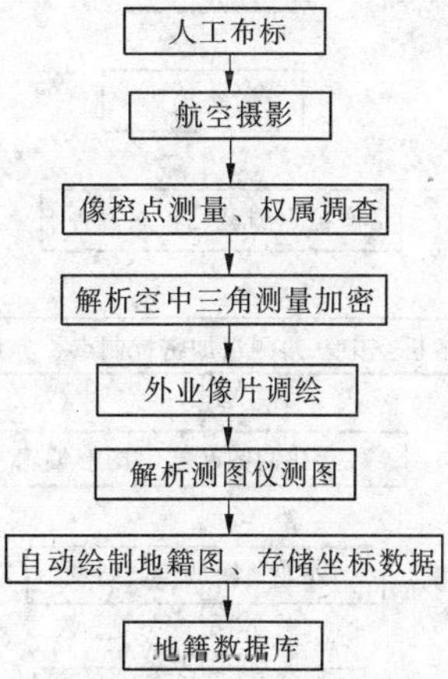

图 12-7　解析测图过程

陕西省测绘局在西安城区,采用 C - 13 型解析测图仪进行比例尺为 1∶1 000 和 1∶500 的地籍图测绘试验。作业要点是:在仪器上测绘地籍要素和地形要素。其具体做法是:1∶1 000 图幅按一次成图要求进行全要素测绘;1∶500 图幅分两版测绘,其中一版为红版,测绘地籍要素,另一版为黑版,测绘水系和其他地形要素。为了确保成图精度,在仪器绝对定向后,选择本像对中二幢外业已给定长度且房基角明显的房屋,测绘在图板上,然后以已给长度与图上长度比较,其差小于图上 0.5 mm 时,方可开始全面测绘,否则要查明原因,方可测绘。

仪器上测绘,按照"外业定型,内业定位"的原则,以模型实测确定地物位置,当外业调绘确有错误时,可根据模型进行改正。

房屋建筑面积范围和宗地界线是地籍图中最重要的要素,测绘时要准确无误。测定房屋,以房基角为准,仪器能观察到房屋基角的,用测标切准即可,看不到房基角时投影在图板上,用红线连接,由编图人员进行房檐改正。若无影像或影像不清,仪器无法测绘,则仪器操作人员在调绘图片上标明,将由编图人员处理。

采用解析测图仪测绘地籍图,经过实地检测,每幅图地物点平面位置超过 2 倍中误差的数均在 5% 以内,计算出的地物点位移均在规定的图上 ±0.5 mm 之内,完全符合地籍成图的精度要求。

4.3　航测数字化地籍成图

"地籍图的航测数字化成图"是解析测图仪和计算机技术发展的产物。它从根本上改变了以图纸为载体的地图和地籍图产品,而以数据软盘形式保存图件,便于建立地籍数据库和地图数据库。根据有关生产单位试验资料,有的航测数字化成图采用"三站一库"的工艺流程形式,即数字化测图工作站、数字化图形编辑工作站、数字化图形输出工作站和图件数据库。如果进行地籍调查和界址点加密等工作,则形成航测数字化地籍成图过程,其具体情况如图 12-8 所示。硬件环境如图 12-9 所示。工作过程如下:解析测图仪联机进行解析空中三角测量加密;各种地物要素特征码用立体量测仪在航片上进行数据采集,用机助制图系统对数据进行批处理;用性能优良的平差程序将特征点、像控点等坐标转换成大地坐标的坐标串数据文件;利用数字化测图软件,将数据形成图形文件;在系统软件的驱动下,将上述文件和外业调绘资料(如屋檐改正等)实行微机图形编辑,再加上图廓整饰,生成地形图或地籍图,也可将数据存盘,生成数据图形文件。

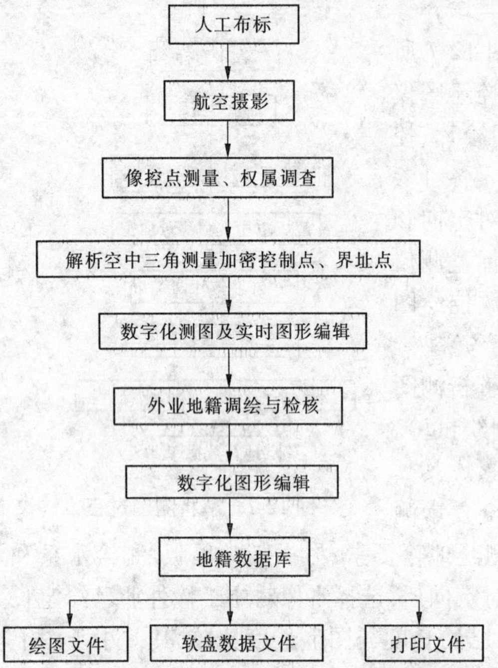

图 12-8 航测数字化地籍成图过程

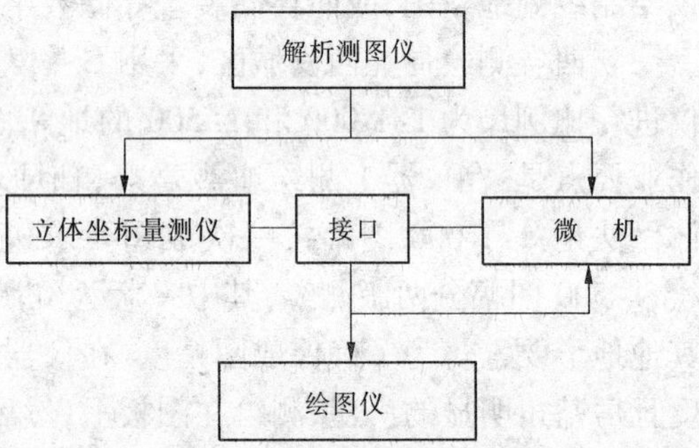

图 12-9 航测数字化地籍成图硬件环境

第三节 遥感技术在地籍测量中的应用

遥感技术作为一门迅速崛起的新兴科学技术,在土地管理中得到了较为广泛的应用,从土地详查到城镇地籍调查及耕地动态监测,几乎所有土地管理基础业务的完成都离不开遥感技术的支持,可以讲遥感技术为土地管理工作的发展起到了巨大的推动作用。本节概括介绍了遥感原理及其在地籍、土地管理中的应用。

1 遥感与遥感技术系统

现代遥感的含义是指观测者不与目标物直接接触,从远处利用光学的、电子的仪器接收目标物反射、发射、回射来的电磁波信息,并记录下来,通过处理、判读,进而识别目标物属性(大小、形状、质量、数量、位置、种类等)的过程。

遥感技术是指对目标物反射、发射、回射来的电磁波信息进行接收、记录、传输、处理、判读与应用的方法与技术。

根据遥感的含义,遥感技术系统应包括信息源的信息获取、信息记录与传输、信息处理、信息应用五大部分(见图 12-10)。

被测目标物信息特征是指任何目标(如地籍测量中的河流、道路、房屋、围墙等)都具

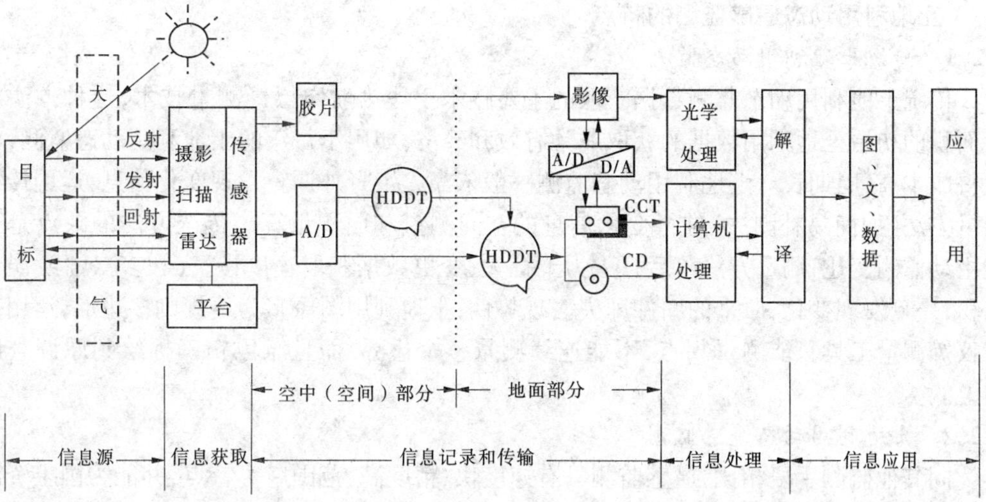

图 12-10　遥感系统的组成

有不同的发射、反射和吸收电磁波的性质，它是遥感探测、识别目标物的依据。

目标物信息获得是将传感器装载在遥感平台上，根据生产和科研的需要，获得某地区地物、地形电磁辐射信息。传感器有扫描仪、摄影仪、摄像机、雷达等，遥感平台有遥感车、飞机、气球、卫星、宇宙飞船、航天飞机等。

信息的接收是将传感器获得目标物的电磁波信息记录在磁性介质上或胶片上。

信息的处理是指将记录在磁性介质或胶片上的信息进行一系列处理。如对记录在胶片上的信息经过显影、定影、水洗获得底片，再经曝光印晒成图像，或对记录在磁性介质上的信息经信息恢复、辐射校正、几何校正和投影变换等，变换成用户可使用的通用数据格式，或转换成模拟图像（记录在胶片上）供用户使用。

2　遥感技术在土地利用动态监测方面的应用

2.1　土地利用动态遥感监测的作用

土地利用动态遥感监测是以土地利用调查的数据及图为基础，运用遥感图像处理与识别技术，从遥感图像上提取变化信息，从而对土地利用变化情况进行及时的、直接的、客观的定期监测。其目的是核查土地利用总体规划及年度用地计划的执行情况，并重点检查每年土地变更调查汇总数据，为国家宏观决策提供比较可靠、准确的土地利用变化情况，并对违法或涉嫌违法用地的地区及其他特定目标等进行快速的日常监测，从而为违法用地的查处以及突发事件的处理提供依据。

土地利用动态遥感监测在我国已有较多报道。国土资源部在 2007 年 10 月到 2008 年 10 月期间，利用遥感影像进行土地执法监测，在监测的 172 个城市中，平均违规违法占用的耕地是建设用地面积的 14.4%；172 个城市里面有 46 个城市违规违法占用耕地，新增建设用地占用耕地面积的比例超过 15%；通过监测，对有效遏制土地违法行为、进一步规范土地管理秩序、促进各地加强耕地保护和节约集约用地起到了积极的作用。

2.2 土地利用动态遥感监测的特点

2.2.1 传统土地利用动态监测

传统土地利用动态监测数据获取的主要技术手段为航空摄影测量技术,这种方法对大面积的初始土地利用数据的获取非常有效和经济,如用于每年的土地利用动态监测,就显得成本高、周期长。土地利用动态监测一般依靠人工野外调查发现变化信息,运用传统测量方法(如简易补测法)进行变化信息的空间测量和面积量算。传统方法的缺点是不能主动监测变化;测量方法落后且人为干扰大;变更数据获取速度慢,存在多次清绘误差累积;一旦发现变化,原来的图件即失去现势性;土地利用图斑多为不规则多边形,运用平板仪等测量工具只能测量拐点,不能连续测量整个边界,而且难以精确标绘到原调查底图上。

2.2.2 土地利用动态遥感监测

同其他监测手段相比,遥感监测具有速度快、精度高、范围广等特点,并能为国土资源管理工作提供基于事实影像的、可精确测量的、可作为基础信息的土地利用动态监测结果。随着遥感技术的不断发展,影像分辨率的不断提高,计算机技术和信息处理技术的不断增强,土地利用动态遥感监测的技术不断完善并得到越来越广泛的应用。

2.3 土地利用动态遥感监测的技术和方法

土地利用动态遥感监测的主要思路是:对多源数据(包括多时相、多源遥感)进行纠正、配准、融合等预处理。通过图像处理和影像判读来确定变化属性及进行统计分析,结合人工判读目视解译,发现和提取土地利用的变化信息,并进行实地核查和建立土地利用动态监测数据库。根据本思路所形成的土地利用动态遥感监测系统如图 12-11 所示。

2.3.1 多源数据的选取

根据地籍管理所具有的连贯性、系统性、高精度等特点,结合当前遥感数据的具体情况,目前对数据源的选取主要采用的是美国的 Landsat TM 和法国的 SPOT 这两种卫星数据。此外,为提高监测精度,还要结合使用已有的地形图、土地利用调查图等图件资料,注意收集当地的人文、地质、作物生长信息;为满足对重点区域进行监测的需要,还要借助航片或更高分辨率卫星影像数据资料。

2.3.2 数据预处理

多源数据的预处理包括辐射校正、影像增强、几何校正、影像配准、镶嵌及影像融合等。数据预处理能减小非变化因素的干扰,增强影像的可判读性,有效地提高监测精度。

2.3.3 变化信息提取及变化类型确定

变化信息是指在确定的时间段内,土地利用发生变化的位置、范围、大小和类型。进行变化信息提取时,要对两个时相的遥感影像作点对点的直接运算,经变化特征的发现、分类处理以及人工辅助判读解译,获取土地利用的变化位置、范围,确定变化的类型。

2.3.4 外业核查

当土地变更调查在变化信息提取之后,可根据其结果缩小核查范围,减少野外土地变更调查的工作量,而核查的结果可提高遥感监测的精度。当变化信息提取之前已经有土地变更调查资料时,则可根据调查资料定性指导、定量判读,支持并确认变化信息提取结果。内外业相互验证,从而提高遥感监测的精度和可靠性。

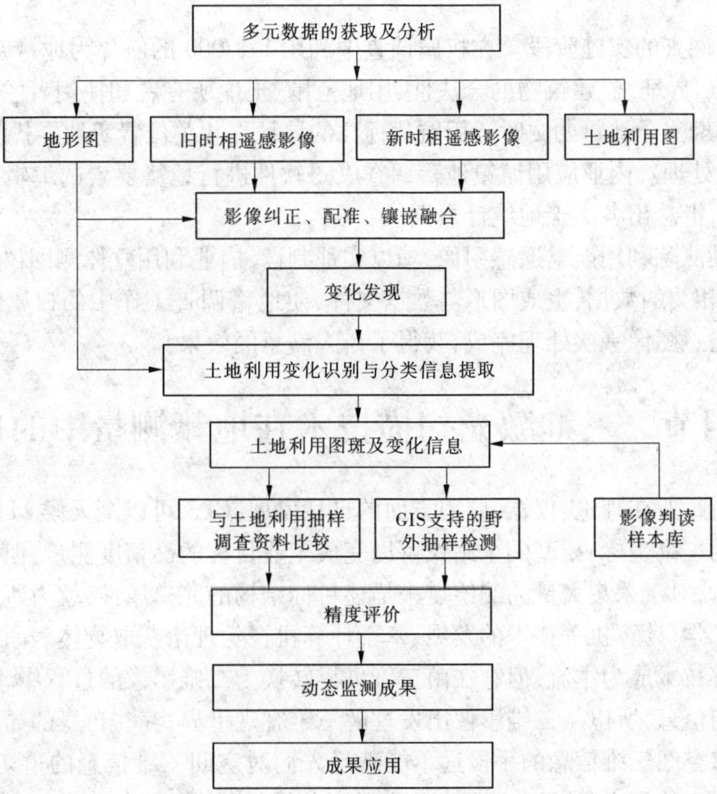

图 12-11　土地利用动态遥感监测系统

2.3.5　变化信息后处理

外业核查提供土地利用变化的真实信息。在核查的基础上,借助有关统计资料和专题资料,对变化信息进行后处理,归并小图斑,辅助解决原内业工作中的困难问题。

2.3.6　监测精度评定

利用实地外业核查以及监测的变化图斑数据,对内外业变化监测的差异记录核实,并进行统计分析及精度评定,最终的监测成果为管理提供可靠的基础资料和技术保障。

3　遥感技术在城镇地籍调查中的应用

伴随国家城镇建设步伐的加快,城市土地情况始终呈动态变化,随时随地都在发生权属的转移、用地类型和面积的变迁,而且经济发展越迅猛,用地情况变化越频繁。为解决土地变化与地籍管理落后的矛盾,部分地方在采集地籍调查数据方式上应用遥感图像为信息源,内业处理依据计算机技术建立图形与数据库,变更调查管理依据计算机来完成,有效提高了工作的效率。

例如,长春市土地管理局于 1992 年对全市原建城区 142.5 km^2 的范围进行了地籍调查,当时没有任何可供利用的基础资料做底图,最后采用航空遥感资料作为地籍调查工作基础底图,内业数据全部采用计算机处理方式来完成,其过程为:

(1)利用镶嵌的全市航空影像图进行控制网的布设,调查区域街道、街坊的划分与编号。

(2)权属调查的实施阶段。在权属调查中利用1:8 000的航片为地籍调查索引图,逐宗进行界址点、界址线、建筑物的合法性、用地范围、土地所有者和使用者的实地确认。

(3)地籍勘丈。地籍勘丈时运用航片标注的界址点相关位置实地寻找测定界址点。

(4)内业处理。内业应用城镇地籍调查成图软件进行地籍要素的编辑、修改,生成宗地图、地籍图,汇总出各类土地统计数据。

沈阳市勘测院利用航空遥感图像,辅以实地判读,内业利用立体测图仪进行航片的解译,直接量取相关的数据,生成图形与数据文件,使地籍调查工作中的权属调查与地籍测量全部应用遥感图像一次处理完成,获得了令人满意的效果。

第四节　三维激光扫描技术在地籍测量中的应用

随着测量行业在理论、仪器、应用方面的迅猛发展,GPS可以全天候24 h精确定位全球任何位置的三维坐标;新型的全站仪可以完成工业目标的高精度测量,但它们仅能进行单点精确测量,对于采集大量的测绘点来描述目标结构的完整属性,就力所难及。随着传感器、电子、光学、计算机等技术的发展,基于计算机视觉理论获取物体表面三维信息的摄影测量与遥感技术成为主流,但它在由三维世界转换为二维影像的过程中,不可避免地会丧失部分几何信息,所以从二维影像出发理解三维客观世界,存在自身的局限性。

上述获取空间三维信息的手段远不能满足人们对空间三维信息的迫切需求,尤其随着信息技术研究的深入,地籍信息系统、地理信息系统、数字地球、数字城市、虚拟现实等概念的出现,以及以计算机技术为代表的信息时代的到来,如何快速、有效地将现实世界的三维信息数字化并输入计算机成为解决这一问题的瓶颈。

三维激光扫描技术应运而生,它实现了在现代高精度传感技术的辅助下利用全自动高精度立体扫描技术对整体三维结构和空间三维特征进行三维建模,将目标完整地“搬”到电脑中来。

1　三维激光扫描系统的工作原理

三维激光扫描系统由三维激光扫描仪、数码相机、扫描仪旋转平台、软件控制平台、数据处理平台及电源和其他附件设备共同构成,是一种集成了多种高新技术的新型空间信息数据获取手段。三维激光扫描系统的工作原理如图12-12所示,首先由激光脉冲二极管发射出激光脉冲信号,经过旋转棱镜,射向目标,然后通过探测器,接收反射回来的激光脉冲信号,并由记录器记录,最后转换成能够直接识别处理的数据信息,经过软件处理实现实体建模输出。

利用三维激光扫描系统对实体进行扫描时,扫描仪在水平和垂直两个方向上分别有分散的装置用于测量实体的特定部分。首先调制的激光光束经过电子装置部分(见图12-13 中 A)发射出来,在遇到以高速率旋转的光学装置(通常为光学棱镜)(见图12-13中D)时,在光学装置的表面,光束发生反射并且激光以一个特定的角ζ(见图12-13中B)发射到实体的表面上,并瞬间接收反射回来的信号。扫描仪在完成了一个

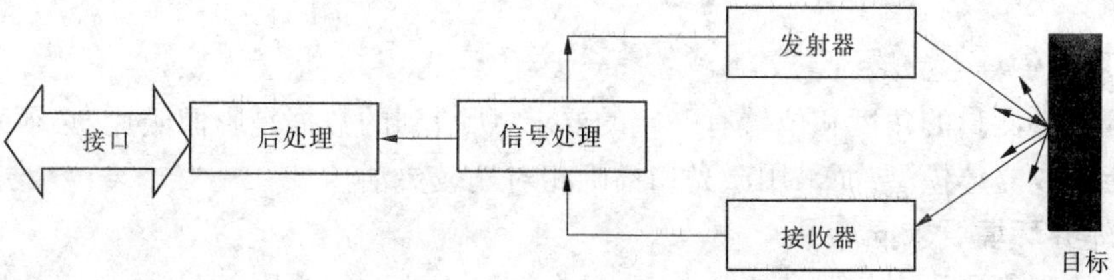

图 12-12　三维激光扫描系统工作原理

ζ 剖面的测量后，扫描仪的上部（见图 12-13 中 C）就会围绕垂直轴以较小的角度（$\Delta\alpha$）进行顺时针或逆时针的旋转来进行下一个 ζ 剖面测量的初始化。这样重复进行 ζ 剖面扫描测量，连接多个 ζ 剖面，构成一幅扫描块。一个完整的实体往往需要从不同的位置进行多次扫描才可获取完整的实体表面信息。为实现不同位置的多个扫描块之间的精确合并，通常要求不同的扫描块（点云）在交接处有小区域的重叠。

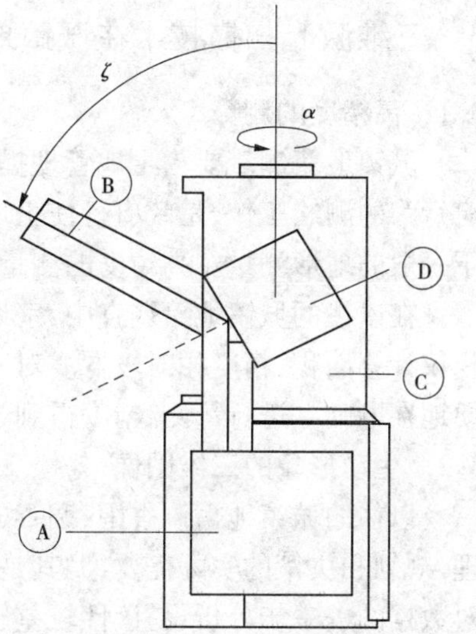

图 12-13　扫描过程

扫描过程中，在每个站点上都可以获取大量的点云数据，点云中每个点的位置信息都在扫描坐标系中以极坐标（α,ζ,d）的形式来描述，其中 d 为从物体表面反射点到仪器中心的距离。扫描前，可以在待扫描的区域内布设所谓的扫描控制点，由 GPS 或者全站仪等传统测量的手段获取控制点的大地坐标，这样就可以把扫描获得的扫描仪坐标系下的扫描点云坐标转换为绝对的大地坐标，为各种工程应用提供标准通用的数据。目前新型的三维激光扫描系统不仅能够获取实体几何位置信息，还可以附带获取实体表面点的反射强度值（i）。在不同位置扫描时，利用内置或外置的数码相机对扫描实体的影像信息进行采集，为点云后处理提供边缘位置信息和彩色纹理信息。

2　三维激光扫描技术的优势

三维激光扫描技术的出现立即吸引了无数的科技人员，它以速度快、精度高、使用方便和对外界环境要求低的显著优势，引起了测绘界的极大关注。

2.1　速度快

三维激光扫描仪在数秒内就能采集上万个点，几分钟内对所感兴趣的区域建立详尽准确的三维立体影像。

2.2　精度高

传统的摄影测量建立的模型上各点的坐标根据像控点的坐标而来，点位测量精度与像控点的精度和位置相关，而采用激光扫描直接测量得到的测点精度高于摄影测量中的解析点，且精度分布均匀；激光扫描测量系统解决了常规测量方法不易解决的表面近似误差等问题。

2.3 使用方便

传统摄影测量的角度和位置有一定的要求，所得到的数据是影像照片，必须采用立体像对才能生成立体模型，而采用激光扫描则相对比较灵活。

2.4 对外界环境要求低

传统的摄影测量对气温的要求较高，且在夜晚无法进行摄影，而三维激光扫描在白天和黑夜都可以。

3 三维激光扫描技术在城镇地籍测量中的应用

3.1 高精度的测算

城镇地籍测量要为土地管理提供精确、可靠的地理参考系统，是一项基础性的具有政府行为的测绘工作，是政府行使土地行政管理职能具有法律意义的行政技术行为，其有别于一般的地形测量。高精度的测量为后期快速准确的面积计算奠定了良好的基础。

在以往的城镇地籍调查中，宗地面积的求算主要采用几何图形计算，格网法计算及求积仪计算面积，精度相对较低。对于三维激光扫描仪获取的数据进行准确的建模，可以方便地在电脑上进行量测，精度得到了极大的提高。

3.2 生动形象的三维图像

以往的城镇地籍调查中，调查成果多以图件和报表的形式为主，尚难以满足政府的管理、规划和决策的实际需要，尤其是很多数据只有专业的技术人员才明白其含义，限制了对数据的进一步分析，易读性较差，可用性较差。

从我国当前的GIS现状来看，大规模应用GIS的高峰即将到来，国家将进行高强度投入，建立统一的空间数据系统，那么就要首先在各部门的系统中实现数据的共享，进一步实现信息的社会化。以往的测量方法极大地限制了GIS在该方面的发展。然而一幅真实的图像胜过千言万语，把丰富的三维扫描数据与视觉技术结合在一起，得到的数据能在某些特定的办公软件中生成高质量的可视成果。可视数据通过空间成像解析产生后，可以满足大家的共享需求，无论是调查的验收方还是使用者，都能够容易地看到数据所表现的具体图像，或者导出到CAD软件中进行深入分析。借助如此生动、逼真、具有说服力的交付成果，任务的审核验收以及数据利用都变得更加顺畅。

3.3 避免返工和重复测量

在实际工作中，难免会存在内业处理后发现数据遗漏而必须重测、补测的情况。尤其是在地籍测量中进行航空摄影测量，重测、补测的测量成本较高。三维激光扫描仪可以对现行任务的数字图像进行实时处理，若添加一个视频屏幕实时显示扫描成果，操作者只需在触摸视频流中适当地点击，便可选择测量目标点，并实时查看三维数据，实时地查看哪些对象已测量过，极大地避免了数据的漏测现象。

3.4 快速建模

三维激光扫描进行地籍测量可为国土管理、城市规划和城市建设等及时提供大量数字化图件，测量成果可用于建设城市空间数据库。该数据库的建设，一方面将采集的数据集中管理，统一维护更新，保证了数据的现势性和安全性，为土地管理日常业务提供大量三维地形、地籍电子数据，辅助领导决策，为最终实现土地管理信息化打下坚实基础；另一方面，城市空间数据库将为“数字城市”和“电子政务”等建设服务，在整个城市范围内提供统一的空间信息框架。这些数据将应用到公安、消防、电信、环保、水利、林业、交通等各部门，对实现城市空间数据共享、减少重复投资、促进城市信息化建设的发展具有重要意义。

地籍管理最显著的特点之一就是要时刻保持地籍成果资料的现势性，这一特点就要求初始地籍测量成图的周期要尽可能短，对于发展迅速的城镇变更测量要及时。因此，三维激光扫描仪的充分利用是缩短成图周期的极好途径。随着三维激光扫描技术的发展，必将带来测绘领域的又一次革命，城镇地籍测量与管理也将随着该技术的进步走向准确、实时、便捷、智能化和信息化的新时代。

思考与练习

12-1　简述 GPS 技术在地籍测量中的应用。

12-2　什么是遥感技术？遥感技术在地籍中的应用主要表现在哪些方面？

12-3　利用航摄图像，采用航测法进行地籍测量的优点有哪些？

12-4　简述电算加密界址点的作业要点。

12-5　简述影像地籍图和解析测图仪地籍图的作业过程。

12-6　航片地籍调绘的目的和方法如何？

12-7　航测法外业像控测量的过程是什么？

12-8　简述三维激光扫描技术在地籍测量中的应用。

参 考 文 献

[1] 王依,廖元焰.地籍测量[M].北京:测绘出版社,1996.
[2] 李天文,张友顺.现代地籍测量[M].北京:科学出版社,2004.
[3] 庄宝杰.地籍测量[M].北京:中国建筑工业出版社,2003.
[4] 詹长根,唐祥云,刘丽.地籍测量学[M].2版.武汉:武汉大学出版社,2005.
[5] 詹长根.现代地籍技术(第三讲)GPS技术在地籍中的应用[J].测绘信息与工程,2004(3).
[6] 詹长根.现代地籍技术(第四讲)遥感技术在地籍中的应用[J].测绘信息与工程,2004(4).
[7] 李天和,王文光.矿山测量[M].北京:煤炭工业出版社,2004.
[8] 高井祥.测量学[M].徐州:中国矿业大学出版社,2002.
[9] 孙忠才,宁业群,王海玫.地籍管理[M].北京:中国大地出版社,1999.
[10] 张坤宜.交通土木工程测量[M].北京:人民交通出版社,1999.
[11] 严星,林增杰.地籍管理[M].北京:中国人民大学出版社,1990.
[12] 顾孝烈.房地产测绘[M].北京:中国建筑工业出版社,1996.
[13] 杜海平,詹长根,李兴林.现代地籍理论与实践[M].深圳:海天出版社,1999.
[14] 张新长,唐力明,等.地籍管理数据库信息系统研究[M].北京:科学出版社,2009.
[15] 高延利.地籍调查[M].北京:中国农业出版社,2008.
[16] 国务院第二次全国土地调查领导小组办公室.第二次全国土地调查培训教材[M].北京:中国农业出版社,2007.
[17] 中华人民共和国测绘行业标准.第二次全国土地调查数据库建设技术规范[S].北京:测绘出版社,2001.
[18] 刘耀林.土地信息系统[M].北京:中国农业出版社,2003.
[19] 邬伦,等.地理信息系统教程[M].北京:北京大学出版社,1996.
[20] 侯方国,时东玉,王建设.房产测绘[M].郑州:黄河水利出版社,2007.
[21] 中华人民共和国测绘行业标准.测绘产品质量评定标准(CH 1003—95)[S].北京:测绘出版社,1995.
[22] 中华人民共和国测绘行业标准.测绘产品检查验收规定(CH 1002—1995)[S].北京:测绘出版社,1995.
[23] 中华人民共和国国家标准.数字测绘产品检查验收规定和质量评定(GB/T 18316—2001)[S].北京:中国标准出版社,2001.
[24] 中华人民共和国行业标准.城市测量规范(CJJ 8—99)[S].北京:中国建筑工业出版社,1999.
[25] 中华人民共和国国家标准.房产测量规范(GB/T 17986.1—2000)[S].北京:中国标准出版社,2000.
[26] 中华人民共和国行业标准.城镇地籍调查规程(TD 1001—93)[S].北京:测绘出版社,1993.
[27] 中华人民共和国测绘行业标准.地籍测绘规范(CH 5002—94)[S].北京:中国林业出版社,1995.
[28] 王晓昳.三维激光扫描在城镇地籍测量中的应用探讨[J].科学之友,2008,10(29).